根据《建设工程工程量清单计价规范》(GB 50500—2013)
《通用安装工程工程量计算规范》(GB 50856—2013)编写

·建设工程清单计价培训系列教材·

通风空调工程清单计价培训教材

本书编写组　编

中国建材工业出版社

图书在版编目(CIP)数据

通风空调工程清单计价培训教材/《通风空调工程清单计价培训教材》编写组编．—北京：中国建材工业出版社，2014.1

建设工程清单计价培训系列教材

ISBN 978-7-5160-0642-9

Ⅰ.①通…　Ⅱ.①通…　Ⅲ.①通风设备—建筑安装工程—工程造价—技术培训—教材 ②空气调节设备—建筑安装工程—工程造价—技术培训—教材　Ⅳ.①TU723.3

中国版本图书馆CIP数据核字(2013)第280329号

通风空调工程清单计价培训教材

本书编写组　编

出版发行：中国建材工业出版社

地　　址：北京市西城区车公庄大街6号

邮　　编：100044

经　　销：全国各地新华书店

印　　刷：北京紫瑞利印刷有限公司

开　　本：787mm×1092mm　1/16

印　　张：17.5

字　　数：426千字

版　　次：2014年1月第1版

印　　次：2014年1月第1次

定　　价：50.00元

本社网址：www.jccbs.com.cn

本书如出现印装质量问题，由我社营销部负责调换。电话：(010)88386906

对本书内容有任何疑问及建议，请与本书责编联系。邮箱：dayi51@sina.com

内容提要

本书根据《建设工程工程量清单计价规范》（GB 50500—2013)、《通用安装工程工程量计算规范》（GB 50856—2013）进行编写，详细阐述了通风空调工程工程量清单计价的基础理论、程序及工程量计算方法。全书主要内容包括概论，《建设工程工程量清单计价规范》概况，通风空调工程工程量清单编制，通风空调工程工程量计算，通风空调工程招标投标，工程合同价款调整与索赔，通风空调工程竣工结算与决算，工程造价争议处理、鉴定与资料管理，通风空调工程工程量清单计价编制实例等。

本书内容丰富、体例新颖，可供通风空调工程造价编制与管理人员工作时使用，也可供广大有志于从事工程造价工作的人员自学时参考。

通风空调工程清单计价培训教材

编　写　组

主　编：苗美英

副主编：李　丹　左永亮

编　委：孙敬宇　马　金　刘海珍　秦礼光

韩　威　陈井秀　赵艳娥　孙邦丽

许斌成　蒋林君　汪永涛　吴　薇

张　超　徐晓珍

前　言

在工程建设领域实行工程量清单计价，是我国深入进行工程造价体制改革的重要组成部分。自2003年正式颁布《建设工程工程量清单计价规范》（GB 50500－2003）开始，我国的工程造价计价工作逐渐改变过去以固定“量”、“价”、“费”定额为主导的静态管理模式，过渡到以工程定额为指导、市场形成价格为主的工程造价动态管理体制。

2012年12月25日，住房和城乡建设部发布了《建设工程工程量清单计价规范》（GB 50500—2013）及《房屋建筑与装饰工程工程量计算规范》（GB 50854－2013）、《通用安装工程工程量计算规范》（GB 50856—2013）等9本工程量计算规范。这10本规范是在《建设工程工程量清单计价规范》（GB 50500—2008）的基础上，以原建设部发布的工程基础定额、消耗量定额、预算定额以及各省、自治区、直辖市或行业建设主管部门发布的工程计价定额为参考，以工程计价相关的国家或行业的技术标准、规范、规程为依据，收集近年来新的施工技术、工艺和新材料的项目资料，经过整理，在全国广泛征求意见后编制而成的，于2013年7月1日起正式实施。

2013版清单计价规范充分体现了工程造价各阶段的要求，进一步规范了建设工程发承包双方的计价计量行为，确立了工程计价标准体系的形成。2013版清单计价规范继续坚持了“政府宏观调控、企业自主报价、竞争形成价格、监管形成有效”的工程造价管理模式的改革方向，在条文设置上充分体现了工程计量规则标准化、工程造价行为标准化、工程造价形成市场化的原则。新版清单计价规范的颁布实施对于巩固工程造价体制改革的成果具有十分重要的意义，将更有利于工程量清单计价的全面推行，大大推动工程造价管理体制改革的不断继续深入。

为更好地宣传、贯彻《建设工程工程量清单计价规范》（GB 50500—2013）及与其配套使用的相关工程量计算规范，从而帮助广大读者理解并掌握新版清单计价规范及工程量计算规范的内容，我们组织相关方面的专家和学者，按照新版规范的知识体系及工程造价人员的需要，编写了这套《建设工程清单计价培训系列教材》。本套丛书主要包括以下分册：

1.《房屋建筑工程清单计价培训教材》

2.《装饰装修工程清单计价培训教材》

3.《建筑电气工程清单计价培训教材》

4.《通风空调工程清单计价培训教材》

5.《水暖工程清单计价培训教材》

6.《市政工程清单计价培训教材》

7.《园林绿化工程清单计价培训教材》

8.《工业管道工程清单计价培训教材》

丛书编写时充分考虑了图书的实用性，注重总结清单计价规范实施以来的经验，并将收集的资料和信息与清单计价理论相结合，从而更好地帮助广大建设工程造价编制与管理人员提升自己的业务水平，并具备一定的解决实际问题的能力。丛书在内容上以《建设工程工程量清单计价规范》(GB 50500—2013) 及相关工程量计算规范为依据，对建设工程各清单项目按照规则所要求的“项目名称”、“项目特征”、“计量单位”、“工程量计算规则”、“工作内容”进行了有针对性的阐述，方便读者理解最新清单计价体系，掌握清单计价的实际运用方法。

本套丛书内容丰富、体例新颖，以通俗的语言和大量实例为广大读者答疑解惑，基本可满足读者自学工程量清单计价基础知识及进行工程量清单计价培训工作的需要。参与本书编写的多是多年从事工程造价编审工作的专家学者，但由于工程造价编制工作涉及范围较广，加之我国目前处于工程造价体制改革阶段，许多方面还需不断总结与完善，故而书中错误及不当之处，敬请广大读者批评指正，以便及时修正和完善。

编　者

目　录

第一章 概 论

第一节 通风空调工程系统介绍

通风与空调工程可分为通风系统和空调系统两大部分。通风主要是对生活房间和生产车间中出现的余热、余湿、粉尘、蒸汽及有害气体等进行控制，从而保持一个良好的生活、生产环境；空调是空气调节的简称，是通过空气处理、空气输送和分配设备构成一个空调系统，对空气进行加热、冷却、净化、干燥、减小噪声等有效的控制，使工作、生活环境舒适，并改善劳动条件，满足生产工艺要求。

一、通风系统

(一)通风系统组成

1. 送风系统组成

送风系统组成如图 1-1 所示。

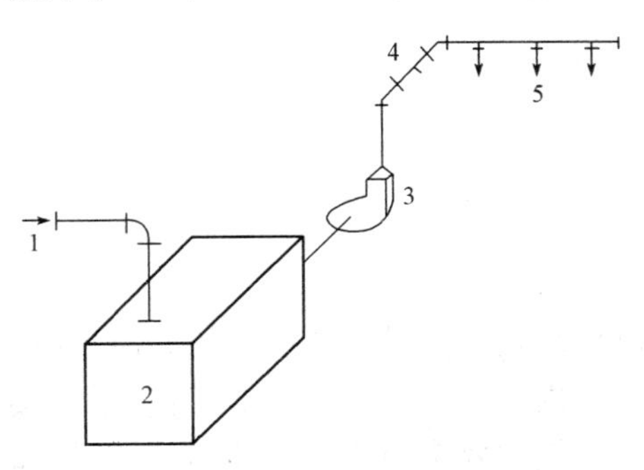

图 1-1 送风系统组成示意图

1—新风口；2—空气处理设备；3—通风机；4—送风管道；5—送(出)风口

(1)新风口。新风口是新鲜空气入口。

(2)空气处理设备。空气处理设备由空气过滤、加热、加湿等部分组成。

(3)通风机。通风机是将处理好的空气送入风管的设备。

(4)送风管道。送风管道将通风机送来的新风送到各房间，管上装有调节阀、送风口、防火阀和检查孔等部件。

(5)送(出)风口。送(出)风口装于送风管上，将处理后的空气均匀送入各房间。

(6)管道配件(管件)。管道配件(管件)主要包括弯头、三通、四通、异径管、导流片、静压箱等。

(7)管道部件。管道部件主要包括各种风口、阀、排气罩、风帽、检查孔、测定孔和风管支、吊、托架等。

2. 排风系统组成

排风系统的一般形式如图 1-2 所示。其组成如下:

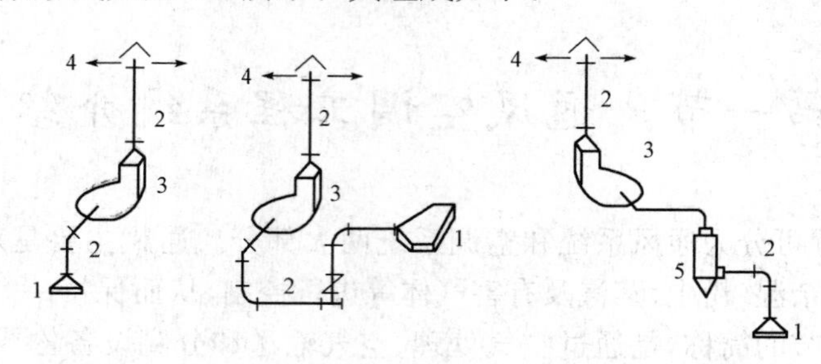

图 1-2　排风系统组成示意图

1—排风口;2—排风管;3—排风机;4—风帽;5—除尘器

(1)排风口。排风口是将各房间内污浊空气吸入排(回)风管道的入口。

(2)排风管。排风管是指输送污浊空气的管道,管上装有回风口、防火阀等部件。

(3)排风机。排风机将浊气通过机械从排风管排出。

(4)风帽。风帽是将浊气排入大气中,并防止空气、雨雪倒灌的部件。

(5)除尘器。除尘器可利用排风机的吸力将灰尘及有害物质吸入除尘器中,再集中排除。

(6)其他管件和部件。

(二)通风系统分类

1. 按其作用范围分类

通风系统按其作用范围可分为全面通风、局部通风和混合通风等形式。

(1)全面通风。在整个房间内进行全面空气交换,称为全面通风。当有害气体在很大范围内产生并扩散到整个房间时,就需要全面通风,排除有害气体和送入大量的新鲜空气,将有害气体浓度冲淡到容许浓度之内。

(2)局部通风。将污浊空气或有害气体直接从产生的地方抽出,防止扩散到全室,或者将新鲜空气送到某个局部范围,改善局部范围的空气状况,称为局部通风。当车间的某些设备产生大量危害人体健康的有害气体时,采用全面通风不能冲淡到容许浓度,或者采用全面通风很不经济时,常采用局部通风。

局部通风包括局部排风和局部送风两种方式。局部排风是在局部地点或房间将不符合卫生要求的污浊空气排至室外以至于不污染其他区域,如图 1-3 所示;局部送风一般用于高温车间内工作点的夏季降温。送风系统送出经过处理的冷却空气,使工人操作地点保持良好的工作环境,如图 1-4 所示。

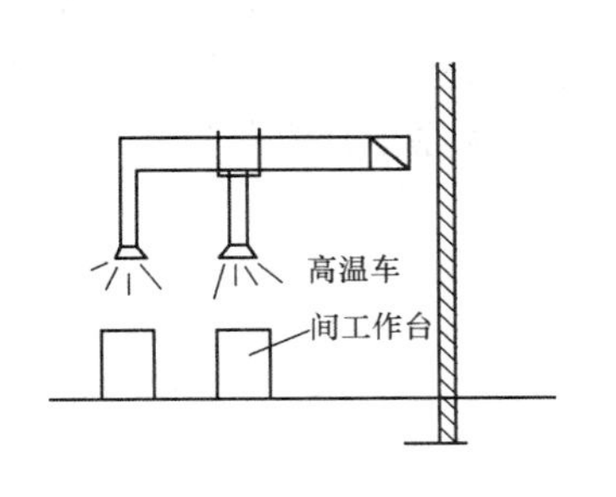

图 1-3　局部送风系统

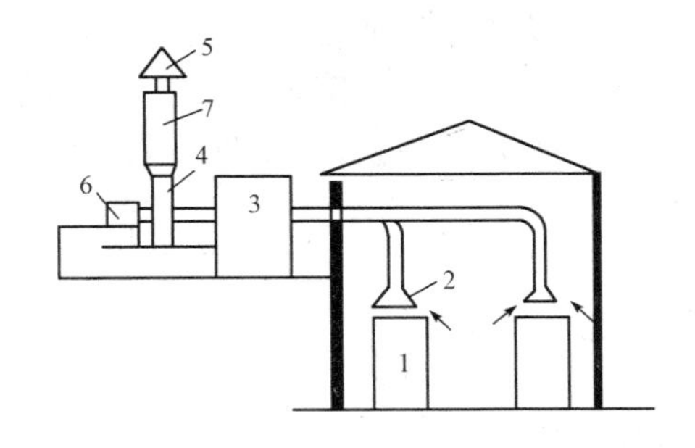

图 1-4　局部排风系统
1—排风柜；2—局部排风罩；3—净化设备；
4—风机、风道；5—风帽；6—电动机；7—风管

(3)混合通风。混合通风是用全面送风和局部排风，或全面排风和局部送风混合起来的通风形式。

2. 按其动力分类

通风系统按其动力可分为自然通风和机械通风。

(1)自然通风。自然通风是指利用室外冷空气与室内热空气密度的不同，以及建筑物通风面和背风面风压的不同而进行换气的通风方式。自然通风可分为三种情况：一是无组织的通风，如一般建筑物没有特殊的通风装置，依靠普通门窗及其缝隙进行自然通风；二是按照空气自然流动的规律，在建筑物的墙壁、屋顶等处，设置可以自由启闭的侧窗及天窗，利用侧窗、天窗控制和调节排气的地点和数量，进行有组织的通风；三是为了充分利用风的抽力，排除室内的有害气体，可采用风帽装置或风帽与排风管道连接的方法。当某个建筑物需全面通风时，风帽按一定间距安装在屋顶上。如果是局部通风，则风帽安装在加热炉、锻造炉等设备抽气罩的排风管上。

(2)机械通风。机械通风是指利用通风机产生的抽力和压力，借助通风管网进行室内外空气交换的通风方式。机械通风可以向房间或生产车间的任何地方供适当数量新鲜的、用适当方式处理过的空气，也可以从房间或生产车间的任何地方按照要求的速度抽出一定量的污浊空气。

3. 按其工艺要求分类

通风系统按其工艺要求可分为送风系统、排风系统和除尘系统。

(1)送风系统。送风系统用来向室内输送新鲜的或经过处理的空气。其工作流程为室外空气由可挡住室外杂物的百叶窗进入进气室内，经风量控制阀至过滤器，由过滤器除掉空气中的杂物，再经热交换器将空气加热到所需的温度后被吸入通风机，经风量调节阀、风管，由送风口送入室内。

(2)排风系统。排风系统用来将室内产生的污浊、高温干燥的空气排到室外大气中。其主要工作流程为污浊空气由室内的排气罩被吸入风管后，再经通风机和排风管道，通过室外的风帽而进入大气。如果预排放的污浊空气中有害物质的排放浓度超过国家制定的排放标准时，则必须经中和、吸收和稀释处理，使排放浓度低于排放标准后，再排到大气。

(3)除尘系统。除尘系统通常用于生产车间,其主要作用是将车间内含大量工业粉尘和微粒的空气进行收集处理,有效降低工业粉尘和微粒的含量,以达到排放标准。其工作流程主要是通过车间内的吸尘罩将含尘空气吸入,经风管进入除尘器除尘,随后通过风机送至室外风帽而排入大气。

二、空调系统

(一)空调系统组成

空调系统一般由百叶窗、保温阀、空气过滤器、一次加热器、调节阀门、喷淋室和二次加热器等设备组成。

(1)百叶窗。百叶窗用于挡住室外杂物进入。

(2)保温阀。当空调系统停止工作时,保温阀可防止室外空气进入。

(3)空气过滤器。空气过滤器用于清除空气中的灰尘。

(4)一次加热器。一次加热器是安装在喷淋室或冷却器前的加热器,用于提高空气湿度和增加吸湿能力。

(5)调节阀门。调节阀门用于调节一、二次循环风量,使室内空气循环使用,以节约冷(热)量。

(6)喷淋室。喷淋室可以根据使用需要喷淋不同温度的水,对空气进行加热、加湿、冷却和减湿等空气处理过程。

(7)二次加热器。二次加热器是安装在喷淋室或冷却器之间的加热器,用于加热喷淋室的空气,以保证送入室内的空气具有一定的温度和相对湿度。

(二)空调系统分类

1. 空气调节系统

空气调节是为满足生产、生活要求,改善劳动卫生条件,用人工的方法使得室内空气温度、湿度、洁净度、噪声度和气流速度等参数达到一定要求的技术。空气调节系统是为保证室内空气的温度、湿度、风速及洁净度保持在一定范围内,并且不因室外气候条件和室内各种条件的变化而受影响的系统。

(1)空调系统按使用要求分类。空调系统按使用要求可分为恒温恒湿空调系统、舒适性空调系统、空气洁净空调系统和控制噪声系统等。

1)恒温恒湿空调系统。恒温恒湿空调系统主要用于电子、精密机械和仪表的生产车间。这些场所要求温度和湿度控制在一定范围内,误差很小,这样才能确保产品质量。

2)舒适性空调系统。舒适性空调系统主要用于夏季降温除湿,使房间内温度保持在18～28℃,相对湿度在40%～70%。

3)空气洁净空调系统。空气洁净空调系统应用在生产电气元器件、药品、外科手术、烧伤护理和食品工业等行业。它不仅对温度、湿度有要求,而且对空气中含尘量也有严格的规定,要求达到一定的洁净标准,以保证部件加工的精密化、产品的微型化、高纯度及高可靠性等作业的需要。

4)控制噪声空调系统。控制噪声空调系统主要应用在电视厅、录音、录像场所及播音室等,用以保证演播和录制的音像质量。

(2)空调系统按空气处理设备的设置情况分类。空调系统按空气处理设备的设置情况可分为集中式、分散式和半集中式空调系统。

1)集中式空调系统。集中式空调系统的空气处理设备、风机和水泵等都集中设在专用的机房内。其优点是服务面大、处理空气多、便于集中管理;缺点是往往只能送出同一参数的空气,难以满足不同的要求,另外由于是集中式供热、供冷,只适用于满负荷运行的大型场所。根据送风的特点,集中式空调系统又分为单风道系统、双风道系统及变风量系统三种。单风道系统常用的有直流式系统、一次回风式系统、二次回风式系统及末端再热式系统,如图 1-5～图 1-8所示。

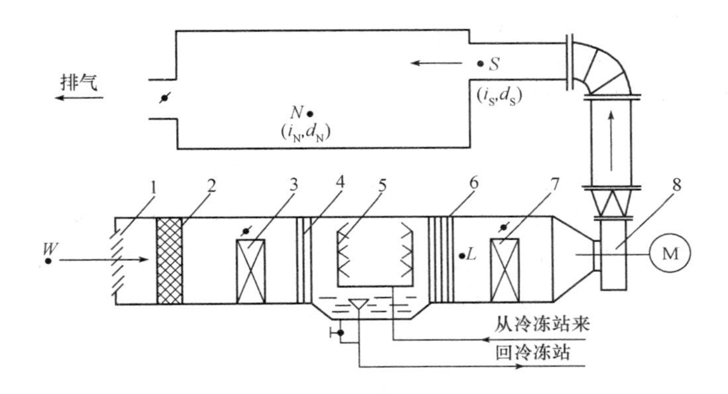

图 1-5　直流式空调系统流程图

1—百叶栅;2—粗过滤器;3—一次风加热器;4—前挡水板;5—喷水排管及喷嘴;6—后挡水板;7—二次风加热器;8—风机

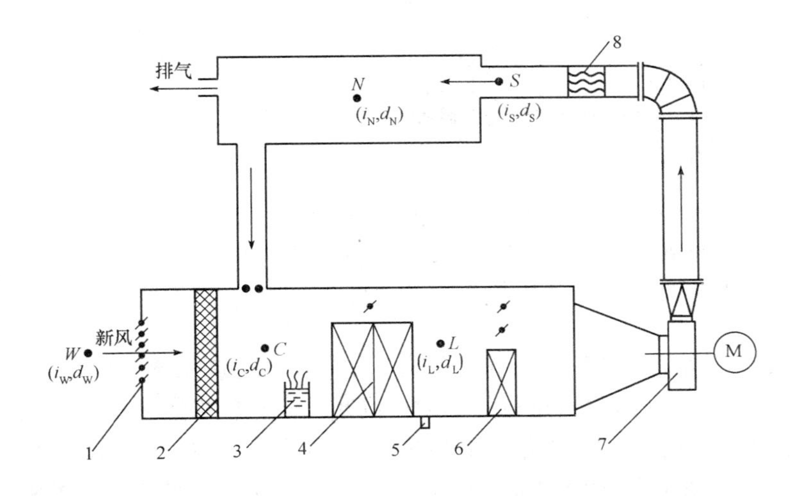

图 1-6　一次回风式空调系统流程图

1—新风口;2—过滤器;3—电极加湿器;4—表面式蒸发器;5—排水口;6—二次风加热器;7—风机;8—电加热器

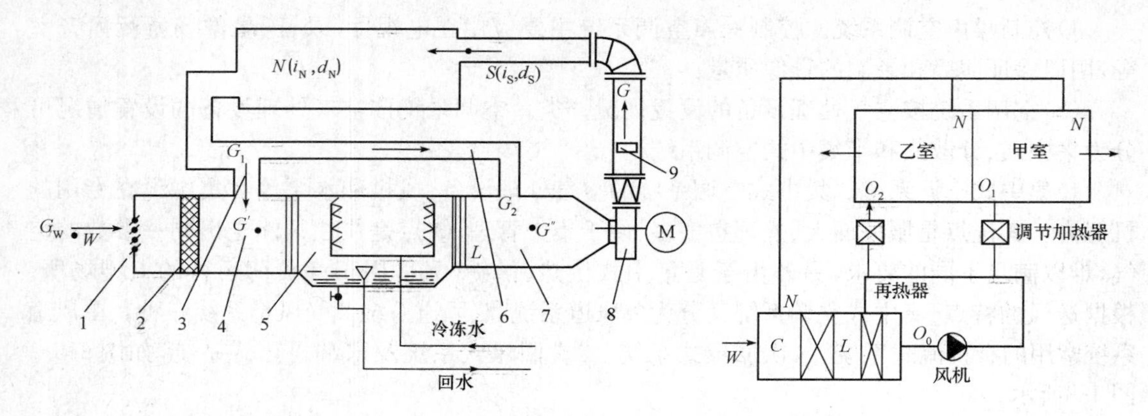

图 1-7　二次回风式空调系统流程图

1—新风口；2—过滤器；3——次回风管；4——次混合室；5—喷雾室；
6—二次回风管；7—二次混合室；8—风机；9—电加热器

图 1-8　末端再热式空调系统流程图

2)分散式空调系统。分散式空调系统又称局部式空调系统，是将处理空气的冷源、热源、空气处理设备、风机和自动控制设备等所有设备组装在一个箱体内，形成的一个结构紧凑的空调机组，如图 1-9 所示。空调机组一般安装在需要空调的区域内，就地对空气进行处理，可以不用或只用很短的风道就把处理后的空气送入空调区域内。分散式空调系统多用于空调房间布局分散和小面积空调工程。

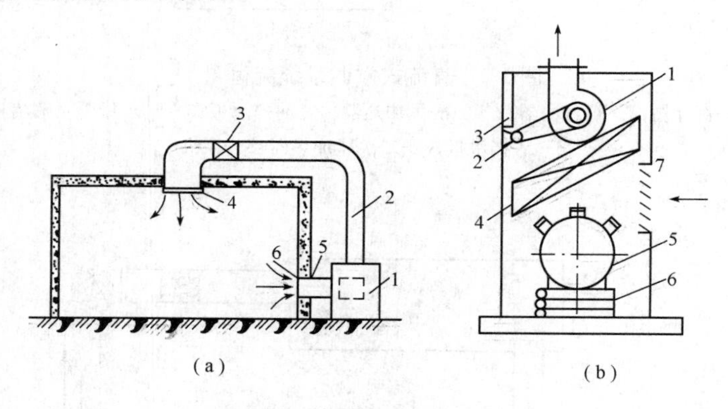

图 1-9　分散式空调系统示意图

(a)1—空调机组；2—送风管道；3—电加热器；4—送风口；5—回风管；6—回风口；
(b)1—风机；2—电机；3—控制盘；4—蒸发器；5—压缩机；6—冷凝器；7—回风口

3)半集中式空调系统。半集中式空调系统又称混合式空调系统，是集中处理部分或全部风量，然后送至各房间(或各区)再进行处理的空调系统。它包括集中处理新风、经诱导器(全空气或另加冷热盘管)送入室内或各室有风机盘管的系统(即风机盘管与下风道并用的系统)，也包括分区机组系统等，如图 1-10 和图 1-11 所示。诱导式空调系统多用于建筑空间不大且装饰要求较高的旧建筑、地下建筑、舰船、客机等场所。风机盘管空调系统多用于新建的高层建筑和需要增设空调的小面积、多房间的旧建筑等。

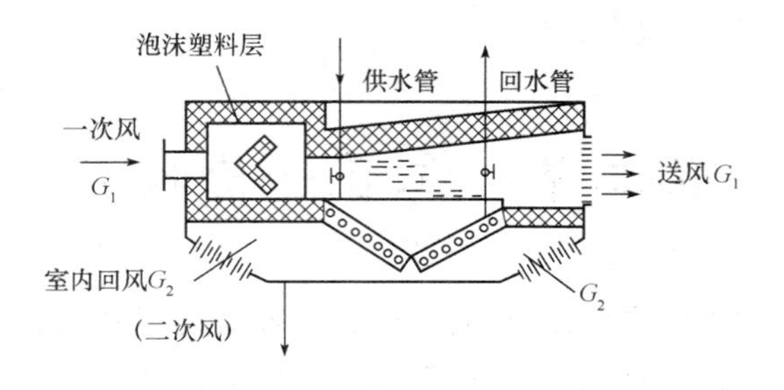

图 1-10　诱导器结构示意图

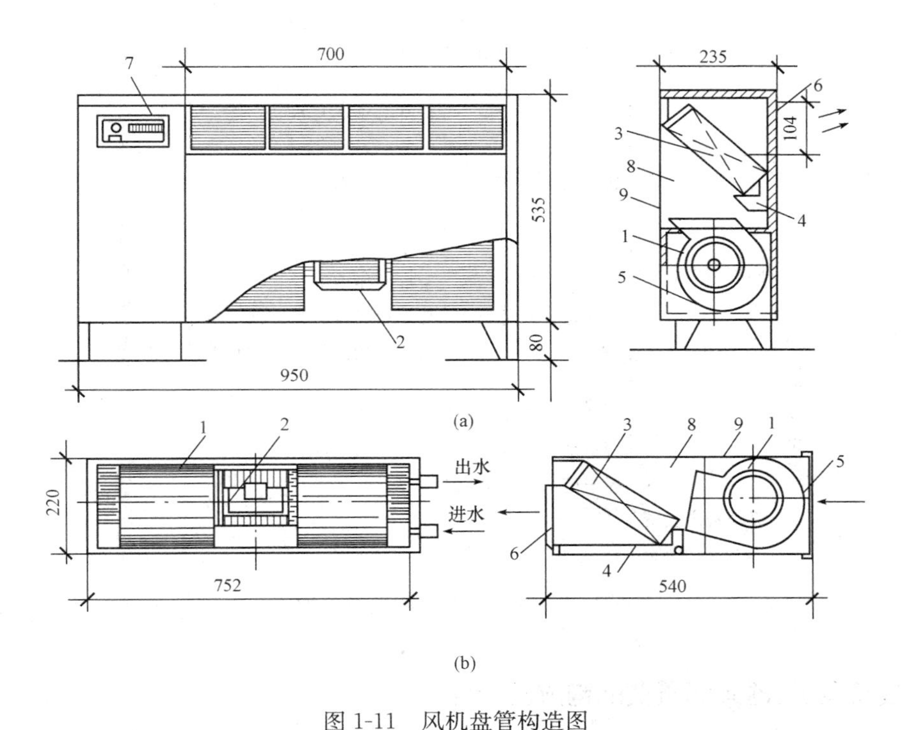

图 1-11　风机盘管构造图

(a)立式;(b)卧式

1—风机;2—电动机;3—盘管;4—凝水盘;5—循环风进口及过滤器;6—出风格栅;7—控制器;8—吸声材料;9—箱体

2. 空气洁净系统

空气洁净技术是发展现代工业不可缺少的辅助性综合技术。空气洁净系统根据洁净房间含尘浓度和生产工艺要求,按洁净室的气流流型可分为非单向流洁净室、单向流洁净室两类;按洁净室的构造可分为整体式洁净室、装配式洁净室和局部净化式洁净室三类。

(1)非单向流洁净室。非单向流洁净室的气流流型不规则,工作区气流不均匀,并有涡流。其适用于 1000 级(每升空气中≥0.5μm 粒径的尘粒数平均值不超过 35 粒)以下的空气洁净系统。

(2)单向流洁净室。单向流洁净室根据气流流动方向可分为垂直向下和水平平行两种。其适用于 100 级(每升空气中≥0.5μm 粒径的尘粒数平均值不超过 3.5 粒)以下的空气洁净系统。

第二节　工程造价构成

我国现行工程造价的构成主要划分为设备及工、器具购置费用、建筑安装工程费用、工程建设其他费用、预备费、建设期贷款利息、固定资产投资方向调节税等几项。具体构成内容如图 1-12 所示。

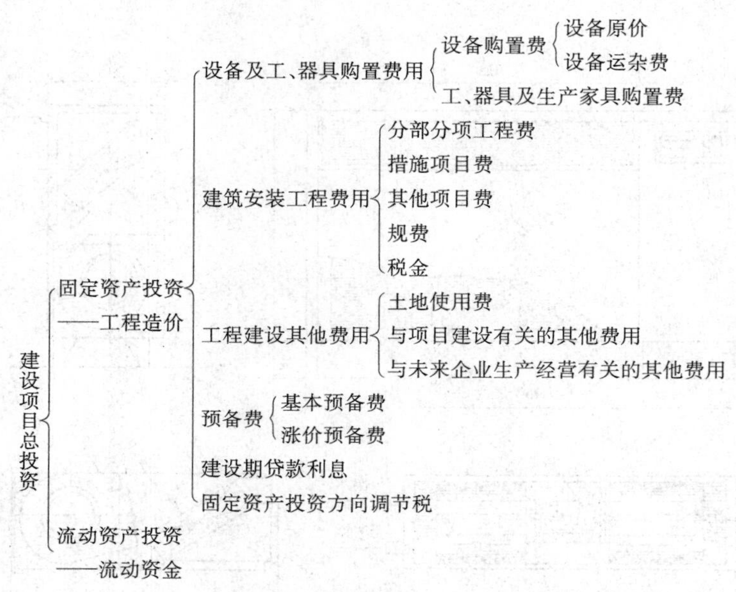

图 1-12　我国现行工程造价的构成

一、设备及工、器具购置费的构成及计算

1. 设备购置费的构成及计算

设备购置费是指达到固定资产标准，为建设工程项目购置或自制的各种国产或进口设备及工器具的费用。它由设备原价和设备运杂费构成。

设备购置费＝设备原价＋设备运杂费

上式中，设备原价指国产设备或进口设备的原价；设备运杂费指除设备原价之外的关于设备采购、运输、途中包装及仓库保管等方向支出费用的总和。

2. 工、器具及生产家具购置费的构成和计算

工、器具及生产家具购置费是指新建或扩建项目初步设计规定的，保证初期正常生产必须购置的没有达到固定资产标准的设备、仪器、工卡模具、器具、生产家具和备品备件等的购置费用。一般以设备购置费为计算基数，按照部门或行业规定的工具、器具及生产家具费率计算。其计算公式如下：

工、器具及生产家具购置费＝设备购置费×定额费率

二、建筑安装工程费用的组成与计算

(一)按费用构成要素划分

建筑安装工程费按费用构成要素划分，由人工费、材料(包含工程设备，下同)费、施工机具使用费、企业管理费、利润、规费和税金组成(图 1-13)。其中，人工费、材料费、施工机具使用费、企业管理费和利润包含在分部分项工程费、措施项目费、其他项目费中。

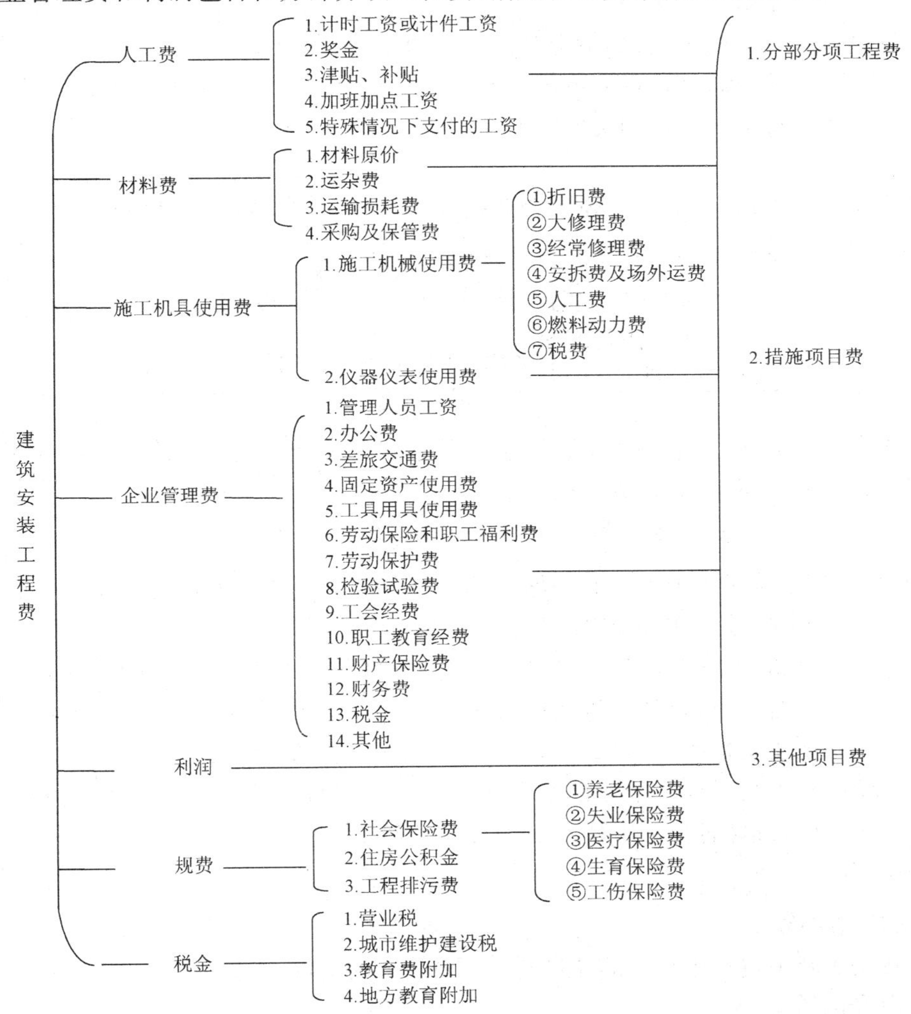

图 1-13　建筑安装工程费用项目组成(按费用构成要素划分)

1. 人工费

(1)人工费组成。

人工费是指按工资总额构成规定，支付给从事建筑安装工程施工的生产工人和附属生产单位工人的各项费用。内容包括：

1)计时工资或计件工资：是指按计时工资标准和工作时间或对已做工作按计件单价支付

给个人的劳动报酬。

2)奖金:是指对超额劳动和增收节支支付给个人的劳动报酬。如节约奖、劳动竞赛奖等。

3)津贴补贴:是指为了补偿职工特殊或额外的劳动消耗和因其他特殊原因支付给个人的津贴,以及为了保证职工工资水平不受物价影响支付给个人的物价补贴。如流动施工津贴、特殊地区施工津贴、高温(寒)作业临时津贴和高空津贴等。

4)加班加点工资:是指按规定支付的在法定节假日工作的加班工资和在法定日工作时间外延时工作的加点工资。

5)特殊情况下支付的工资:是指根据国家法律、法规和政策规定,因病、工伤、产假、计划生育假、婚丧假、事假、探亲假、定期休假、停工学习、执行国家或社会义务等原因按计时工资标准或计时工资标准的一定比例支付的工资。

(2)人工费计算。

1)人工费计算方法一:适用于施工企业投标报价时自主确定人工费,也是工程造价管理机构编制计价定额确定定额人工单价或发布人工成本信息的参考依据,计算公式如下:

$$人工费=\sum(工日消耗量\times日工资单价)$$

$$日工资单价=\frac{\begin{matrix}生产工人平均月工资\\(计时计件)\end{matrix}+平均月(奖金+津贴补贴+特殊情况下支付的工资)}{年平均每月法定工作日}$$

2)人工费计算方法二:适用于工程造价管理机构编制计价定额时确定定额人工费,是施工企业投标报价的参考依据,计算公式如下:

$$人工费=\sum(工程工日消耗量\times日工资单价)$$

式中,日工资单价是指施工企业平均技术熟练程度的生产工人在每工作日(国家法定工作时间内)按规定从事施工作业应得的日工资总额。

工程造价管理机构确定日工资单价应通过市场调查,根据工程项目的技术要求,参考实物工程量人工单价综合分析确定,最低日工资单价不得低于工程所在地人力资源和社会保障部门所发布的最低工资标准的:普工 1.3 倍、一般技工 2 倍、高级技工 3 倍。

工程计价定额不可只列一个综合工日单价,应根据工程项目技术要求和工种差别适当划分多种日人工单价,确保各分部工程人工费的合理构成。

2. 材料费

(1)材料费组成。

材料费是指施工过程中耗费的原材料、辅助材料、构配件、零件、半成品或成品、工程设备的费用。内容包括:

1)材料原价:是指材料、工程设备的出厂价格或商家供应价格。

2)运杂费:是指材料、工程设备自来源地运至工地仓库或指定堆放地点所发生的全部费用。

3)运输损耗费:是指材料在运输装卸过程中不可避免的损耗。

4)采购及保管费:是指为组织采购、供应和保管材料、工程设备的过程中所需要的各项费用。包括采购费、仓储费、工地保管费和仓储损耗。

工程设备是指构成或计划构成永久工程一部分的机电设备、金属结构设备、仪器装置及其他类似的设备和装置。

(2)材料费计算。

1)材料费：

$$材料费=\sum(材料消耗量\times材料单价)$$

材料单价=[(材料原价+运杂费)×〔1+运输损耗率(%)〕]×[1+采购保管费率(%)]

2)工程设备费：

$$工程设备费=\sum(工程设备量\times工程设备单价)$$

工程设备单价=(设备原价+运杂费)×[1+采购保管费率(%)]

3. 施工机具使用费

(1)施工机具使用费组成。

施工机具使用费是指施工作业所发生的施工机械、仪器仪表使用费或其租赁费。

1)施工机械使用费以施工机械台班耗用量乘以施工机械台班单价表示，施工机械台班单价应由下列七项费用组成：

①折旧费：指施工机械在规定的使用年限内，陆续收回其原值的费用。

②大修理费：指施工机械按规定的大修理间隔台班进行必要的大修理，以恢复其正常功能所需的费用。

③经常修理费：指施工机械除大修理以外的各级保养和临时故障排除所需的费用。包括为保障机械正常运转所需替换设备与随机配备工具附具的摊销和维护费用，机械运转中日常保养所需润滑与擦拭的材料费用及机械停滞期间的维护和保养费用等。

④安拆费及场外运费：安拆费指施工机械(大型机械除外)在现场进行安装与拆卸所需的人工、材料、机械和试运转费用以及机械辅助设施的折旧、搭设、拆除等费用；场外运费指施工机械整体或分体自停放地点运至施工现场或由一施工地点运至另一施工地点的运输、装卸、辅助材料及架线等费用。

⑤人工费：指机上司机(司炉)和其他操作人员的人工费。

⑥燃料动力费：指施工机械在运转作业中所消耗的各种燃料及水、电等。

⑦税费：指施工机械按照国家规定应缴纳的车船使用税、保险费及年检费等。

2)仪器仪表使用费是指工程施工所需使用的仪器仪表的摊销及维修费用。

(2)施工机具使用费计算。

1)施工机械使用费：

$$施工机械使用费=\sum(施工机械台班消耗量\times机械台班单价)$$

机械台班单价=台班折旧费+台班大修费+台班经常修理费+台班安拆费及场外运费+台班人工费+台班燃料动力费+台班车船税费

注：工程造价管理机构在确定计价定额中的施工机械使用费时，应根据《建筑施工机械台班费用计算规则》结合市场调查编制施工机械台班单价。施工企业可以参考工程造价管理机构发布的台班单价，自主确定施工机械使用费的报价，如租赁施工机械，公式为：施工机械使用费=$\sum$(施工机械台班消耗量×机械台班租赁单价)。

2)仪器仪表使用费：

仪器仪表使用费=工程使用的仪器仪表摊销费+维修费

4. 企业管理费

(1)企业管理费组成。

企业管理费是指建筑安装企业组织施工生产和经营管理所需的费用。内容包括：

1)管理人员工资：是指按规定支付给管理人员的计时工资、奖金、津贴补贴、加班加点工资及特殊情况下支付的工资等。

2)办公费：是指企业管理办公用的文具、纸张、账表、印刷、邮电、书报、办公软件、现场监控、会议、水电、烧水和集体取暖降温(包括现场临时宿舍取暖降温)等费用。

3)差旅交通费：是指职工因公出差、调动工作的差旅费、住勤补助费、市内交通费和误餐补助费、职工探亲路费、劳动力招募费、职工退休、退职一次性路费、工伤人员就医路费、工地转移费以及管理部门使用的交通工具的油料、燃料等费用。

4)固定资产使用费：是指管理和试验部门及附属生产单位使用的属于固定资产的房屋、设备、仪器等的折旧、大修、维修或租赁费。

5)工具用具使用费：是指企业施工生产和管理使用的不属于固定资产的工具、器具、家具、交通工具和检验、试验、测绘、消防用具等的购置、维修和摊销费。

6)劳动保险和职工福利费：是指由企业支付的职工退职金、按规定支付给离休干部的经费，集体福利费、夏季防暑降温、冬季取暖补贴、上下班交通补贴等。

7)劳动保护费：是企业按规定发放的劳动保护用品的支出。如工作服、手套、防暑降温饮料以及在有碍身体健康的环境中施工的保健费用等。

8)检验试验费：是指施工企业按照有关标准规定，对建筑以及材料、构件和建筑安装物进行一般鉴定、检查所发生的费用，包括自设试验室进行试验所耗用的材料等费用。不包括新结构、新材料的试验费，对构件做破坏性试验及其他特殊要求检验试验的费用和建设单位委托检测机构进行检测的费用，对此类检测发生的费用，由建设单位在工程建设其他费用中列支。但对施工企业提供的具有合格证明的材料进行检测不合格的，该检测费用由施工企业支付。

9)工会经费：是指企业按《工会法》规定的全部职工工资总额比例计提的工会经费。

10)职工教育经费：是指按职工工资总额的规定比例计提，企业为职工进行专业技术和职业技能培训、专业技术人员继续教育、职工职业技能鉴定、职业资格认定以及根据需要对职工进行各类文化教育所发生的费用。

11)财产保险费：是指施工管理用财产、车辆等的保险费用。

12)财务费：是指企业为施工生产筹集资金或提供预付款担保、履约担保、职工工资支付担保等所发生的各种费用。

13)税金：是指企业按规定缴纳的房产税、车船使用税、土地使用税、印花税等。

14)其他：包括技术转让费、技术开发费、投标费、业务招待费、绿化费、广告费、公证费、法律顾问费、审计费、咨询费和保险费等。

(2)企业管理费费率计算。

1)以分部分项工程费为计算基础。

$$\text{企业管理费费率}(\%)=\frac{\text{生产工人年平均管理费}}{\text{年有效施工天数}\times\text{人工单价}}\times\text{人工费占分部分项工程费比例}$$

2)以人工费和机械费合计为计算基础。

$$\text{企业管理费费率}(\%)=\frac{\text{生产工人年平均管理费}}{\text{年有效施工天数}\times(\text{人工单价}+\text{每一工日机械使用费})}\times100\%$$

3)以人工费为计算基础。

$$企业管理费费率(\%)=\frac{生产工人年平均管理费}{年有效施工天数\times人工单价}\times100\%$$

注：上述公式适用于施工企业投标报价时自主确定管理费，是工程造价管理机构编制计价定额确定企业管理费的参考依据。

工程造价管理机构在确定计价定额中企业管理费时，应以定额人工费或（定额人工费＋定额机械费）作为计算基数，其费率根据历年工程造价积累的资料，辅以调查数据确定，列入分部分项工程和措施项目中。

5. 利润

利润是指施工企业完成所承包工程获得的盈利。施工企业根据企业自身需求并结合建筑市场实际自主确定，列入报价中。

工程造价管理机构在确定计价定额中利润时，应以定额人工费或（定额人工费＋定额机械费）作为计算基数，其费率根据历年工程造价积累的资料，并结合建筑市场实际确定，以单位（单项）工程测算，利润在税前建筑安装工程费的比重可按不低于5%且不高于7%的费率计算。利润应列入分部分项工程和措施项目中。

6. 规费

（1）规费组成。

规费是指按国家法律、法规规定，由省级政府和省级有关权力部门规定必须缴纳或计取的费用。内容包括：

1）社会保险费。

①养老保险费：是指企业按照规定标准为职工缴纳的基本养老保险费。

②失业保险费：是指企业按照规定标准为职工缴纳的失业保险费。

③医疗保险费：是指企业按照规定标准为职工缴纳的基本医疗保险费。

④生育保险费：是指企业按照规定标准为职工缴纳的生育保险费。

⑤工伤保险费：是指企业按照规定标准为职工缴纳的工伤保险费。

2）住房公积金：是指企业按规定标准为职工缴纳的住房公积金。

3）工程排污费：是指按规定缴纳的施工现场工程排污费。

其他应列而未列入的规费，按实际发生计取。

（2）规费计算。

1）社会保险费和住房公积金。社会保险费和住房公积金应以定额人工费为计算基础，根据工程所在地省、自治区、直辖市或行业建设主管部门规定费率计算。

$$社会保险费和住房公积金=\sum(工程定额人工费\times社会保险费和住房公积金费率)$$

式中，社会保险费和住房公积金费率可以每万元发承包价的生产工人人工费和管理人员工资含量与工程所在地规定的缴纳标准综合分析取定。

2）工程排污费。工程排污费等其他应列而未列入的规费应按工程所在地环境保护等部门规定的标准缴纳，按实计取列入。

7. 税金

税金是指国家税法规定的应计入建筑安装工程造价内的营业税、城市维护建设税、教育费附加以及地方教育附加。

根据上述规定，现行应缴纳的税金计算公式如下：

$$税金=税前造价\times综合税率(\%)$$

综合税率计算为：

(1)纳税地点在市区的企业。

$$综合税率(\%)=\frac{1}{1-3\%-3\%\times7\%-3\%\times3\%-3\%\times2\%}-1$$

(2)纳税地点在县城、镇的企业。

$$综合税率(\%)=\frac{1}{1-3\%-3\%\times5\%-3\%\times3\%-3\%\times2\%}-1$$

(3)纳税地点不在市区、县城、镇的企业。

$$综合税率(\%)=\frac{1}{1-3\%-3\%\times1\%-3\%\times3\%-3\%\times2\%}-1$$

(4)实行营业税改增值税的，按纳税地点现行税率计算。

(二)按工程造价形成划分

建筑安装工程费按工程造价形成划分，由分部分项工程费、措施项目费、其他项目费、规费、税金组成。其中，分部分项工程费、措施项目费、其他项目费包含人工费、材料费、施工机具使用费、企业管理费和利润(图 1-14)。

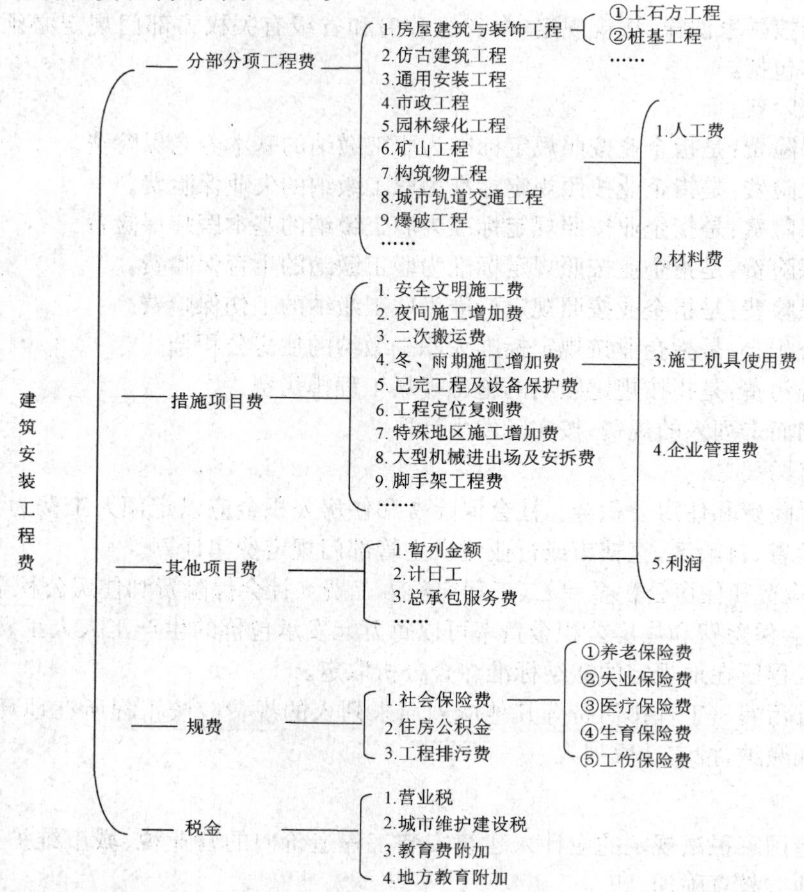

图 1-14　建筑安装工程费用项目组成表(按造价形成划分)

1. 分部分项工程费

(1)分部分项工程费组成。

分部分项工程费是指各专业工程的分部分项工程应予列支的各项费用。

1)专业工程:是指按现行国家计量规范划分的房屋建筑与装饰工程、仿古建筑工程、通用安装工程、市政工程、园林绿化工程、矿山工程、构筑物工程、城市轨道交通工程和爆破工程等各类工程。

2)分部分项工程:指按现行国家计量规范对各专业工程划分的项目。如通用安装工程划分的机械设备安装工程、热力设备安装工程、静置设备与工艺金属结构制作安装工程、电气设备安装工程、建筑智能化工程、自动化控制仪表安装工程、通风空调工程、工业管道工程、消防工程、给排水、采暖、燃气工程、通信设备及线路工程、刷油、防腐蚀和绝热工程等。

(2)分部分项工程费计算。

$$分部分项工程费=\sum(分部分项工程量\times综合单价)$$

式中,综合单价包括人工费、材料费、施工机具使用费、企业管理费和利润以及一定范围的风险费用(下同)。

2. 措施项目费

(1)措施项目费组成。

措施项目费是指为完成建设工程施工,发生于该工程施工前和施工过程中的技术、生活、安全、环境保护等方面的费用。内容包括:

1)安全文明施工费。

①环境保护费:是指施工现场为达到环保部门要求所需要的各项费用。

②文明施工费:是指施工现场文明施工所需要的各项费用。

③安全施工费:是指施工现场安全施工所需要的各项费用。

④临时设施费:是指施工企业为进行建设工程施工所必须搭设的生活和生产用的临时建筑物、构筑物和其他临时设施费用。包括临时设施的搭设、维修、拆除、清理费或摊销费等。

2)夜间施工增加费:是指因夜间施工所发生的夜班补助费、夜间施工降效、夜间施工照明设备摊销及照明用电等费用。

3)二次搬运费:是指因施工场地条件限制而发生的材料、构配件、半成品等一次运输不能到达堆放地点,必须进行二次或多次搬运所发生的费用。

4)冬雨季施工增加费:是指在冬季或雨季施工需增加的临时设施,防滑、排除雨雪,人工及施工机械效率降低等费用。

5)已完工程及设备保护费:是指竣工验收前,对已完工程及设备采取的必要保护措施所发生的费用。

6)工程定位复测费:是指工程施工过程中进行全部施工测量放线和复测工作的费用。

7)特殊地区施工增加费:是指工程在沙漠或其边缘地区、高海拔、高寒和原始森林等特殊地区施工增加的费用。

8)大型机械设备进出场及安拆费:是指机械整体或分体自停放场地运至施工现场或由一个施工地点运至另一个施工地点,所发生的机械进出场运输、转移费用及机械在施工现场进行安装、拆卸所需的人工费、材料费、机械费、试运转费和安装所需的辅助设施的费用。

9)脚手架工程费：是指施工需要的各种脚手架搭、拆、运输费用以及脚手架购置费的摊销(或租赁)费用。

措施项目及其包含的内容详见各类专业工程的现行国家或行业计量规范。

(2)措施项目费计算。

1)国家计量规范规定应予计量的措施项目，其计算公式如下：

$$措施项目费=\sum(措施项目工程量\times综合单价)$$

2)国家计量规范规定不宜计量的措施项目计算方法如下：

①安全文明施工费

安全文明施工费＝计算基数×安全文明施工费费率(％)

计算基数应为定额基价(定额分部分项工程费＋定额中可以计量的措施项目费)、定额人工费或(定额人工费＋定额机械费)，其费率由工程造价管理机构根据各专业工程的特点综合确定。

②夜间施工增加费

夜间施工增加费＝计算基数×夜间施工增加费费率(％)

③二次搬运费

二次搬运费＝计算基数×二次搬运费费率(％)

④冬雨季施工增加费

冬雨季施工增加费＝计算基数×冬雨季施工增加费费率(％)

⑤已完工程及设备保护费

已完工程及设备保护费＝计算基数×已完工程及设备保护费费率(％)

上述②～⑤项措施项目的计费基数应为定额人工费或(定额人工费＋定额机械费)，其费率由工程造价管理机构根据各专业工程特点和调查资料综合分析后确定。

3. 其他项目费

(1)其他项目费组成。

1)暂列金额：是指建设单位在工程量清单中暂定并包括在工程合同价款中的一笔款项。用于施工合同签订时尚未确定或者不可预见的所需材料、工程设备、服务的采购，施工中可能发生的工程变更、合同约定调整因素出现时的工程价款调整，以及发生的索赔、现场签证确认等的费用。

2)计日工：是指在施工过程中，施工企业完成建设单位提出的施工图纸以外的零星项目或工作所需的费用。

3)总承包服务费：是指总承包人为配合、协调建设单位进行的专业工程发包，对建设单位自行采购的材料、工程设备等进行保管以及施工现场管理、竣工资料汇总整理等服务所需的费用。

(2)其他项目费计算。

1)暂列金额由建设单位根据工程特点，按有关计价规定估算，施工过程中由建设单位掌握使用、扣除合同价款调整后如有余额，归建设单位。

2)计日工由建设单位和施工企业按施工过程中的签证计价。

3)总承包服务费由建设单位在招标控制价中根据总包服务范围和有关计价规定编制，施工企业投标时自主报价，施工过程中按签约合同价执行。

4. 规费和税金

规费是政府和有关权力部门根据国家法律、法规规定施工企业必须缴纳的费用。税金是国家按照税法预先规定的标准，强制地、无偿地要求纳税人缴纳的费用。二者都是工程造价的组成部分，但是其费用内容和计取标准都不是发承包人能自主确定的，更不是由市场竞争决定的。主要包括如下内容：

(1)社会保险费。

《中华人民共和国社会保险法》第二条规定："国家建立基本养老保险、基本医疗保险、工伤保险、失业保险、生育保险等社会保险制度，保障公民在年老、疾病、工伤、失业、生育等情况下依法从国家和社会获得物质帮助的权利"。

1)养老保险费。《中华人民共和国社会保险法》第十条规定："职工应当参加基本养老保险，由用人单位和职工共同缴纳基本养老保险费"。

《中华人民共和国劳动法》第七十二条规定："用人单位和劳动者必须依法参加社会保险，缴纳社会保险费"。为此，国务院《关于建立统一的企业职工基本养老保险制度的决定》(国发[1997]26号)第三条规定："企业缴纳基本养老保险费(以下简称企业缴费)的比例，一般不得超过企业工资总额的20%(包括划入个人账户的部分)，具体比例由省、自治区、直辖市人民政府确定"。

2)医疗保险费。《中华人民共和国社会保险法》第二十三条规定："职工应当参加职工医疗保险，由用人单位和职工按照国家规定共同缴纳基本医疗保险费"。

国务院《关于建立城镇职工基本医疗保险制度的决定》(国发[1998]44号)第二条规定："基本医疗保险费由用人单位和职工个人共同缴纳。用人单位缴费应控制在职工工资总额的6%左右，职工一般为本人工资收入的2%。随着经济发展，用人单位和职工缴费率可作相应调整"。

3)失业保险费。《中华人民共和国社会保险法》第四十四条规定："职工应当参加失业保险，由用人单位和职工按照国家规定共同缴纳失业保险费"。

《失业保险条例》(国务院令第258号)第六条规定："城镇企业事业单位按照本单位工资总额的百分之二缴纳失业保险费。城镇企业事业单位职工按照本人工资的百分之一缴纳失业保险费。城镇企业事业单位招用的农民合同制工人本人不缴纳失业保险费"。

4)工伤保险费。《中华人民共和国社会保险法》第三十三条规定："职工应当参加工伤保险。由用人单位缴纳工伤保险费，职工不缴纳工伤保险费"。

《中华人民共和国建筑法》第四十八条规定："建筑施工企业应当依法为职工参加工伤保险缴纳工伤保险费。鼓励企业为从事危险作业的职工办理意外伤害保险，支付保险费。"

《工伤保险条例》(国务院令第375号)第十条规定："用人单位应按时缴纳工伤保险费。职工个人不缴纳工伤保险费"。

5)生育保险费。《中华人民共和国社会保险法》第五十三条规定："职工应当参加生育保险，由用人单位按照国家规定缴纳生育保险费，职工不缴纳生育保险费"。

(2)住房公积金。

《住房公积金管理条例》(国务院令第262号)第十八条规定："职工和单位住房公积金的缴存比例均不得低于职工上一年度月平均工资的5%；有条件的城市，可以适当提高缴存比例。具体缴存比例由住房公积金管理委员会拟订,给本级人民政府审核后,报省、自治区、直辖市人民政府批准。”

(3)工程排污费。

《中华人民共和国水污染防治法》第二十四条规定:“直接向水体排放污染物的企业事业单位和个体工商户,应当按照排放水污染物的种类、数量和排污费征收标准缴纳排污费”。

由上述法律、行政法规以及国务院文件可见,规费是由国家或省级、行业建设行政主管部门依据国家有关法律、法规以及省级政府或省级有关权力部门的规定确定。因此,在工程造价计价时,规费和税金应按国家或省级、行业建设主管部门的有关规定计算,并不得作为竞争性费用。

(三)建筑安装工程计价程序

1. 工程招标控制价计价程序

建设单位工程招标控制价计价程序见表 1-1。

表 1-1　建设单位工程招标控制价计价程序

工程名称:　　　　　　　　　　　　标段:

序号	内　容	计算方法	金　额/元
1	分部分项工程费	按计价规定计算	
1.1			
1.2			
1.3			
1.4			
1.5			
2	措施项目费	按计价规定计算	
2.1	其中:安全文明施工费	按规定标准计算	
3	其他项目费		
3.1	其中:暂列金额	按计价规定估算	
3.2	其中:专业工程暂估价	按计价规定估算	
3.3	其中:计日工	按计价规定估算	
3.4	其中:总承包服务费	按计价规定估算	
4	规费	按规定标准计算	
5	税金(扣除不列入计税范围的工程设备金额)	(1+2+3+4)×规定税率	

招标控制价合计=1+2+3+4+5

2. 工程投标报价计价程序

施工企业工程投标报价计价程序见表1-2。

表1-2　施工企业工程投标报价计价程序

工程名称：　　　　　　　　　　标段：

序号	内　容	计算方法	金　额/元
1	分部分项工程费	自主报价	
1.1			
1.2			
1.3			
1.4			
1.5			
2	措施项目费	自主报价	
2.1	其中：安全文明施工费	按规定标准计算	
3	其他项目费		
3.1	其中：暂列金额	按招标文件提供金额计列	
3.2	其中：专业工程暂估价	按招标文件提供金额计列	
3.3	其中：计日工	自主报价	
3.4	其中：总承包服务费	自主报价	
4	规费	按规定标准计算	
5	税金(扣除不列入计税范围的工程设备金额)	(1+2+3+4)×规定税率	
投标报价合计=1+2+3+4+5			

3. 竣工结算计价程序

竣工结算计价程序见表1-3。

表 1-3　竣工结算计价程序

工程名称：　标段：

序号	汇总内容	计算方法	金　额/元
1	分部分项工程费	按合同约定计算	
1.1			
1.2			
1.3			
1.4			
1.5			
2	措施项目	按合同约定计算	
2.1	其中:安全文明施工费	按规定标准计算	
3	其他项目		
3.1	其中:专业工程结算价	按合同约定计算	
3.2	其中:计日工	按计日工签证计算	
3.3	其中:总承包服务费	按合同约定计算	
3.4	其中:索赔与现场签证	按发承包双方确认数额计算	
4	规费	按规定标准计算	
5	税金(扣除不列入计税范围的工程设备金额)	(1+2+3+4)×规定税率	
竣工结算总价合计=1+2+3+4+5			

三、工程建设其他费用的构成

工程建设其他费用是指从工程筹建到工程竣工验收交付使用止的整个建设期间，除建筑安装工程费用和设备、工器具购置费以外的，为保证工程建设顺利完成和交付使用后能够正常发挥效用而发生的一些费用。

工程建设其他费用，按其内容大体可分为三类。第一类为土地使用费，由于工程项目固定于一定地点与地面相连接，必须占用一定量的土地，也就必然要发生为获得建设用地而支付的费用；第二类是与项目建设有关的费用；第三类是与未来企业生产和经营活动有关的费用。

(一)土地使用费

任何一个建设项目都固定于一定地点与地面相连接，必须占用一定量的土地，也就必然要发生为获得建设用地而支付的费用，这就是土地使用费。它是指通过划拨方式取得土地使用权而支付的土地征用及迁移补偿费，或者通过土地使用权出让方式取得土地使用权而支付的土地使用权出让金。

1. 土地征用及迁移补偿费

土地征用及迁移补偿费，是指建设项目通过划拨方式取得无限期的土地使用权，按照《中华人民共和国土地管理法》等规定所支付的费用。其总和一般不得超过被征土地年产值的20倍，土地年产值则按该地被征用前3年的平均产量和国家规定的价格计算。其内容包括：

(1)土地补偿费。征用耕地(包括菜地)的补偿标准，按政府规定，为该耕地年产值的若干倍，具体补偿标准由省、自治区、直辖市人民政府在此范围内制定。征用园地、鱼塘、藕塘、苇塘、宅基地、林地、牧场和草原等的补偿标准，由省、自治区、直辖市人民政府制定。征收无收益的土地，不予补偿。

(2)青苗补偿费和被征用土地上的房屋、水井、树木等附着物补偿费。这些补偿费的标准由省、自治区、直辖市人民政府制定。征用城市郊区的菜地时，还应按照有关规定向国家缴纳新菜地开发建设基金。

(3)安置补助费。征用耕地、菜地的，每个农业人口的安置补助费为该地每亩年产值的2～3倍，每亩耕地的安置补助费最高不得超过其年产值的10倍。

(4)缴纳的耕地占用税或城镇土地使用税、土地登记费及征地管理费等。县市土地管理机关从征地费中提取土地管理费的比率，要按征地工作量大小，视不同情况，在1%～4%幅度内提取。

(5)征地动迁费。包括征用土地上的房屋及附属构筑物、城市公共设施等拆除、迁建补偿费、搬迁运输费，企业单位因搬迁造成的减产、停工损失补贴费、拆迁管理费等。

(6)水利水电工程水库淹没处理补偿费。包括农村移民安置迁建费、城市迁建补偿费、库区工矿企业、交通、电力、通信、广播、管网和水利等的恢复、迁建补偿费、库底清理费、防护工程费、环境影响补偿费用等。

2. 取得国有土地使用费

取得国有土地使用费包括土地使用权出让金、城市建设配套费、拆迁补偿与临时安置补助费等。

(1)土地使用权出让金。是指建设工程通过土地使用权出让方式，取得有限期的土地使用权，依照《中华人民共和国城镇国有土地使用权出让和转让暂行条例》规定，支付的土地使用权出让金。

1)明确国家是城市土地的唯一所有者，并分层次、有偿、有限期地出让、转让城市土地。第一层次是城市政府将国有土地使用权出让给用地者，该层次由城市政府垄断经营。出让对象可以是有法人资格的企事业单位，也可以是外商。第二层次及以下层次的转让则发生在使用者之间。

2)城市土地的出让和转让可采用协议、招标、公开拍卖等方式。

①协议方式是由用地单位申请，经市政府批准同意后双方洽谈具体地块及地价。该方式适用于市政工程、公益事业用地以及需要减免地价的机关、部队用地和需要重点扶持、优先发展的产业用地。

②招标方式是在规定的期限内，由用地单位以书面形式投标，市政府根据投标报价、所提

供的规划方案以及企业信誉综合考虑，择优而取。该方式适用于一般工程建设用地。

③公开拍卖是指在指定的地点和时间，由申请用地者叫价应价，价高者得。

这完全是由市场竞争决定，适用于盈利高的行业用地。

3)在有偿出让和转让土地时，政府对地价不作统一规定，但应坚持以下原则：

①地价对目前的投资环境不产生大的影响。

②地价与当地的社会经济承受能力相适应。

③地价要考虑已投入的土地开发费用、土地市场供求关系、土地用途和使用年限。

4)关于政府有偿出让土地使用权的年限，各地可根据时间、区位等各种条件做不同的规定，一般可在30～99年之间。按照地面附属建筑物的折旧年限来看，以50年为宜。

5)土地有偿出让和转让，土地使用者和所有者要签约，明确使用者对土地享有的权利和对土地所有者应承担的义务。

①有偿出让和转让使用权，要向土地受让者征收契税。

②转让土地如有增值，要向转让者征收土地增值税。

③在土地转让期间，国家要区别不同地段、不同用途向土地使用者收取土地占用费。

(2)城市建设配套费。是指因进行城市公共设施的建设而分摊的费用。

(3)拆迁补偿与临时安置补助费。此项费用由两部分构成，即拆迁补偿费和临时安置补助费或搬迁补助费。拆迁补偿费是指拆迁人对被拆迁人，按照有关规定予以补偿所需的费用。拆迁补偿的形式可分为产权调换和货币补偿两种形式。

产权调换的面积按照所拆迁房屋的建筑面积计算；货币补偿的金额按照被拆迁人或者房屋承租人支付搬迁补助费。在过渡期内，被拆迁人或者房屋承租人自行安排住处的，拆迁人应当支付临时安置补助费。

(二)与项目建设有关的其他费用

根据项目的不同，与项目建设有关的其他费用的构成也不尽相同，一般包括以下各项。在进行工程估算及概算中可根据实际情况进行计算。

1. 建设单位管理费

建设单位管理费是指建设项目从立项、筹建、建设、联合试运转、竣工验收、交付使用及后评估等全过程管理所需的费用。其内容包括：

(1)建设单位开办费。指新建项目为保证筹建和建设工作正常进行所需办公设备、生活家具、用具、交通工具等购置费用。

(2)建设单位经费。包括工作人员的基本工资、工资性补贴、职工福利费、劳动保护费、劳动保险费、办公费、差旅交通费、工会经费、职工教育经费、固定资产使用费、工具用具使用费、技术图书资料费、生产人员招募费、工程招标费、合同契约公证费、工程质量监督检测费、工程咨询费、法律顾问费、审计费、业务招待费、排污费、竣工交付使用清理及竣工验收费和后评估等费用。不包括应计入设备、材料预算价格的建设单位采购及保管设备材料所需的费用。

建设单位管理费按照单项工程费用之和(包括设备工、器具购置费和建筑安装工程费用)乘以建设单位管理费率计算。

建设单位管理费率按照建设项目的不同性质、不同规模确定。有的建设项目按照建设工期和规定的金额计算建设单位管理费。

2. 勘察设计费

勘察设计费是指为本建设项目提供项目建议书、可行性研究报告及设计文件等所需费用。其内容包括：

(1)编制项目建议书、可行性研究报告及投资估算、工程咨询、评价以及为编制上述文件所进行勘察、设计、研究试验等所需费用。

(2)委托勘察、设计单位进行初步设计、施工图设计及概预算编制等所需费用。

(3)在规定范围内由建设单位自行完成的勘察、设计工作所需费用。

勘察设计费中，项目建议书、可行性研究报告按国家颁布的收费标准计算，设计费按国家颁布的工程设计收费标准计算；勘察费一般民用建筑6层以下的按3～5元/m^2计算，高层建筑按8～10元/m^2计算，工业建筑按10～12元/m^2计算。

3. 研究试验费

研究试验费是指为建设项目提供和验证设计参数、数据、资料等所进行的必要的试验费用以及设计规定在施工中必须进行试验、验证所需费用。包括自行或委托其他部门研究试验所需人工费、材料费、试验设备及仪器使用费等。这项费用按照设计单位根据本工程项目的的需要提出的研究试验内容和要求计算。

4. 建设单位临时设施费

建设单位临时设施费是指建设期间建设单位所需临时设施的搭设、维修、摊销费用或租赁费用。

临时设施包括临时宿舍、文化福利及公用事业房屋与构筑物、仓库、办公室、加工厂以及规定范围内的道路、水、电、管线等临时设施和小型临时设施。

5. 工程监理费

工程监理费是指建设单位委托工程监理单位对工程实施监理工作所需费用。

根据原国家物价局、建设部《关于发布工程建设监理费用有关规定的通知》([1992]价费字479号)等文件规定，选择下列方法之一计算：

(1)一般情况应按工程建设监理收费标准计算，即按所监理工程概算或预算的百分比计算。

(2)对于单工种或临时性项目可根据参与监理的年度平均人数按3.5～5万元/(人·年)计算。

6. 工程保险费

工程保险费是指建设项目在建设期间根据需要实施工程保险所需的费用。包括以各种建筑工程及其在施工过程中的物料、机器设备为保险标的的建筑工程一切险，以安装工程中的各种机器、机械设备为保险标的的安装工程一切险，以及机器损坏保险等。根据不同的工程类别，分别以其建筑、安装工程费乘以建筑、安装工程保险费率计算。民用建筑(住宅楼、综合性大楼、商场、旅馆、医院、学校)占建筑工程费的2‰～4‰；其他建筑(工业厂房、仓库、道路、码头、水坝、隧道、桥梁、管道等)占建筑工程费的3‰～6‰；安装工程(农业、工业、机械、电子、电器、纺织、矿山、石油、化学及钢铁工业钢结构桥梁)占建筑工程费的3‰～6‰。

7. 引进技术和进口设备其他费用

引进技术及进口设备其他费用，包括出国人员费用、国外工程技术人员来华费用、技术引进费、分期或延期付款利息、担保费以及进口设备检验鉴定费。

(1)出国人员费用。指为引进技术和进口设备派出人员在国外培训和进行设计联络，设备检验等的差旅费、制装费、生活费等。这项费用根据设计规定的出国培训和工作的人数、时间及派往国家，按财政部、外交部规定的临时出国人员费用开支标准及中国民用航空公司现行国际航线票价等进行计算，其中使用外汇部分应计算银行财务费用。

(2)国外工程技术人员来华费用。指为安装进口设备，引进国外技术等聘用外国工程技术人员进行技术指导工作所发生的费用。包括技术服务费、外国技术人员的在华工资、生活补贴、差旅费、医药费、住宿费、交通费、宴请费和参观游览等招待费用。这项费用按每人每月费用指标计算。

(3)技术引进费。指为引进国外先进技术而支付的费用。包括专利费、专有技术费(技术保密费)、国外设计及技术资料费和计算机软件费等，这项费用根据合同或协议的价格计算。

(4)分期或延期付款利息。指利用出口信贷引进技术或进口设备采取分期或延期付款的办法所支付的利息。

(5)担保费。指国内金融机构为买方出具保函的担保费。这项费用按有关金融机构规定的担保费率计算(一般可按承保金额的5‰计算)。

(6)进口设备检验鉴定费用。指进口设备按规定付给商品检验部门的进口设备检验鉴定费。这项费用按进口设备货价的3‰～5‰计算。

8. 工程承包费

工程承包费是指具有总承包条件的工程公司，对工程建设项目从开始建设至竣工投产全过程的总承包所需的管理费用。具体内容包括组织勘察设计、设备材料采购、非标设备设计制造与销售、施工招标、发包、工程预决算、项目管理、施工质量监督、隐蔽工程检查、验收和试车直至竣工投产的各种管理费用。该费用按国家主管部门或省、自治区、直辖市协调规定的工程总承包费取费标准计算。如无规定时，一般工业建设项目为投资估算的6%～8%，民用建筑(包括住宅建设)和市政项目为4%～6%。不实行工程承包的项目不计算本项费用。

(三)与未来企业生产经营有关的其他费用

1. 联合试运转费

联合试运转是指新建企业或改扩建企业在工程竣工验收前，按照设计的生产工艺流程和质量标准对整个企业进行联合试运转所发生的费用支出与联合试运转期间的收入部分的差额部分。联合试运转费用一般根据不同性质的项目按需进行试运转的工艺设备购置费的百分比计算。

2. 生产准备费

生产准备费是指新建企业或新增生产能力的企业，为保证竣工交付使用进行必要的生产准备所发生的费用。其内容包括：

(1)生产人员培训费，包括自行培训、委托其他单位培训的人员的工资、工资性补贴、职工福利费、差旅交通费、学习资料费、学习费和劳动保护费等。

(2)生产单位提前进厂参加施工、设备安装、调试等以及熟悉工艺流程及设备性能等人员的工资、工资性补贴、职工福利费、差旅交通费和劳动保护费等。

生产准备费一般根据需要培训和提前进厂人员的人数及培训时间，按生产准备费指标进行估算。

生产准备费在实际执行中是一笔在时间上、人数上、培训深度上很难划分的、活口很大的支出，尤其要严格掌握。

3. 办公和生活家具购置费

办公和生活家具购置费是指为保证新建、改建、扩建项目初期正常生产、使用和管理所必须购置的办公和生活家具、用具的费用。改、扩建项目所需的办公和生活用具购置费，应低于新建项目。其范围包括办公室、会议室、资料档案室、阅览室、文娱室、食堂、浴室、理发室、单身宿舍、设计规定必须建设的托儿所、卫生所、招待所和中小学校等家具用具购置费。这项费用按照设计定员人数乘以综合指标计算，一般为600～800元/人。

四、预备费、建设期贷款利息、固定资产投资方向调节税和铺底流动资金

（一）预备费

按我国现行规定，预备费包括基本预备费和涨价预备费。

1. 基本预备费

基本预备费是指在初步设计及概算内难以预料的工程费用。其内容包括：

(1)在批准的初步设计范围内，技术设计、施工图设计及施工过程中所增加的工程费用；设计变更、局部地基处理等增加的费用。

(2)一般自然灾害造成的损失和预防自然灾害所采取的措施费用。实行工程保险的工程项目费用应适当降低。

(3)竣工验收时为鉴定工程质量对隐蔽工程进行必要的挖掘和修复费用。

基本预备费是按设备及工、器具购置费，建筑安装工程费用和工程建设其他费用三者之和为计取基础，乘以基本预备费率进行计算。

基本预备费＝(设备及工、器具购置费＋建筑安装工程费用＋工程建设其他费用)×基本预备费率

基本预备费率的取值应执行国家及部门的有关规定。

2. 涨价预备费

涨价预备费是指建设项目在建设期间内由于价格等变化引起工程造价变化的预测预留费用。费用内容包括人工、设备、材料、施工机械的价差费，建筑安装工程费及工程建设其他费用调整，利率、汇率调整等增加的费用。

涨价预备费的测算方法，一般根据国家规定的投资综合价格指数，按估算年份价格水平的投资额为基数，采用复利方法计算。其计算公式如下：

$$PF=\sum_{t=1}^{n} I_t[(1+f)^t-1]$$

式中　PF——涨价预备费；

n——建设期年份数；

I_t——建设期中第 t 年的投资计划额，包括设备及工器具购置费、建筑安装工程费、工程建设其他费用及基本预备费；

f——年均投资价格上涨率。

(二)固定资产投资方向调节税

为了贯彻国家产业政策,控制投资规模,引导投资方向,调整投资结构,加强重点建设,促进国民经济持续稳定协调发展,国家将根据国民经济的运行趋势和全社会固定资产投资的状况,对进行固定资产投资的单位和个人开征或暂缓征收固定资产投资方的调节税(该税征收对象不含中外合资经营企业、中外合作经营企业和外资企业)。

投资方向调节税根据国家产业政策和项目经济规模实行差别税率,税率分为0%,5%,10%,15%,30%五个档次,各固定资产投资项目按其单位工程分别确定适用的税率。计税依据固定资产投资项目实际完成的投资额,其中更新改造项目为建筑工程实际完成的投资额。投资方向调节税按固定资产投资项目的单位工程年度计划投资额预缴。年度终了后,按年度实际投资结算,多退少补。项目竣工后按全部实际投资进行清算,多退少补。

1. 基本建设项目投资适用的税率

(1)国家急需发展的项目投资,如农业、林业、水利、能源、交通、通信、原材料,科教、地质、勘探、矿山开采等基础产业和薄弱环节的部门项目投资,适用零税率。

(2)对国家鼓励发展但受能源、交通等制约的项目投资,如钢铁、化工、石油、水泥等部分重要原材料项目,以及一些重要机械、电子、轻工工业和新型建材的项目,实行5%的税率。

(3)为配合住房制度改革,对城乡个人修建、购买住宅的投资实行零税率;对单位修建、购买一般性住宅投资,实行5%的低税率;对单位用公款修建、购买高标准独门独院、别墅式住宅投资,实行30%的高税率。

(4)对楼堂馆所以及国家严格限制发展的项目投资,课以重税,税率为30%。

(5)对不属于上述四类的其他项目投资,实行中等税负政策,税率为15%。

2. 更新改造项目投资适用的税率

(1)为了鼓励企事业单位进行设备更新和技术改造,促进技术进步,对国家急需发展的项目投资,予以扶持,适用零税率;对单纯工艺改造和设备更新的项目投资,适用零税率。

(2)对不属于上述提到的其他更新改造项目投资,一律适用10%的税率。

3. 注意事项

为贯彻国家宏观调控政策,扩大内需,鼓励投资,根据国务院的决定,对《中华人民共和国固定资产投资方向调节税暂行条例》规定的纳税义务人,其固定资产投资应税项目自2000年1月1日起新发生的投资额,暂停征收固定资产投资方向调节税。但该税种并未取消。

(三)建设期贷款利息

为了筹措建设项目资金所发生的各项费用,包括工程建设期间投资贷款利息、企业债券发行费、国外借款手续费和承诺费、汇兑净损失及调整外汇手续费、金融机构手续费以及为筹措建设资金发生的其他财务费用等,统称财务费。其中,最主要的是在工程项目建设期投资贷款而产生的利息。

建设期投资贷款利息是指建设项目使用银行或其他金融机构的贷款,在建设期应归还的借款的利息。建设项目筹建期间借款的利息,按规定可以计入购建资产的价值或开办费。贷款机构在贷出款项时,一般都是按复利考虑的。作为投资者来说,在项目建设期间,投资项目一般没有还本付息的资金来源,即使按要求还款,其资金也可能是通过再申请借款来支付。

当项目建设期长于一年时,为简化计算,可假定借款发生当年均在年中支用,按半年计息,年初欠款按全年计息,这样,建设期投资贷款的利息可按下式计算:

$$q_j=\left(P_{j-1}+\frac{1}{2}A_j\right)\cdot i$$

式中　q_j——建设期第 j 年应计利息;

P_{j-1}——建设期第 $(j-1)$ 年末贷款累计金额与利息累计金额之和;

A_j——建设期第 j 年贷款金额;

i——年利率。

(四)铺底流动资金

流动资金是指生产经营性项目投产后,为进行正常生产运营,用于购买原材料、燃料,支付工资及其他经营费用等所需的周转资金。流动资金估算一般是参照现有同类企业的状况采用分项详细估算法,个别情况或者小型项目可采用扩大指标法。

1. 分项详细估算法

对计算流动资金需要掌握的流动资产和流动负债这两类因素应分别进行估算。在可行性研究中,为简化计算,仅对存货、现金、应收账款这三项流动资产和应付账款这项流动负债进行估算。

2. 扩大指标估算法

(1)按建设投资的一定比例估算。例如,国外化工企业的流动资金,一般是按建设投资的15%～20%计算。

(2)按经营成本的一定比例估算。

(3)按年销售收入的一定比例估算。

(4)按单位产量占用流动资金的比例估算。

流动资金一般在投产前开始筹措。在投产第一年开始按生产负荷进行安排,其借款部分按全年计算利息。流动资金利息应计入财务费用。项目计算期末回收全部流动资金。

第三节　工程量清单计价的过程与作用

一、工程量清单计价的过程

就我国目前的实际情况而言,工程量清单计价作为一种市场价格的形成机制,其作用主要在工程招标投标阶段。因此,工程量清单计价的操作过程可以从招标、投标和评标三个阶段来阐述。

1. 招标阶段

招标单位在工程方案、初步设计或部分施工图设计完成后,即由具有编制能力的招标人或委托具有相应资质的工程造价咨询人按照统一的工程量计算规则,再以单位工程为对象,计算并列出各分部分项工程的工程量清单,作为招标文件的组成部分发放给各投标单位。其工程量清单的粗细程度、准确程度取决于工程的设计深度及编制人员的技术水平和经验等。在分部分项工程量清单中，项目编码、项目名称、项目特征、计量单位和工程量等项目，由招标单位根据全国统一的工程量清单项目设置规则和计量规则填写。单价与合价由投标人根据自己的施工组织设计以及招标单位对工程的质量要求等因素综合评定后填写。

2. 投标阶段

投标单位接到招标文件后，首先，要对招标文件进行仔细的分析研究，对图纸进行透彻的理解；其次，要对招标文件中所列的工程量清单进行审核，审核中，要视招标单位是否允许对工程量清单所列的工程量误差进行调整来确定审核办法。如果允许调整，就要详细审核工程量清单所列的各工程项目的工程量，发现有较大误差的，应通过招标单位答疑会提出调整意见，取得招标单位同意后进行调整；如果不允许调整工程量，则不需要对工程量进行详细的审核，只对主要项目或工程量大的项目进行审核，发现这些项目有较大误差时，可以通过综合单价计价法来调整。综合单价法的优点是当工程量发生变更时，易于查对，能够反映承包商的技术能力和工程管理能力。

3. 评标阶段

在评标时可以对投标单位的最终总报价以及分项工程的综合单价的合理性进行评分。由于采用了工程量清单计价方法，所有投标单位都站在同一起跑线上，因而竞争更为公平合理，有利于实现优胜劣汰，而且在评标时应坚持倾向于合理低标价中标的原则。当然，在评标时仍然可以采用综合计分的方法，不仅考虑报价因素，而且还对投标单位的施工组织设计、企业业绩或信誉等按一定的权重分值分别进行计分，按总评分的高低确定中标单位；或者采用两阶段评标的办法，即先对投标单位的技术方案进行评价，在技术方案可行的前提下，再以投标单位的报价作为评标定标的唯一因素，这样既可以保证工程建设质量，又有利于为业主选择一个合理的、报价较低的单位中标。

二、工程量清单计价的作用

(1)工程量清单是确定工程造价的依据。

1)工程量清单是编制招标控制价与投标报价的依据。

实行工程量清单计价的建设工程，其招标控制价的编制应根据《建设工程工程量清单计价规范》(GB 50500—2013)的有关要求、施工现场的实际情况、合理的施工方法等进行编制。

2)工程量清单是确定投标报价的依据。

投标报价应根据招标文件中的工程量清单和有关要求、施工现场实际情况及拟定的施工方案或施工组织设计，依据企业定额和市场价格信息，或参照建设行政主管部门发布的社会平均消耗量定额进行编制。

3)工程量清单是评标时的依据。

工程量清单是招标、投标的重要组成部分和依据，因此，它也是评标委员会在对标书的评审中参考的重要依据。

4)工程量清单是甲、乙双方确定工程合同价款的依据。

(2)工程量清单是工程造价控制的依据。

1)工程量清单是计算工程变更价款和追加合同价款的依据。

在工程施工中，因设计变更或追加工程影响工程造价时，合同双方应根据工程量清单和合同其他约定调整合同价格。

2)工程量清单是支付工程进度款和竣工结算的依据。

在施工过程中，发包人应按照合同约定和施工进度支付工程款，依据已完项目工程量和相应单价计算工程进度款。工程竣工验收通过后，承包人应依据工程量清单的约定及其他资料办理竣工结算。

3)工程量清单是工程索赔的依据。

在合同的履行过程中，对于并非自己的过错，而是由对方过错造成的实际损失，合同一方可向对方提出经济补偿和(或)工期顺延的要求，即“索赔”。工程量清单是合同文件的组成部分，因此，它是工程索赔的重要依据之一。

BENZHANG SIKAOZHONGDIAN

本章思考重点

1. 通风空调工程包括哪些系统?
2. 通风系统按其工艺要求分为哪几个系统?
3. 我国现行工程造价的构成主要划分为哪几项?
4. 如何计算企业管理费费率?
5. 措施项目费由哪几项组成,如何计算?
6. 规费和税金的费用内容和计取标准能由发承包人自主确定吗?
7. 工程招投标与竣工结算的计价程序是怎样的?
8. 工程建设其他费用,按其内容大体可分为哪几类?
9. 工程量清单计价的操作过程可分为哪几个阶段,其主要内容是什么?

第二章 《建设工程工程量清单计价规范》概况

第一节　工程量清单计价规范出台背景

一、定额的由来与意义

定额产生于19世纪末资本主义企业管理科学发展的初期，属于一门管理学科。

19世纪末期的工业发展速度很快，美国资本主义发展正处于上升时期，但是企业管理仍然采用传统的管理方法，使得生产效率低，生产能力得不到充分发展，阻碍了经济的进一步发展。为提高工人的劳动效率，被称为“科学管理之父”的美国工程师弗·温·泰勒开始了企业管理的研究，制定出科学的工时定额，实行标准的操作方法，采取计价工资制，这就是著名的“泰勒制”。

“泰勒制”之后，管理科学又有许多新的发展，对定额的制定有许多新的研究。新中国成立以来，我国在国民经济各部门广泛地制定和利用各种定额，它们在发展我国建设事业中已发挥了应有的作用。尽管管理理论发展到现在的高度，但是仍然离不开定额。

《全国统一安装工程预算定额》(以下简称全统定额)，是由建设部组织修订和批准执行的。全统定额共分十三册，包括：

第一册　机械设备安装工程　GYD—201—2000；

第二册　电气设备安装工程　GYD—202—2000；

第三册　热力设备安装工程　GYD—203—2000；

第四册　炉窑砌筑工程　GYD—204—2000；

第五册　静置设备与工艺金属结构制作安装工程　GYD—205—2000；

第六册　工业管道工程　GYD—206—2000；

第七册　消防及安全防范设备安装工程　GYD—207—2000；

第八册　给排水、采暖、燃气工程　GYD—208—2000；

第九册　通风空调工程　GYD—209—2000；

第十册　自动化控制仪表安装工程　GYD—210—2000；

第十一册　刷油、防腐蚀、绝热工程　GYD—211—2000；

第十二册　通信设备及线路工程　GYD—212—2000；

第十三册　建筑智能化系统设备安装工程　GYD—213—2003。

每册均包括总说明、册说明、目录、章说明、定额项目表、附录。

1. 总说明

总说明主要说明定额的内容、适用范围、编制依据、作用，定额中人工、材料、机械台班消耗量的确定及其有关规定。

2. 册说明

册说明主要介绍该册定额的适用范围、编制依据、定额包括的工作内容和不包括的工作内容、有关费用(如脚手架搭拆费、高层建筑增加费)的规定以及定额的使用方法和使用中应注意的事项及有关问题。

3. 目录

目录开列定额组成项目名称和页次,以方便查找相关内容。

4. 章说明

章说明主要说明定额章中以下几个方面的问题:①定额适用的范围;②界线的划分;③定额包括的内容和不包括的内容;④工程量计算规则和规定。

5. 定额项目表

定额项目表是预算定额的主要内容,主要包括以下内容:①分项工程的工作内容(一般列入项目表的表头);②一个计量单位的分项工程人工、材料、机械台班消耗量;③一个计量单位的分项工程人工、材料、机械台班单价;④分项工程人工、材料、机械台班基价。

6. 附录

附录放在每册定额表之后,为使用定额提供参考数据。其主要内容包括以下几个方面:①工程量计算方法及有关规定;②材料、构件、元件等重量表,配合比表,损耗率表;③选用的材料价格表;④施工机械台班单价表;⑤仪器仪表台班单价表等。

长期以来,我国发承包计价、定价是以工程预算定额作为主要依据的。为了适应目前工程招投标竞争由市场形成工程造价的需要,对现行工程计价方法和工程预算定额进行改革已势在必行。实行国际通行的工程量清单计价能够反映出工程的个别成本,有利于企业自主报价和公平竞争。

二、03版清单计价规范的推行及其实施意义

(一)03版清单计价规范的推行

随着我国建设市场的快速发展,招标投标制、合同制的逐步推行,以及加入WTO与国际接轨等要求,工程造价计价依据改革不断深化。工程量清单计价法已得到各级工程造价管理部门和各有关单位的赞同,也得到了建设行政主管部门的认可。原建设部标准定额研究所受原建设部标准定额司的委托组织了几十位专家,按照市场形成价格,企业自主报价的市场经济管理模式,编制了《建设工程工程量清单计价规范》(GB 50500—2003)(以下简称“03规范”),经反复修改,征求意见,多次审查,由原建设部以第119号公告发布,从2003年7月1日起实施。

“03规范”是根据《中华人民共和国招标投标法》、原建设部第107号令《建筑工程施工发包与承包计价管理办法》等法规规定制定的。

“03规范”实施以来,在各地和有关部门的工程建设中得到了有效推行,积累了宝贵的经验,取得了丰硕的成果。但在执行中,也反映出一些不足之处,如“03规范”主要侧重于工程招标投标中的工程量清单计价,对工程合同签订、工程计量与价款支付、工程变更、工程价款调

整、工程索赔和工程结算等方面缺乏相应的内容，不适于深入推行工程量清单计价改革工作。因此，为了完善工程量清单计价工作，原建设部标准定额司从 2006 年开始，组织有关单位和专家对“03 规范”的正文部分进行修订。

（二）实行工程量清单计价的目的和意义

（1）推行工程量清单计价是深化工程造价管理改革，推进建设市场化的重要途径。

长期以来，工程预算定额是我国承发包计价、定价的主要依据。现预算定额中规定的消耗量和有关施工措施性费用是按社会平均水平编制的，以此为依据形成的工程造价基本上也属于社会平均价格。这种平均价格可作为市场竞争的参考价格，但不能反映参与竞争企业的实际消耗和技术管理水平，在一定程度上限制了企业的公平竞争。

20 世纪 90 年代国家提出了“控制量、指导价、竞争费”的改革措施，将工程预算定额中的人工、材料、机械消耗量和相应的量价分离，国家控制量以保证质量，价格逐步走向市场化，这一措施走出了向传统工程预算定额改革的第一步。但是，这种做法难以改变工程预算定额中国家指令性内容较多的状况，难以满足招标投标竞争定价和经评审的合理低价中标的要求。因为，国家定额的控制量是社会平均消耗量，不能反映企业的实际消耗量，不能全面体现企业的技术装备水平、管理水平和劳动生产率，不能体现公平竞争的原则，社会平均水平不能代表社会先进水平，改变以往的工程预算定额的计价模式，以适应招标投标的需要，推行工程量清单计价办法是十分必要的。

工程量清单计价是建设工程招标投标中，按照国家统一的工程量清单计价规范，由招标人提供工程数量，投标人自主报价，经评审低价中标的工程造价计价模式。采用工程量清单计价能反映工程个别成本，有利于企业自主报价和公平竞争。

（2）在建设工程招标投标中实行工程量清单计价是规范建筑市场秩序的治本措施之一，适应社会主义市场经济的需要。

工程造价是工程建设的核心，也是市场运行的核心内容，建筑市场存在着许多不规范的行为，大多数与工程造价有直接联系。建筑产品是商品，具有商品的共性，它受价值规律、货币流通规律和供求规律的支配。但是，建筑产品与一般的工业产品价格构成不一样，建筑产品具有某些特殊性：

1）它竣工后一般不在空间发生物理运动，可以直接移交用户，立即进入生产消费或生活消费，因而价格中不含商品使用价值运动发生的流通费用，即因生产过程在流通领域内继续进行而支付的商品包装运输费、保管费。

2）它是固定在某地方的。

3）由于施工人员和施工机具围绕着建设工程流动，因而，有的建设工程构成还包括施工企业远离基地的费用，甚至包括成建制转移到新的工地所增加的费用等。

建筑产品价格随建设时间和地点而变化，相同结构的建筑物在同一地段建造，施工的时间不同造价就不一样；同一时间、不同地段造价也不一样；即使时间和地段相同，施工方法、施工手段、管理水平不同工程造价也有所差别。所以说，建筑产品的价格，既有它的同一性，又有它的特殊性。

为了推动社会主义市场经济的发展，国家颁发了相应的有关法律，如《中华人民共和国价格法》第三条规定：我国实行并逐步完善宏观经济调控下主要由市场形成价格的机制。价格的制定应当符合价格规律，对多数商品和服务价格实行市场调节价，极少数商品和服务价格实行政府指导价或政府定价。市场调节价，是指由经营者自主定价，通过市场竞争形成价格。原建设部第107号令《建设工程施工发包与承包计价管理办法》第七条规定：投标报价应依据企业定额和市场信息，并按国务院和省、自治区、直辖市人民政府建设行政主管部门发布的工程造价计价办法编制。建筑产品市场形成价格是社会主义市场经济的需要。过去工程预算定额在调节承发包双方利益和反映市场价格、需求方面存在着不相适应的地方，特别是公开、公平、公正竞争方面，还缺乏合理的机制，甚至出现了一些漏洞，高估冒算，相互串通，从中回扣。发挥市场规律“竞争”和“价格”的作用是治本之策。尽快建立和完善市场形成工程造价的机制，是当前规范建筑市场的需要。通过推行工程量清单计价有利于发挥企业自主报价的能力；同时，也有利于规范业主在工程招标中的计价行为，有效改变招标单位在招标中盲目压价的行为，从而真正体现公开、公平、公正的原则，反映市场经济规律。

(3)实行工程量清单计价，是促进建设市场有序竞争和企业健康发展的需要。

工程量清单是招标文件的重要组成部分，由招标单位编制或委托有资质的工程造价咨询单位编制，工程量清单编制的准确、详尽、完整，有利于提高招标单位的管理水平，减少索赔事件的发生。由于工程量清单是公开的，有利于防止招标工程中弄虚作假、暗箱操作等不规范行为。投标单位通过对单位工程成本、利润进行分析，统筹考虑，精心选择施工方案，根据企业的定额合理确定人工、材料、机械等要素投入量的合理配置，优化组合，合理控制现场经费和施工技术措施费，在满足招标文件需要的前提下，合理确定自己的报价，让企业有自主报价权。改变了过去依赖建设行政主管部门发布的定额和规定的取费标准进行计价的模式，有利于提高劳动生产率，促进企业技术进步，节约投资和规范建设市场。采用工程量清单计价后，将使招标活动的透明度增加，在充分竞争的基础上降低了造价，提高了投资效益，且便于操作和推行，业主和承包商将都会接受这种计价模式。

(4)实行工程量清单计价，有利于我国工程造价政府职能的转变。

按照政府部门真正履行起“经济调节、市场监督、社会管理和公共服务”的职能要求，政府对工程造价管理的模式要进行相应的改变，将推行政府宏观调控、企业自主报价、市场形成价格、社会全面监督的工程造价管理思路。实行工程量清单计价，将会有利于我国工程造价政府职能的转变，由过去的政府控制的指令性定额转变为制定适应市场经济规律需要的工程量清单计价方法，由过去的行政干预转变为对工程造价进行依法监管，有效地强化政府对工程造价的宏观调控。

三、08版清单计价规范的推行

由于“03规范”侧重于工程招投标中的工程量清单计价，而忽视了工程建设不同阶段对工程造价必然会产生影响的客观因素，这对继续深入推行工程量清单计价改革工作产生了不小的负面影响。为了巩固工程量清单计价改革的成果，进一步规范工程量清单计价行为，提高工程量清单计价改革的整体效力，改善这些不足之处，原建设部从2006年开始组织有关单位和专家对《建设工程工程量清单计价规范》(GB 50500—2003)进行修订，历经两年多的起草、论证和多次修改，住房和城乡建设部于2008年7月9日，以第63号公告，发布了《建设工程工程量清单计价规范》(GB 50500—2008)(以下简称“08规范”)，从2008年12月1日起实施。

“08 规范”的出台，对巩固工程量清单计价改革的成果，进一步规范工程量清单计价行为具有十分重要的意义。

“08 规范”在总结“03 规范”实施成果的基础上，新增条文 92 条，包括强制性条文 15 条，增加了工程量清单计价中有关招标控制价、投标报价、合同价款约定、工程计量与价款支付、工程价款调整、索赔、竣工结算和工程计价争议处理等内容，并增加了条文说明。这充分体现了工程造价各阶段的要求，更加有利于工程量清单计价的全面推行，更加有利于规范工程建设参与各方的计价行为。

四、13 版清单计价规范的发布与适用范围

为进一步适应建设市场的发展，需要借鉴国外经验，总结我国工程建设实践，进一步健全、完善计价规范。因此，根据住房和城乡建设部《关于印发〈2009 年工程建设标准规范制订、修订计划〉的通知》（建标函[2009]88 号）的要求，住房和城乡建设部标准定额研究所、四川省建设工程造价管理总站会同有关单位共同在《建设工程工程量清单计价规范》（GB 50500—2008）正文部分的基础上进行了修订工作。2012 年 12 月 25 日，住房和城乡建设部发布了《建设工程工程量清单计价规范》（GB 50500—2013）（以下简称“13 计价规范”）和《房屋建筑与装饰工程工程量计算规范》（GB 50854—2013）、《仿古建筑工程工程量计算规范》（GB 50855—2013）、《通用安装工程工程量计算规范》（GB 50856—2013）、《市政工程工程量计算规范》（GB 50857—2013）、《园林绿化工程工程量计算规范》（GB 50858—2013）、《矿山工程工程量计算规范》（GB 50859—2013）、《构筑物工程工程量计算规范》（GB 50860—2013）、《城市轨道交通工程工程量计算规范》（GB 50861—2013）、《爆破工程工程量计算规范》（GB 50862—2013）等 9 本计量规范（以下简称“13 工程计量规范”），全部 10 本规范于 2013 年 7 月 1 日起实施。

“13 计价规范”适用于建设工程发承包及实施阶段的招标工程量清单、招标控制价、投标报价的编制，工程合同价款的约定，竣工结算的办理以及施工过程中的工程计量、合同价款支付、施工索赔与现场签证、合同价款调整和合同价款争议的解决等计价活动。相对于“08 规范”，“13 计价规范”将“建设工程工程量清单计价活动”修改为“建设工程发承包及实施阶段的计价活动”，从而对清单计价规范的适用范围进一步进行了明确，表明了不分何种计价方式，建设工程发承包及实施阶段的计价活动必须执行“13 计价规范”。之所以规定“建设工程发承包及实施阶段的计价活动”，主要是因为工程建设具有周期长、金额大、不确定因素多的特点，从而决定了建设工程计价具有分阶段计价的特点，建设工程决策阶段、设计阶段的计价要求与发承包及实施阶段的计价要求是有区别的，这就避免了因理解上的歧义而发生纠纷。

第二节　13 版清单计价规范的修编概况

一、修编目的

(1)为了更加广泛深入地推行工程量清单计价，规范建设工程发承包双方的计量、计价行

为制定准则。

"13计价规范"及"13工程计量规范"是在"08规范"基础上，以原建设部发布的工程基础定额、消耗量定额、预算定额以及各省、自治区、直辖市或行业建设主管部门发布的工程计价定额为参考，以工程计价相关的国家或行业的技术标准、规范、规程为依据，收集近年来新的施工技术、工艺和新材料的项目资料，经过整理，在全国广泛征求意见后编制而成。

另外，由于建设工程造价计价活动不仅要客观反映工程建设的投资，更应体现工程建设交易活动的公平、公正的原则，因此"13计价规范"规定，工程建设双方，包括受其委托的工程造价咨询方，在建设工程发承包及实施阶段从事计价活动均应遵循客观、公平、公正的原则。

(2)为了与当前国家相关法律、法规及政策性变化规定相适应，使其能够正确地贯彻执行。

《中华人民共和国社会保险法》、《中华人民共和国建筑法》关于实行工伤保险，鼓励企业为从事危险作业的职工办理意外伤害的修订；国家发展改革委、财政部关于取消工程定额测定费的规定；财政部开征地方教育附加等规费的变化；《建筑工程施工发承包计价管理办法》的修订，都为清单计价规范的修订提供了基础。

根据原人事部、原建设部《关于印发〈造价工程师执业制度暂行规定〉的通知》(人发[1996]77号)、《注册造价工程师管理办法》(建设部第150号令)以及《全国建设工程造价员管理办法》(中价协[2011]021号)的有关规定，"13计价规范"规定："招标工程量清单、招标控制价、投标报价、工程计量、合同价款调整、合同价款结算与支付以及工程造价鉴定等工程造价文件的编制与核对，应由具有专业资格的工程造价人员承担。""承担工程造价文件的编制与核对的工程造价人员及其所在单位，应对工程造价文件的质量负责。"

(3)为了适应新技术、新工艺、新材料日益发展的需要，促使规范的内容不断更新完善。

随着科学技术的发展，为了满足计量、计价的需要，应增补新技术、新工艺、新材料的项目，同时，应删除技术规范中已被淘汰的项目。

(4)总结实践经验，进一步建立健全我国统一的建设工程计价、计量规范标准体系。

"08规范"实施以来，在工程建设领域中得到了充分肯定，但"08规范"出台时一些不成熟的条文经过实践，有的已形成共识。专业分类不明确、计价、计量表现形式有必要改变等一系列问题也迫切要求在"08规范"的基础上进行修订、完善。

二、修编的主要内容及变化

"13计价规范"及"13工程计量规范"统称为"13版规范"。"13计价规范"共设置16章、54节、329条，各章名称为：总则、术语、一般规定、工程量清单编制、招标控制价、投标报价、合同价款约定、工程计量、合同价款调整、合同价款期中支付、竣工结算与支付、合同解除的价款结算与支付、合同价款争议的解决、工程造价鉴定、工程计价资料与档案和工程计价表格。相比"08规范"而言，分别增加了11章、37节、192条；"13工程计量规范"是在"08规范"附录A、B、C、D、E、F基础上制定的，包括9个专业，正文部分共计261条，附录部分共计3915个项目，在"08规范"的基础上新增2185个项目，减少350个项目。

工程量清单计价基本术语见表2-1。

表 2-1 工程量清单计价基本术语

序号	术语名称	解释说明	备注
1	工程量清单	载明建设工程分部分项工程项目、措施项目、其他项目的名称和相应数量以及规费、税金项目等内容的明细清单	
2	招标工程量清单	招标人依据国家标准、招标文件、设计文件以及施工现场实际情况编制的，随招标文件发布供投标报价的工程量清单，包括其说明和表格	新增名词
3	已标价工程量清单	构成合同文件组成部分的投标文件中已标明价格，经算术性错误修正（如有）且承包人已确认的工程量清单，包括其说明和表格	新增名词
4	分部分项工程	分部工程是单项或单位工程的组成部分，是按结构部位、路段长度及施工特点或施工任务将单项或单位工程划分为若干分部的工程；分项工程是分部工程的组成部分，是按不同施工方法、材料、工序及路段长度等将分部工程划分为若干个分项或项目的工程	新增名词
5	措施项目	为完成工程项目施工，发生于该工程施工准备和施工过程中的技术、生活、安全、环境保护等方面的项目	
6	项目编码	分部分项工程和措施项目清单名称的阿拉伯数字标识	
7	项目特征	构成分部分项工程项目、措施项目自身价值的本质特征	
8	综合单价	完成一个规定清单项目所需的人工费、材料和工程设备费、施工机具使用费和企业管理费、利润以及一定范围内的风险费用	
9	风险费用	隐含于已标价工程量清单综合单价中，用于化解发承包双方在工程合同中约定内容和范围内的市场价格波动风险的费用	新增名词
10	工程成本	承包人为实施合同工程并达到质量标准，在确保安全施工的前提下，必须消耗或使用的人工、材料、工程设备、施工机械台班及其管理等方面发生的费用和按规定缴纳的规费和税金	新增名词
11	单价合同	发承包双方约定以工程量清单及其综合单价进行合同价款计算、调整和确认的建设工程施工合同	新增名词
12	总价合同	发承包双方约定以施工图及其预算和有关条件进行合同价款计算、调整和确认的建设工程施工合同	新增名词
13	成本加酬金合同	发承包双方约定以施工工程成本再加合同约定酬金进行合同价款计算、调整和确认的建设工程施工合同	新增名词
14	工程造价信息	工程造价管理机构根据调查和测算发布的建设工程人工、材料、工程设备、施工机械台班的价格信息，以及各类工程的造价指数、指标	新增名词
15	工程造价指数	反映一定时期的工程造价相对于某一固定时期的工程造价变化程度的比值或比率。包括按单位或单项工程划分的造价指数，按工程造价构成要素划分的人工、材料、机械等价格指数	新增名词
16	工程变更	合同工程实施过程中由发包人提出或由承包人提出经发包人批准的合同工程任何一项工作的增、减、取消或施工工艺、顺序、时间的改变；设计图纸的修改；施工条件的改变；招标工程量清单的错、漏从而引起合同条件的改变或工程量的增减变化	新增名词

（续一）

序号	术语名称	解释说明	备注
17	工程量偏差	承包人按照合同工程的图纸（含经发包人批准由承包人提供的图纸）实施，按照现行国家计量规范规定的工程量计算规则计算得到的完成合同工程项目应予计量的工程量与相应的招标工程量清单项目列出的工程量之间出现的量差	新增名词
18	暂列金额	招标人在工程量清单中暂定并包括在合同价款中的一笔款项。用于工程合同签订时尚未确定或者不可预见的所需材料、工程设备、服务的采购，施工中可能发生的工程变更、合同约定调整因素出现时的合同价款调整以及发生的索赔、现场签证确认等的费用	
19	暂估价	招标人在工程量清单中提供的用于支付必然发生但暂时不能确定价格的材料、工程设备的单价以及专业工程的金额	
20	计日工	在施工过程中，承包人完成发包人提出的工程合同范围以外的零星项目或工作，按合同中约定的单价计价的一种方式	
21	总承包服务费	总承包人为配合协调发包人进行的专业工程发包，对发包人自行采购的材料、工程设备等进行保管以及施工现场管理、竣工资料汇总整理等服务所需的费用	
22	安全文明施工费	在合同履行过程中，承包人按照国家法律、法规、标准等规定，为保证安全施工、文明施工，保护现场内外环境和搭拆临时设施等所采用的措施而发生的费用	新增名词
23	索赔	在工程合同履行过程中，合同当事人一方因非己方的原因而遭受损失，按合同约定或法律法规规定应由对方承担责任，从而向对方提出补偿的要求	
24	现场签证	发包人现场代表（或其授权的监理人、工程造价咨询人）与承包人现场代表就施工过程中涉及的责任事件所做的签认证明	
25	提前竣工（赶工）费	承包人应发包人的要求而采取加快工程进度措施，使合同工程工期缩短，由此产生的应由发包人支付的费用	新增名词
26	误期赔偿费	承包人未按照合同工程的计划进度施工，导致实际工期超过合同工期（包括经发包人批准的延长工期），承包人应向发包人赔偿损失的费用	新增名词
27	不可抗力	发承包双方在工程合同签订时不能预见的，对其发生的后果不能避免，并且不能克服的自然灾害和社会性突发事件	新增名词
28	工程设备	指构成或计划构成永久工程一部分的机电设备、金属结构设备、仪器装置及其他类似的设备和装置	新增名词
29	缺陷责任期	指承包人对已交付使用的合同工程承担合同约定的缺陷修复责任的期限	新增名词
30	质量保证金	发承包双方在工程合同中约定，从应付合同价款中预留，用以保证承包人在缺陷责任期内履行缺陷修复义务的金额	新增名词
31	费用	承包人为履行合同所发生或将要发生的所有合理开支，包括管理费和应分摊的其他费用，但不包括利润	新增名词
32	利润	承包人完成合同工程获得的盈利	新增名词

（续二）

序号	术语名称	解释说明	备注
33	企业定额	施工企业根据本企业的施工技术、机械装备和管理水平而编制的人工、材料和施工机械台班等的消耗标准	
34	规费	根据国家法律、法规规定，由省级政府或省级有关权力部门规定施工企业必须缴纳的，应计入建筑安装工程造价的费用	
35	税金	国家税法规定的应计入建筑安装工程造价内的营业税、城市维护建设税、教育费附加和地方教育附加	
36	发包人	具有工程发包主体资格和支付工程价款能力的当事人以及取得该当事人资格的合法继承人。发包人有时也称建设单位或业主，在工程招标发包中，又被称为招标人	
37	承包人	被发包人接受的具有工程施工承包主体资格的当事人以及取得该当事人资格的合法继承人。承包人有时也称施工企业，在工程招标发包中，投标时又被称为投标人，中标后称为中标人	
38	工程造价咨询	取得工程造价咨询资质等级证书，接受委托从事建设工程造价咨询活动的当事人以及取得该当事人资格的合法继承人	
39	造价工程师	取得造价工程师注册证书，在一个单位注册、从事建设工程造价活动的专业人员	
40	造价员	取得全国建设工程造价员资格证书，在一个单位注册、从事建设工程造价活动的专业人员	
41	单价项目	工程量清单中以单价计价的项目，即根据合同工程图纸（含设计变更）和相关工程现行国家计量规范规定的工程量计算规则进行计量，与已标价工程量清单相应综合单价进行价款计算的项目	新增名词
42	总价项目	工程量清单中以总价计价的项目，即此类项目在相关工程现行国家计量规范中无工程量计算规则，以总价（或计算基础乘费率）计算的项目	新增名词
43	工程计量	发承包双方根据合同约定，对承包人完成合同工程的数量进行的计算和确认	新增名词
44	工程结算	发承包双方根据合同约定，对合同工程在实施中、终止时、已完工后进行的合同价款计算、调整和确认。包括期中结算、终止结算、竣工结算	新增名词
45	招标控制价	招标人根据国家或省级、行业建设主管部门颁发的有关计价依据和办法，以及拟定的招标文件和招标工程量清单，结合工程具体情况编制的招标工程的最高投标限价	改变术语名称，原为“合同价”
46	投标价	投标人投标时响应招标文件要求所报出的对已标价工程量清单汇总后标明的总价	
47	签约合同价（合同价款）	发承包双方在工程合同中约定的工程造价，即包括了分部分项工程费、措施项目费、其他项目费、规费和税金的合同总金额	
48	预付款	在开工前，发包人按照合同约定，预先支付给承包人用于购买合同工程施工所需的材料、工程设备，以及组织施工机械和人员进场等的款项	新增名词

（续三）

序号	术语名称	解释说明	备注
49	进度款	在合同工程施工过程中，发包人按照合同约定对付款周期内承包人完成的合同价款给予支付的款项，也是合同价款期中结算支付	新增名词
50	合同价款调整	在合同价款调整因素出现后，发承包双方根据合同约定，对合同价款进行变动的提出、计算和确认	新增名词
51	竣工结算价	发承包双方依据国家有关法律、法规和标准规定，按照合同约定确定的，包括在履行合同过程中按合同约定进行的合同价款调整，是承包人按合同约定完成了全部承包工作后，发包人应付给承包人的合同总金额	
52	工程造价鉴定	工程造价咨询人接受人民法院、仲裁机关委托，对施工合同纠纷案件中的工程造价争议，运用专门知识进行鉴别、判断和评定，并提供鉴定意见的活动。也称为工程造价司法鉴定	新增名词

注："13计价规范"相对"08计价规范"而言，新增了29条名词术语，改变术语名称1条。

BENZHANG SIKAOZHONGDIAN

本章思考重点

1. 工程量清单计价出台的背景是什么？
2. 实行工程量清单计价有何重大意义？
3. 修编"13版清单计价规范"的目的是什么，有哪些修订变化？

第三章　通风空调工程工程量清单编制

第一节　工程量清单的概念与组成

一、工程量清单的概念

工程量清单表示的是建设工程的分部分项工程项目、措施项目、其他项目的名称和相应数量以及规费、税金项目等内容的明细清单。在建设工程发承包及实施过程的不同阶段，又可分别称为“招标工程量清单”、“已标价工程量清单”等。

招标工程量清单指招标人依据国家标准、招标文件、设计文件以及施工现场实际情况编制的，随招标文件发布供投标报价的工程量清单，包括其说明和表格，是招标阶段供投标人报价的工程量清单，是对工程量清单的进一步具体化。

已标价工程量清单指构成合同文件组成部分的投标文件中已标明价格，经算术性错误修正(如有)且承包人已确认的工程量清单，包括其说明和表格。表示的是投标人对招标工程量清单已标明价格，并被招标人接受，构成合同文件组成部分的工程量清单。

二、工程量清单的组成

《建设工程工程量清单计价规范》(GB 50500—2013)规定工程量清单由下列内容组成：

(1)封面(封-1)*。

(2)扉页(扉-1)。

(3)总说明(表-01)。

(4)分部分项工程和单价措施项目清单与计价表(表-08)。

(5)总价措施项目清单与计价表(表-11)。

(6)其他项目清单与计价汇总表(表-12)。

(7)暂列金额明细表(表-12-1)。

(8)材料(工程设备)暂估单价及调整表(表-12-2)。

(9)专业工程暂估价及结算价表(表-12-3)。

(10)计日工表(表-12-4)。

(11)总承包服务费计价表(表-12-5)。

---

*　为方便读者进一步理解工程量清单与计价编制，本书有关工程计价表格编制的表序号依照《建设工程工程量清单计价规范》(GB 50500—2013)进行。

(12)规费、税金项目计价表(表-13)。

(13)发包人提供材料和工程设备一览表(表-20)。

(14)承包人提供主要材料和工程设备一览表(表-21 或表-22)。

第二节　工程量清单的编制依据及规定

一、工程量清单编制依据

(1)“13 计价规范”和相关工程的国家计量规范。

(2)国家或省级、行业建设主管部门颁发的计价定额和办法。

(3)建设工程设计文件及相关资料。

(4)与建设工程有关的标准、规范、技术资料。

(5)拟定的招标文件。

(6)施工现场情况、地勘水文资料、工程特点及常规施工方案。

(7)其他相关资料。

二、工程量清单编制一般规定

(1)招标工程量清单应由招标人负责编制,若招标人不具有编制工程量清单的能力,则可根据《工程造价咨询企业管理办法》(建设部第 149 号令)的规定,委托具有工程造价咨询性质的工程造价咨询人编制。

(2)招标工程量清单必须作为招标文件的组成部分,其准确性(数量不算错)和完整性(不缺项漏项)应由招标人负责。招标人应将工程量清单连同招标文件一起发(售)给投标人。投标人依据工程量清单进行投标报价时,对工程量清单不负有核实的义务,更不具有修改和调整的权力。如招标人委托工程造价咨询人编制工程量清单,其责任仍由招标人负责。

(3)招标工程量清单是工程量清单计价的基础,应作为编制招标控制价、投标报价、计算或调整工程量以及工程索赔等的依据之一。

(4)招标工程量清单应以单位(项)工程为单位编制,应由分部分项工程项目清单、措施项目清单、其他项目清单、规费和税金项目清单组成。

第三节　工程量清单编制方法

一、填写工程量清单封面

招标工程量清单封面应填写招标工程项目的具体名称,招标人应盖单位公章,如委托工程造价咨询人编制,还应加盖工程造价咨询人所在单位公章。

招标工程量清单封面格式见封-1。

______________工程

招标工程量清单

招　标　人：______________

（单位盖章）

造价咨询人：______________

（单位盖章）

年　月　日

封-1

二、填写扉页

填写扉页时，由造价员编制的工程量清单应有负责审核的造价工程师签字、盖章；受委托编制的工程量清单应有造价工程师签字、盖章以及工程造价咨询人盖章。

招标工程量清单扉页格式见扉-1。

＿＿＿＿＿＿＿＿＿＿＿＿工程

招标工程量清单

招　标　人：＿＿＿＿＿＿＿＿
（单位盖章）

造价咨询人：＿＿＿＿＿＿＿＿
（单位资质专用章）

法定代表人
或其授权人：＿＿＿＿＿＿＿＿
（签字或盖章）

法定代表人
或其授权人：＿＿＿＿＿＿＿＿
（签字或盖章）

编　制　人：＿＿＿＿＿＿＿＿
（造价人员签字盖专用章）

复　核　人：＿＿＿＿＿＿＿＿
（造价工程师签字盖专用章）

编制时间：　　年　　月　　日

复核时间：　　年　　月　　日

扉-1

《招标工程量清单扉页》(扉-1)填写要点如下:

(1)招标人自行编制工程量清单的,编制人员必须是在招标人单位注册的造价人员,由招标人盖单位公章,法定代表人或其授权人签字或盖章;当编制人是注册造价工程师时,由其签字盖执业专用章;当编制人是造价员时,由其在编制人栏签字盖专用章,并应由注册造价工程师复核,在复核人栏签字盖执业专用章。

(2)招标人委托工程造价咨询人编制工程量清单的,编制人员必须是在工程造价咨询人单位注册的造价人员。由工程造价咨询人盖单位资质专用章,法定代表人或其授权人签字或盖章;当编制人是注册造价工程师时,由其签字盖执业专用章;当编制人是造价员时,由其在编制人栏签字盖专用章,并应由注册造价工程师复核,在复核人栏签字盖执业专用章。

三、填写工程量清单总说明

工程量清单中总说明应包括的内容有:①工程概况:如建设地址、建设规模、工程特征、交通状况、环保要求等;②工程招标和专业工程发包范围;③工程量清单编制依据;④工程质量、材料、施工等的特殊要求;⑤其他需要说明的问题。

工程量清单总说明格式见表-01。

总说明

工程名称:　　　　　　　　　　　　　　　　　　第　页共　页

表-01

四、编制分部分项工程项目清单

分部工程是单项或单位工程的组成部分,是按结构部位、路段长度及施工特点或施工任务将单项或单位工程划分为若干分部的工程;分项工程是分部工程的组成部分,是按不同施工方法、材料、工序及路段长度等将分部工程划分为若干个分项或项目的工程。

分部分项工程项目清单必须根据相关工程现行国家计量规范规定的项目编码、项目名称、项目特征、计量单位和工程量计算规则进行编制。

分部分项工程和单价措施项目清单与计价表格式见表-08。

分部分项工程和单价措施项目清单与计价表

工程名称：　　　　　　　　　　　　　　标段：　　　　　　　　　　　　　　第　页共　页

<table>
<tr><td rowspan="3">序号</td><td rowspan="3">项目编码</td><td rowspan="3">项目名称</td><td rowspan="3">项目特征描述</td><td rowspan="3">计量
单位</td><td rowspan="3">工程量</td><td colspan="3">金　额/元</td></tr>
<tr><td rowspan="2">综合单价</td><td rowspan="2">合价</td><td>其中</td></tr>
<tr><td>暂估价</td></tr>
<tr><td></td><td></td><td></td><td></td><td></td><td></td><td></td><td></td><td></td></tr>
<tr><td></td><td></td><td></td><td></td><td></td><td></td><td></td><td></td><td></td></tr>
<tr><td></td><td></td><td></td><td></td><td></td><td></td><td></td><td></td><td></td></tr>
<tr><td></td><td></td><td></td><td></td><td></td><td></td><td></td><td></td><td></td></tr>
<tr><td></td><td></td><td></td><td></td><td></td><td></td><td></td><td></td><td></td></tr>
<tr><td colspan="7">本页小计</td><td></td><td></td></tr>
<tr><td colspan="7">合　计</td><td></td><td></td></tr>
</table>

注：为计取规费等的使用，可在表中增设其中："定额人工费"。

表-08

分部分项工程项目清单填写应载明五个要件（项目编码、项目名称、项目特征、计量单位和工程量），这五个要件在分部分项工程项目清单的组成中缺一不可，填写要点如下：

(1)分部分项工程清单的项目编码。通风空调工程项目编码按《通用安装工程工程量计算规范》(GB 50856—2013)附录项目编码栏内规定的9位数字另加3位顺序码共12位阿拉伯数字组成。其中，一、二位（一级）为专业工程代码；三、四位（二级）为专业工程附录分类顺序码；五、六位（三级）为分部工程顺序码；七、八、九位（四级）为分项工程项目名称顺序码；十至十二位（五级）为清单项目名称顺序码，第五级编码应根据拟建工程的工程量清单项目名称设置。

1)第一、二位专业工程代码。房屋建筑与装饰工程为01，仿古建筑为02，通用安装工程为03，市政工程为04，园林绿化工程为05，矿山工程为06，构筑物工程为07，城市轨道交通工程为08，爆破工程为09。

2)第三、四位专业工程附录分类顺序码（相当于章）。在《通用安装工程工程量计算规范》(GB 50856—2013)附录中，通用安装工程共分为13部分，其各自专业工程附录分类顺序码分别为：附录A机械设备安装工程，附录分类顺序码01；附录B热力设备安装工程，附录分类顺序码02；附录C静置设备与工艺金属结构制作安装工程，附录分类顺序码03；附录D电气设备安装工程，附录分类顺序码04；附录E建筑智能化工程，附录分类顺序码05；附录F自动化控制仪表安装工程，附录分类顺序码06；附录G通风空调工程，附录分类顺序码07；附录H工业管道工程，附录分类顺序码08；附录J消防工程，附录分类顺序码09；附录K给排水、采暖、燃气工程，附录分类顺序码10；附录L通信设备及线路工程，附录分类顺序码11；附录M刷油、防腐蚀、绝热工程，附录分类顺序码12；附录N措施项目，附录分类顺序码13。

3)第五、六位分部工程顺序码（相当于章中的节）。以通用安装工程中的通风空调工程为例，在《通用安装工程工程量计算规范》(GB 50856—2013)附录G中，通风空调工程共分为

4节，其各自分部工程顺序码分别为：G.1通风及空调设备及部件制作安装，分部工程顺序码01；G.2通风管道制作安装，分部工程顺序码02；G.3通风管道部件制作安装，分部工程顺序码03；G.4通风工程检测、调试，分部工程顺序码04。

4)第七、八、九位分项工程项目名称顺序码。以通风空调工程中通风工程检测、调试为例，在《通用安装工程工程量计算规范》(GB 50856—2013)附录G中，通风工程检测、调试共分为2项，其各自分项工程项目名称顺序码分别为：通风工程检测、调试001，风管漏光、漏试验002。

5)第十至十二位清单项目名称顺序码。以通风及空调设备及部件制作安装中空调器为例，按《通用安装工程工程量计算规范》(GB 50856—2013)的有关规定，空调器需描述的清单项目特征包括：名称、型号、规格、安装形式、质量、隔振垫(器)、支架形式、材质。清单编制人在对空调器进行编码时，即可在全国统一九位编码030701003的基础上，根据不同的空调器规格、型号等因素，对十至十二位编码自行设置，编制出清单项目名称顺序码001、002、003、004……

(2)分部分项工程清单的项目名称应按《通用安装工程工程量计算规范》(GB 50856—2013)附录的项目名称结合拟建工程的实际确定。

(3)分部分项工程清单的项目特征应按《通用安装工程工程量计算规范》(GB 50856—2013)附录中规定的项目特征，结合拟建工程项目的实际特征予以描述。

1)项目特征是区分清单项目的依据。工程量清单项目特征是用来表述分部分项工程量清单项目的实质内容，用于区分计价规范中同一清单条目下各个具体的清单项目。没有项目特征的准确描述，对于相同或相似的清单项目名称，就无从区分。

2)项目特征是确定综合单价的前提。由于工程量清单项目的特征决定了工程实体的实质内容，必然直接决定了工程实体的自身价值。因此，工程量清单项目特征描述得准确与否，直接关系到工程量清单项目综合单价的准确确定。

3)项目特征是履行合同义务的基础。实行工程量清单计价，工程量清单及其综合单价是施工合同的组成部分，因此，如果工程量清单项自特征的描述不清甚至漏项、错误，导致在施工过程中更改，就会发生分歧，甚至引起纠纷。

(4)分部分项工程清单的计量单位应按《通用安装工程工程量计算规范》(GB 50856—2013)附录中规定的计量单位确定。

当计量单位有两个或两个以上时，应根据所编工程量清单项目的特征要求，选择最适宜表现该项目特征并方便计量的单位。例如过滤器有“台”和“m^2”两个计量单位，实际工作中，就应该选择最适宜、最方便计量的单位来表示。

(5)分部分项工程量清单中所列工程量应按《通用安装工程工程量计算规范》(GB 50856—2013)附录中规定的工程量计算规则计算。

1)以“m^2”、“m”、“kg”为计量单位的应保留小数点后二位，第三位小数四舍五入。

2)以“台”、“个”、“系统”等为计量单位的应取整数。

五、编制措施项目清单

措施项目清单应根据拟建工程的实际情况列项。措施项目清单的编制需考虑多种因素，除工程本身的因素外，还涉及水文、气象、环境、安全等因素。由于影响措施项目设置的因素太多，计量规范不可能将施工中可能出现的措施项目一一列出。在编制措施项目清单时，因工程情况不同，出现“计量规范”附录中未列的措施项目，可根据工程的具体情况对措施项目清单作补充。

计量规范将措施项目划分为两类：一类是不能计算工程量的项目，如文明施工和安全防护、临时设施等，就以“项”计价，称为“总价项目”（表-11）；另一类是可以计算工程量的项目，如脚手架、混凝土模板及支架工程等，就以“量”计价，更有利于措施费的确定和调整，称为“单价项目”（表-10）。

措施项目清单必须根据相关工程现行国家计量规范的规定编制。编制招标工程量清单时，表中的项目可根据工程实际情况进行增减。

措施项目清单格式见表-11。

总价措施项目清单与计价表

工程名称：　　　　　　　　　　　　　标段：　　　　　　　　　　　　　第　页共　页

序号	项目编码	项目名称	计算基础	费率/(%)	金额/元	调整费率/(%)	调整后金额/元	备注
		安全文明施工费						
		夜间施工增加费						
		二次搬运费						
		冬雨季施工增加费						
		已完工程及设备保护费						
合　　计								

编制人（造价人员）：　　　　　　　　　　　　复核人（造价工程师）：

注：1. “计算基础”中安全文明施工费可为“定额基价”、“定额人工费”或“定额人工费＋定额机械费”，其他项目可为“定额人工费”或“定额人工费＋定额机械费”。

2. 按施工方案计算的措施费，若无“计算基础”和“费率”的数值，也可只填“金额”数值，但应在备注栏说明施工方案出处或计算方法。

表-11

六、编制其他项目清单

(1)其他项目清单应按照下列内容列项：①暂列金额；②暂估价，包括材料暂估单价、工程设备暂估单价、专业工程暂估价；③计日工；④总承包服务费。

工程建设标准的高低、工程的复杂程度、工程的工期长短、工程的组成内容和发包人对工程管理要求等都直接影响其他项目清单的具体内容，本书仅提供了 4 项内容作为列项参考，不足部分，可根据工程的具体情况进行补充。

1)暂列金额是招标人暂定并包括在合同中的一笔款项。不管采用何种合同形式,其理想的标准是一份合同的价格就是其最终的竣工结算价格,或者至少两者应尽可能接近。我国规定对政府投资工程实行概算管理,经项目审批部门批复的设计概算是工程投资控制的刚性指标,即使商业性开发项目也有成本的预先控制问题,否则,无法相对准确地预测投资的收益和科学合理地进行投资控制。但工程建设自身的特性决定了工程的设计需要根据工程进展不断地进行优化和调整,业主需求可能会随工程建设进展而出现变化,工程建设过程还会存在一些不能预见、不能确定的因素。消化这些因素必然会影响合同价格的调整,暂列金额正是因这类不可避免的价格调整而设立,以便达到合理确定和有效控制工程造价的目标。

2)暂估价是指招标阶段直至签订合同协议时,招标人在招标文件中提供的用于支付必然要发生但暂时不能确定价格的材料以及专业工程的金额。暂估价类似于FIDIC合同条款中的Prine Cost Items,在招标阶段预见肯定要发生,只是因为标准不明确或者需要由专业承包人完成,暂时无法确定价格。暂估价数量和拟用项目应当结合工程量清单中的“暂估价表”予以补充说明。

为方便合同管理,需要纳入分部分项工程项目清单综合单价中的暂估价应只是材料、工程设备费,以方便投标人组价。

专业工程的暂估价应是综合暂估价,包括除规费和税金以外的管理费、利润等。总承包招标时,专业工程设计深度往往是不够的,一般需要交由专业设计人设计,出于提高可建造性考虑,国际上惯例,一般由专业承包人负责设计,以发挥其专业技能和专业施工经验的优势。这类专业工程交由专业分包人完成是国际工程的良好实践,目前在我国工程建设领域也已经比较普遍。公开透明、合理地确定这类暂估价的实际开支金额的最佳途径就是通过施工总承包人与工程建设项目招标人共同组织招标。

3)计日工是为了解决现场发生的零星工作的计价而设立的。国际上常见的标准合同条款中,大多数都设立了计日工(Daywork)计价机制。计日工对完成零星工作所消耗的人工工时、材料数量、施工机械台班进行计量,并按照计日工表中填报的适用项目的单价进行计价支付。计日工适用的所谓零星工作一般是指合同约定之外或者因变更而产生的、工程量清单中没有相应项目的额外工作,尤其是那些时间不允许事先商定价格的额外工作。

4)总承包服务费是为了解决招标人在法律、法规允许的条件下进行专业工程发包以及自行供应材料、工程设备,并需要总承包人对发包的专业工程提供协调和配合服务,对甲供材料、工程设备提供收、发和保管服务以及进行施工现场管理时发生并向总承包人支付的费用。招标人应预计该项费用,并按投标人的投标报价向投标人支付该项费用。

(2)暂列金额应根据工程特点按有关计价规定估算。

(3)暂估价中的材料、工程设备暂估单价应根据工程造价信息或参照市场价格估算,列出明细表;专业工程暂估价应分不同专业,按有关计价规定估算,列出明细表。

(4)计日工应列出项目名称、计量单位和暂估数量。

(5)总承包服务费应列出服务项目及其内容等。

(6)出现(1)中未列项目,应根据工程实际情况补充。

编制招标工程其他项目清单,应汇总“暂列金额”和“专业工程暂估价”,以提供给投标人报价。其他项目清单格式见表-12(不包含表-12-6～表-12-8)。

其他项目清单与计价汇总表

工程名称：　　　　　　　　　　　　　　　标段：　　　　　　　　　　　　　　　第　页共　页

序号	项目名称	金额/元	结算金额/元	备注
1	暂列金额			明细详见表-12-1
2	暂估价			
2.1	材料(工程设备)暂估价/结算价	—		明细详见表-12-2
2.2	专业工程暂估价/结算价			明细详见表-12-3
3	计日工			明细详见表-12-4
4	总承包服务费			明细详见表-12-5
5	索赔与现场签证	—		明细详见表-12-6
合　计				—

注：材料(工程设备)暂估单价计入清单项目综合单价，此处不汇总。

表-12

暂列金额明细表

工程名称：　　　　　　　　　　　　　　　标段：　　　　　　　　　　　　　　　第　页共　页

序号	项　目　名　称	计量单位	暂定金额/元	备　注
1				
2				
3				
4				
5				
6				
7				
8				
9				
10				
11				
合　计				—

注：此表由招标人填写，如不能详列，也可只列暂定金额总额，投标人应将上述暂列金额计入投标总价中。

表-12-1

材料(工程设备)暂估单价及调整表

工程名称： 标段： 第 页共 页

序号	材料(工程设备)名称、规格、型号	计量单位	数量		暂估/元		确认/元		差额±/元		备注
			暂估	确认	单价	合价	单价	合价	单价	合价	
合计											

注：此表由招标人填写“暂估单价”，并在备注栏说明暂估单价的材料、工程设备拟用在哪些清单项目上，投标人应将上述材料、工程设备暂估单价计入工程量清单综合单价报价中。

表-12-2

专业工程暂估价及结算价表

工程名称： 标段： 第 页共 页

序号	工程名称	工程内容	暂估金额/元	结算金额/元	差额±/元	备注
合计						

注：此表“暂估金额”由招标人填写，投标人应将“暂估金额”计入投标总价中。结算时按合同约定结算金额填写。

表-12-3

计日工表

工程名称：　　　　　　　　　　　　　　　　　　标段：　　　　　　　　　　　　　　　　　第　页共　页

编号	项目名称	单位	暂定数量	实际数量	综合单价/元	合价/元	
						暂定	实际
一	人工						
1							
2							
3							
4							
人工小计							
二	材料						
1							
2							
3							
4							
5							
材料小计							
三	施工机械						
1							
2							
3							
4							
施工机械小计							
四、企业管理费和利润							
总　计							

注：此表项目名称、暂定数量由招标人填写，编制招标控制价时，单价由招标人按有关计价规定确定；投标时，单价由投标人自主报价，按暂定数量计算合价计入投标总价中；结算时，按发承包双方确定的实际数量计算合价。

表-12-4

总承包服务费计价表

工程名称：　　　　　　　　　　　　　　　　　　标段：　　　　　　　　　　　　　　　　　第　页共　页

序号	项目名称	项目价值/元	服务内容	计算基础	费率/(%)	金额/元
1	发包人发包专业工程					
2	发包人提供材料					
	合　计	—	—		—	

注：此表项目名称、服务内容由招标人填写，编制招标控制价时，费率及金额由招标人按有关计价规定确定；投标时，费率及金额由投标人自主报价，计入投标总价中。

表-12-5

七、编制规费、税金项目清单

1. 规费项目清单

(1)规费项目清单应按照下列内容列项:

1)社会保险费:包括养老保险费、失业保险费、医疗保险费、工伤保险费、生育保险费;

2)住房公积金;

3)工程排污费。

(2)出现未列的项目,应根据省级政府或省级有关部门的规定列项。

根据住房和城乡建设部、财政部印发的《建筑安装工程费用项目组成》的规定,规费包括工程排污费、社会保险费(养老保险、失业保险、医疗保险、工伤保险、生育保险)和住房公积金。规费作为政府和有关权力部门规定必须缴纳的费用,编制人对《建筑安装工程费用项目组成》未包括的规费项目,在编制规费项目清单时应根据省级政府或省级有关权力部门的规定列项。

2. 税金项目清单

(1)税金项目清单应包括下列内容:

1)营业税;

2)城市维护建设税;

3)教育费附加;

4)地方教育附加。

(2)出现未列的项目,应根据税务部门的规定列项。

根据住房和城乡建设部、财政部印发的《建筑安装工程费用项目组成》的规定,目前我国税法规定应计入建筑安装工程造价的税种包括营业税、城市建设维护税、教育费附加和地方教育附加。如国家税法发生变化,税务部门依据职权增加了税种,应对税金项目清单进行补充。

规费、税金项目清单格式见表-13。

规费、税金项目计价表

工程名称: 标段: 第 页共 页

序号	项目名称	计算基础	计算基数	计算费率/(%)	金额/元
1	规费	定额人工费			
1.1	社会保险费	定额人工费			
(1)	养老保险费	定额人工费			
(2)	失业保险费	定额人工费			
(3)	医疗保险费	定额人工费			
(4)	工伤保险费	定额人工费			
(5)	生育保险费	定额人工费			

续表

序号	项目名称	计算基础	计算基数	计算费率/(%)	金额/元
1.2	住房公积金	定额人工费			
1.3	工程排污费	按工程所在地环境保护部门收取标准,按实计入			
2	税金	分部分项工程费+措施项目费+其他项目费+规费-按规定不计税的工程设备金额			
合　计					

编制人(造价人员):　　　　复核人(造价工程师):

表-13

八、发包人提供材料和机械设备

《建设工程质量管理条例》第 14 条规定:“按照合同约定,由建设单位采购建筑材料、建筑构配件和设备的,建设单位应当保证建筑材料、建筑构配件和设备符合设计文件和合同要求”;《中华人民共和国合同法》第 283 条规定:“发包人未按照约定的时间和要求提供原材料、设备、场地、资金、技术资料的,承包人可以顺延工程日期,并有权要求赔偿停工、窝工等损失”。“13 计价规范”根据上述法律条文对发包人提供材料和机械设备的情况进行了如下约定:

(1)发包人提供的材料和工程设备(以下简称甲供材料)应在招标文件中按照规定填写《发包人提供材料和工程设备一览表》(表-20),写明甲供材料的名称、规格、数量、单价、交货方式、交货地点等。

承包人投标时,甲供材料价格应计入相应项目的综合单价中,签约后,发包人应按合同约定扣除甲供材料款,不予支付。

(2)承包人应根据合同工程进度计划的安排,向发包人提交甲供材料交货的日期计划。发包人应按计划提供。

(3)发包人提供的甲供材料如规格、数量或质量不符合合同要求,或由于发包人原因发生交货日期延误、交货地点及交货方式变更等情况的,发包人应承担由此增加的费用和(或)工期延误,并应向承包人支付合理利润。

(4)发承包双方对甲供材料的数量发生争议不能达成一致的,应按照相关工程的计价定额同类项目规定的材料消耗量计算。

(5)若发包人要求承包人采购已在招标文件中确定为甲供材料的,材料价格应由发承包双方根据市场调查确定,并应另行签订补充协议。

发包人提供材料和工程设备一览表

工程名称：　　　　　　　　　　　　标段：　　　　　　　　　　　　第　页共　页

序号	材料（工程设备）名称、规格、型号	单位	数量	单价/元	交货方式	送达地点	备注

注：此表由招标人填写，供投标人在投标报价、确定总承包服务费时参考。

表-20

九、承包人提供材料和工程设备

《建设工程质量管理条例》第29条规定："施工单位必须按照工程设计要求、施工技术标准和合同约定，对建筑材料、建筑构配件、设备和商品混凝土进行检验，检验应当有书面记录和专人签字；未经检验或者检验不合格的，不得使用"。"13计价规范"根据此法律条文对承包人提供材料和机械设备的情况进行了如下约定：

(1)除合同约定的发包人提供的甲供材料外，合同工程所需的材料和工程设备应由承包人提供，承包人提供的材料和工程设备均应由承包人负责采购、运输和保管。

(2)承包人应按合同约定将采购材料和工程设备的供货人及品种、规格、数量和供货时间等提交发包人确认，并负责提供材料和工程设备的质量证明文件，满足合同约定的质量标准。

(3)对承包人提供的材料和工程设备经检测不符合合同约定的质量标准，发包人应立即要求承包人更换，由此增加的费用和(或)工期延误应由承包人承担。对发包人要求检测承包人已具有合格证明的材料、工程设备，但经检测证明该项材料、工程设备符合合同约定的质量标准，发包人应承担由此增加的费用和(或)工期延误，并向承包人支付合理利润。

承包人提供主要材料和工程设备一览表格式见表-21或表-22。

承包人提供主要材料和工程设备一览表

（适用于造价信息差额调整法）

工程名称：　　　　　　　　　　　　标段：　　　　　　　　　　　　第　页共　页

序号	名称、规格、型号	单位	数量	风险系数/(%)	基准单价/元	投标单价/元	发承包人确认单价/元	备注

注：1. 此表由招标人填写除"投标单价"栏的内容，投标人在投标时自主确定投标单价。

2. 招标人应优先采用工程造价管理机构发布的单价作为基准单价，未发布的，通过市场调查确定其基准单价。

表-21

承包人提供主要材料和工程设备一览表

（适用于价格指数差额调整法）

工程名称：　　　　　　　　　　　　　　标段：　　　　　　　　　　　　第　页共　页

序号	名称、规格、型号	变值权重 B	基本价格指数 F_0	现行价格指数 F_t	备注
	定值权重 A		—	—	
合　计		1	—	—	

注：1. “名称、规格、型号”、“基本价格指数”栏由招标人填写，基本价格指数应首先采用工程造价管理机构发布的价格指数，没有时，可采用发布的价格代替。如人工、机械费也采用本法调整，由招标人在“名称”栏填写。

2. “变值权重”栏由投标人根据该项人工、机械费和材料、工程设备价值在投标总报价中所占比例填写，1减去其比例为定值权重。

3. “现行价格指数”按约定付款证书相关周期最后一天的前42天的各项价格指数填写，该指数应首先采用工程造价管理机构发布的价格指数，没有时，可采用发布的价格代替。

表-22

BENZHANG SIKAOZHONGDIAN

本章思考重点

1. 工程量清单由哪些内容组成？
2. 工程量清单总说明填写应包括哪些内容？
3. 分部分项工程项目清单必须载明的五大要件是什么？
4. 编制措施项目清单需考虑哪些因素？
5. 分部分项工程和措施项目中的单价项目，应如何确定综合单价计算？

第四章　通风空调工程工程量计算

第一节　新旧规范的区别及相关说明

一、"13工程计量规范"与"08规范"的区别

(1)通风空调工程以《通用安装工程工程量计算规范》(GB 50586—2013)中附录G的形式存在，共5节52项。G.1通风及空调设备及部件制作安装相比"08规范"增加了表冷器、除湿机、人防过滤吸收器，减少了通风机；G.2通风管道制作安装相比"08规范"增加了弯头导流叶片、风管检查孔、温度、风量测量孔三项；G.3通风管道部件制作安装相比"08规范"增加了人防超压自动排气阀、人防手动密闭阀、人防其他部件三项；G.4通风工程检测、调试相比"08规范"增加了风管漏光、漏风试验。

(2)"13工程计量规范"将项目名称中带有制作、安装的字眼全部删除。如通风及空调设备及部件制作安装一节中"密闭门制作安装"变成了"密闭门"；"金属壳体制作安装"变成了"金属壳体"。

(3)"13工程计量规范"对项目名称的改变。如通风管道部件制作安装一节中"碳钢调节阀制作安装"改为"碳钢阀门"，"塑料风管阀门"改为"塑料阀门"，"柔性接口及伸缩节制作安装"改为"柔性接口"。

二、工程量计算规则相关说明

(1)通风空调工程适用于通风(空调)设备及部件、通风管道及部件的制作安装工程。

(2)冷冻机组站内的设备安装、通风机安装及人防两用通风机安装，应按《通用安装工程工程量计算规范》(GB 50856—2013)附录A机械设备安装工程相关项目编码列项。冷冻机组内的管道安装，应按《通用安装工程工程量计算规范》(GB 50856—2013)附录H工业管道工程相关项目编码列项。冷冻站外墙皮以外通往通风空调设备的供热、供冷、供水等管道，应按《通用安装工程工程量计算规范》(GB 50856—2013)附录K给排水、采暖、燃气工程相关项目编码列项。

(3)设备和安装的除锈、刷漆、保温及保护层安装，应按《通用安装工程工程量计算规范》(GB 50856—2013)附录M刷油、防腐蚀、绝热工程相关项目编码列项。

第二节　通风及空调设备及部件制作安装

一、工程量清单项目设置

通风及空调设备及部件制作安装工程量清单项目设置见表4-1。

表4-1　　通风及空调设备及部件制作安装（编码：030701）

项目编码	项目名称	项目特征	计量单位	工程量计算规则	工作内容
030701001	空气加热器（冷却器）	1. 名称 2. 型号 3. 规格 4. 质量 5. 安装形式 6. 支架形式、材质	台	按设计图示数量计算	1. 本体安装、调试 2. 设备支架制作、安装 3. 补刷（喷）油漆
030701002	除尘设备				
030701003	空调器	1. 名称 2. 型号 3. 规格 4. 安装形式 5. 质量 6. 隔振垫（器）、支架形式、材质	台（组）		1. 本体安装或组装、调试 2. 设备支架制作、安装 3. 补刷（喷）油漆
030701004	风机盘管	1. 名称 2. 型号 3. 规格 4. 安装形式 5. 减振器、支架形式、材质 6. 试压要求	台		1. 本体安装、调试 2. 支架制作、安装 3. 试压 4. 补刷（喷）油漆
030701005	表冷器	1. 名称 2. 型号 3. 规格			1. 本体安装 2. 型钢制作、安装 3. 过滤器安装 4. 挡水板安装 5. 调试及运转 6. 补刷（喷）油漆
030701006	密闭门	1. 名称 2. 型号 3. 规格 4. 形式 5. 支架形式、材质	个		1. 本体制作 2. 本体安装 3. 支架制作、安装
030701007	挡水板				
030701008	滤水器、溢水盘				
030701009	金属壳体				

续表

项目编码	项目名称	项目特征	计量单位	工程量计算规则	工作内容
030701010	过滤器	1. 名称 2. 型号 3. 规格 4. 类型 5. 框架形式、材质	1. 台 2. m^2	1. 以台计量，按设计图示数量计算 2. 以面积计量，按设计图示尺寸以过滤面积计算	1. 本体安装 2. 框架制作、安装 3. 补刷(喷)油漆
030701011	净化工作台	1. 名称 2. 型号 3. 规格 4. 类型	台	按设计图示数量计算	1. 本体安装 2. 补刷(喷)油漆
030701012	风淋室	1. 名称 2. 型号 3. 规格 4. 类型 5. 质量			
030701013	洁净室				
030701014	除湿机	1. 名称 2. 型号 3. 规格 4. 类型			本体安装
030701015	人防过滤吸收器	1. 名称 2. 规格 3. 形式 4. 材质 5. 支架形式、材质			1. 过滤吸收器安装 2. 支架制作、安装

二、工程量清单编制说明

通风及空调设备及部件制作安装工程包括空气加热器(冷却器)、除尘设备、空调器、风机盘管、表冷器、密闭门、挡水板、滤水器、溢水盘、金属壳体、过滤器、净化工作台、风淋室、洁净室、除湿机、人防过滤吸收器等项目。

(1)通风空调设备应按项目特征的不同编制工程量清单，如除尘设备应标出每台的质量；空调器的安装形式应描述吊顶式、落地式、墙上式、窗式及分段组装式，并标出每台空调器的质量；风机盘管的安装应标出吊顶式、落地式；过滤器的安装应描述初效过滤器、中效过滤器、高效过滤器。

(2)通风空调设备安装的地脚螺栓按设备自带考虑。

三、工程项目说明

(一)空气加热器(冷却器)

空气加热器是由金属制成的,分为光管式和肋管式两大类。

光管式空气加热器由联箱(较粗的管子)和焊接在联箱间的钢管组成,一般在现场按标准图加工制作。这种加热器的特点是加热面积小,金属消耗多,但表面光滑,易于清灰,不易堵塞,空气阻力小,易于加工,适用于灰尘较大的场合。肋管式空气加热器根据外肋片加工的方法不同可分为套片式、绕片式、镶片式和轧片式,其结构材料有钢管钢片、钢管铝片和铜管铜片等。

(二)除尘设备

除尘设备是净化空气的一种器具。它是一种定型设备,一般由专业工厂制造,有时安装单位也有制造。用于通风空调系统中的除尘设备有以下几种:

(1)旋风除尘器。旋风除尘器是利用含尘气流进入除尘器后所形成的离心力作用而净化空气。其适用于采矿、冶金、建材、机械、铸造、化工等工业中所产生的不同温度的中等粒度或粗精度的粉尘,对于0.01～500g/m^{3}的含尘气流都可以捕集分离。

(2)湿式除尘器。湿式除尘器是利用水与含尘空气接触的过程,通过洗涤使尘粒凝聚而达到空气净化的目的。其适用于化学、建筑、矿山和纺织等工业以及空气含尘浓度较大,不溶于水的粉尘和回收贵金属粉尘的场所。

(3)多管旋风除尘器。多管旋风除尘器由多个轴流旋风筒组成,旋风筒有直径150mm和250mm两种。其适用于净化工业排气设备,净化空气和烟气中的干燥而细小的灰尘。

(4)袋式除尘器。袋式除尘器是利用过滤材料对尘粒的拦截或与尘粒的惯性碰撞等原理实现分离的,它是一种高效过滤式除尘设备。

(5)电除尘器。电除尘器主要由电晕级、集尘极、气流分布极和振打清灰装置等组成,可广泛用于燃煤电站、冶金、城市环卫等行业烟气净化处理,亦可回收有用物料。

(三)空调器

空调器是空调系统中的空气处理设备,组合式空调机组由制冷压缩冷凝机组和空调器两部分组成。组合式空调机组与整体式空调机组基本相同,区别是组合式空调机组将制冷压缩冷凝机组由箱体内移出,安装在空调器附近,电加热器安装在送风管道内,一般分为3组或4组进行手动或自动调节,电气装置和自动调节元件安装在单独的控制箱内。

组合式空调机组的安装内容包括制冷压缩冷凝机组、空气调节器、风管的电加热器、配电箱及控制仪表的安装。各功能段的组装,应符合设计规定的顺序和要求。其安装要求如下:

(1)压缩冷凝机组应安装。在混凝土达到养护强度,表面平整,位置、尺寸、标高、预留孔洞及预埋件等符合设计要求的基础上安装。设备吊装时应注意用衬垫将设备垫妥,以防止设备变形;并在捆扎过程中,主要承力点应高于设备重心,防止在起吊时倾斜;还应防止机组底座产生扭曲和变形。吊索的转折处与设备接触部位,应使用软质材料衬垫,避免设备、管路、仪表、附件等受损和擦伤油漆。设备就位后,应进行找平找正。机身纵横向水平度不应大于0.2‰,测量部位应在立轴外露部分或其他基准面上;对于公共底座的压缩冷凝机组,可在主机结构选择适当位置作基准面。

压缩冷凝机组与空气调节器管路的连接，压缩机吸入管可用紫铜管或无缝钢管与空调器引出端的法兰连接，采用焊接时，不得有裂缝、砂眼等缺陷。压缩冷凝机组的出液管可用紫铜管与空调器上的蒸发器膨胀阀连接，连接前应将紫铜管螺母固定后，用扩管器制成喇叭形的接口，管内应确保干燥洁净，不得有漏气现象。

(2)空气调节器的安装。

1)空气调节器安装时，直接安放在混凝土的基座上，根据要求也可在基座上垫上橡胶板，以减少空气调节器运转时的振动；

2)空气调节器安装的坐标位置应正确，并对空气调节器找平找正；

3)水冷式的空气调节器，要按设备说明书要求的流程，对冷凝器的冷却水管进行连接；

4)空气调节器的电气装置及自动调节仪表的接线，应参照电气、自控平面敷设线管和穿线，并按设备技术文件接线。

(3)风管内电加热器的安装。采用一台空调器，来控制两个恒温房间，一般除主风管安装电加热器外，在控制恒温房间的支管上也得安装电加热器，这种电加热器叫微调加热器或收敛加热器，它受恒温房间的干球温度控制。

电加热器安装后，在其电加热器前后 800mm 范围内的风管隔热层应采用石棉板、岩棉等不燃材料，防止由于系统在运转出现不正常情况下致使过热而引起燃烧。

(四)风机盘管

风机盘管机组由箱体、出风格栅、吸声材料、循环风口及过滤器、前向多翼离心风机或轴流风机、冷却加热两用换热盘管、单相电容调速低噪声电机、控制器和凝水盘等组成，如图 4-1 所示。

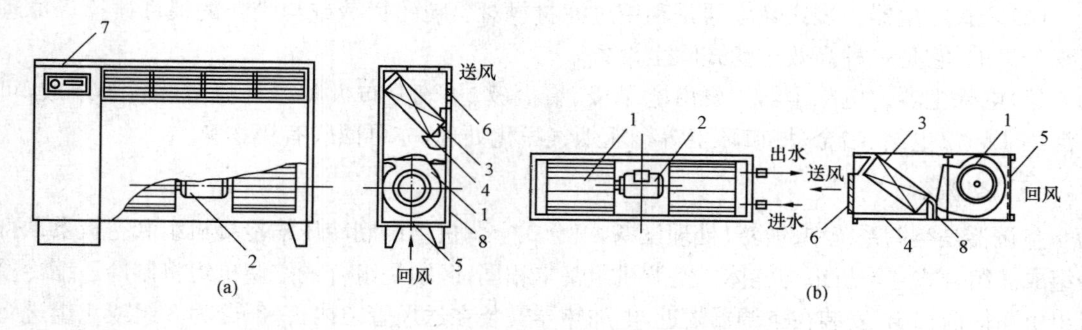

图 4-1 风机盘管机组构造示意图

(a)立式明装；(b)卧式暗装(控制器装在机组外)

1—离心式风机；2—电动机；3—盘管；4—凝水盘；5—空气过滤器；6—出风格栅；7—控制器(电动阀)；8—箱体

风机盘管机组一般分为立式和卧式两种形式，可按要求在接地面上立装或悬吊安装，同时，根据室内装修的需要可以明装和暗装。通过自耦变压器调节电机输入电压，以改变风机转速变换成高、中、低三挡风量。

风机盘管机组安装时，应符合下列规定：

(1)安装前,应先阅读生产厂家提供的产品样本及安装使用说明书,详细了解其结构特点和安装要点。

(2)因该种机组吊装于楼板上,故应确认楼板的混凝土强度是否合格,承重能力是否满足要求。

(3)确定吊装方案。在一般情况下,如机组风量和质量均不过大,而机组的振动又较小,应采用吊杆顶部膨胀螺栓与屋顶连接,吊杆底部螺扣加装橡胶减振垫与吊装孔连接的办法。如果是大风量吊装式新风机组,质量较大,则应采用一定的保证措施。

(4)合理选择吊杆直径的大小,保证吊挂安全。

(5)合理考虑机组的振动,采取适当的减振措施,一般情况下,新风机组空调器内部的送风机与箱体底架之间已加装了减振装置。如果是小规格的机组,可直接将吊杆与机组吊装孔采用螺扣加垫圈连接;如果进行试运转机组本身振动较大,则应考虑加装减振装置,或在吊装孔下部粘贴橡胶垫使吊杆与机组之间减振,或在吊杆中间加装减振弹簧。

(6)在机组安装时,应特别注意机组的进出风方向、进出水方向、过滤器的抽出方向是否正确,以避免失误。

(7)安装时,应特别注意保护好进出水管、冷凝水管的连接丝扣,缠好密封材料,防止管路连接处漏水,同时,应保护好机组凝结水盘的保温材料,不要使凝结水盘有裸露情况。

(8)机组安装后应进行调节,以保持机组的水平。

(9)在连接机组的冷凝水管时应有一定的坡度,以使冷凝水顺利排出。

(10)机组安装完毕后应检查送风机运转的平衡性及风机运转方向,同时,冷热交换器应无渗漏。

(11)机组的送风口与送风管道连接时,应采用帆布软管连接形式。

(12)机组安装完毕进行通水试压时,应通过冷热交换器上部的放气阀将空气排放干净,以保证系统压力和水系统的通畅。

(五)表冷器

表冷器是风机盘管的换热器,其性能决定了风机盘管输送冷(热)量的能力和对风量的影响,一般空调里都有这个设备。表冷器的作用主要是给制冷剂散热,把热量排到室外,把压缩机压缩排出的高温高压的气体冷却到低温高压的气体。

空调表冷器的铝翅片采用二次翻边百叶窗形,保证了进行空气热交换的扰动性,使其处于紊流状态下,较大地提高了换热效率。表冷器的铝翅片在工厂内经过严格的三道清洗程序(金属清洗剂清洗、超声波清洗和清水漂洗),保证翅片上无任何残留物,使空气更加顺畅地流通,从根本上保障了换热的可靠性。

风机盘管的表冷器,通过里面流动的空调冷冻水(冷媒水)把流经管外换热翅片的空气冷却,风机将降温后的冷空气送到使用场所供冷,冷媒水从表冷器的回水管道将所吸收的热量带回制冷机组,放出热量、降温后再被送回表冷器吸热、冷却流经的空气,不断循环。

表冷器为铜管套铝翅片的形式,铝翅片片形选用目前国内最先进、换热效果最好的正弦波片形(ϕ16)管。管排距为38mm×33mm,片距2～5mm可任意调整;ϕ9.52管表冷器片形为双轿开窗片形,管排距为25.4mm×19.05mm和25.4mm×22mm,片距1.2～4.0mm可任意调整;ϕ7管表冷器片形为双轿开窗片形,管排距为21mm×12.7mm,片距1.2～1.8mm可任意调整。表冷器汇管材料可以是镀锌管,也可以是铜管或不锈钢管;表冷器翅片可以是普通铝箔,也可以是亲水铝箔;表冷器端护板可以是镀锌板,也可以是不锈钢板。该三大系列的表冷器是目前同行业片形排列最合理,换热效果最好的,在经过了严密的机械涨管后,确保铝翅片孔壁和铜管的紧密接触而不受热涨冷缩影响,从而稳定了表冷器的高效换热。

(六)密闭门

密闭门常用于净化风管和空气处理设备中,有喷雾室密闭门和钢板密闭门之分。

密闭门安装时首先检查密闭门与图纸要求的规格型号尺寸是否符合。安装时钢板密闭门支架与空调器的门洞周边预埋扁钢焊接,门框与门外平板的铆钉孔应配合钻孔;喷雾室密闭门观察玻璃窗的玻璃周围要用油灰嵌严。

密闭门在制作时,应设凝结水的引流槽或引流管,密封要粘结牢固,使门关紧时能吻合,不致漏水,压紧螺栓与柄应开关灵活。应注意检视孔的接合部分,不使检视玻璃或有机玻璃碎掉,还要保证密闭,不漏水。

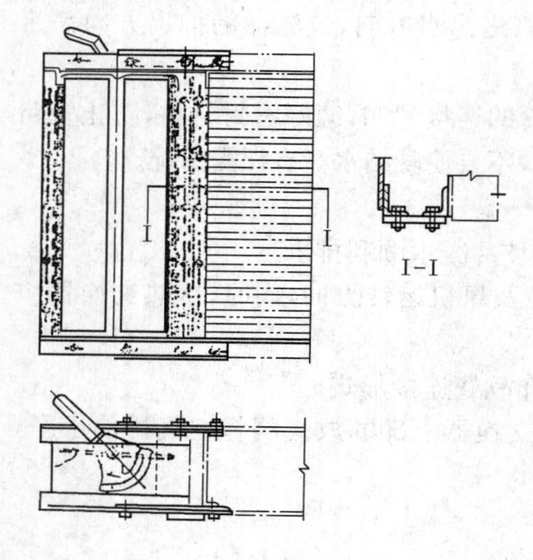

图 4-2 空气加热器旁通阀

安装时,除了设置引流管或槽外,还应将水通向室外的排水沟或排水管处,否则,易造成喷淋段有大量积水现象。

安装好后,密闭门内外刷两道红丹防锈漆后再刷灰色厚漆两道。

为了调节经过空气加热器送入室内的空气温度,一般设有旁通阀,如图 4-2 所示。

旁通阀由阀框、阀板及调节手柄等组成。阀框可用螺栓固定在角钢框上并与加热器贴平。与加热器之间的缝隙应用薄钢板加石棉板用螺栓连接,不应漏风。

(七)挡水板

挡水板是中央空调末端装置的一个重要部件,它与中央空调相配套,做汽水分离功能。

LMDS 型挡水板是空调室的关键部件,在高低风速下均可使用。可采用玻璃钢材料或 PVC 材料,具有阻力小、质量小、强度高、耐腐蚀、耐老化、水气分离效果好、清洗方便和经久耐用的特点。

JS 波型挡水板是以 PVC 树脂为主的 PVC 挡水板,保持了挡水板适宜的刚性、抗冲击性、抗老化、耐腐蚀防火等优点。

PVC 挡水板可在 25～90℃的环境中连续正常工作。

(八)滤水器、溢水盘

在通风空调系统中,当使用循环水时,为了防止杂质堵塞喷嘴孔口,通常需在循环水管入口处安装滤水器,滤水器内有滤网,网眼大小可根据喷嘴孔径而定。

在夏季空气的冷却干燥中,空气中水蒸气凝结,以及喷水系统中不断加入冷却水,从而致使底池水位不断上升,可在系统中设置溢水盘,即可保持水位一定。

(九)金属壳体

金属壳体是一种贯流式通风机的壳体,其中安置着风扇并且在通往排气口处有一稳定器,它包括沿同一方向的吸气口和排气口的稳定器、位于该风扇上部存在涡流部位的涡流室,以及位于稳定器下部的涡流芯体,以便用涡流芯体来稳定主要的涡流,并将位于风扇上部的次级涡流固定在涡流室内,使它对别的流线没有影响。

(十)过滤器

过滤器是空气洁净系统的关键设备。

过滤器有粗效过滤器、中效过滤器和高效过滤器三种。

(1)粗效过滤器按使用滤料不同,可分为聚氨酯泡沫塑料过滤器、无纺布过滤器、金属网格浸油过滤器和自动浸油过滤器等。安装时应考虑便于拆卸和更换滤料,并使过滤器与框架、框架与空调器之间保持严密。

金属网格浸油过滤器用于一般通风、空调系统,常采用LWP型过滤器。安装前应用热碱水将过滤器表面黏附物清洗干净,晾干后再浸以12号或20号机油;安装时应将空调器内外清扫干净,并注意过滤器的方向,将大孔径金属网格朝向迎风面,以提高过滤效率。

自动浸油过滤器只用于一般通风、空调系统,不能在空气洁净系统中采用,以防止将油雾(即灰尘)带入系统中。安装时应清除过滤器表面黏附物,并注意装配的转动方向,使传动机构灵活。过滤器与框架或并列安装的过滤器之间应进行封闭,防止从缝隙中将污染的空气带入系统中,形成空气短路的现象,从而降低过滤效果。

自动卷绕式过滤器是以化纤卷材为过滤滤料,以过滤器前后压差为传感信号进行的自动控制更换滤料的空气过滤设备,常用于空调和空气洁净系统。安装前应检查框架是否平整,过滤器支架上所有接触滤材表面处不能有破角、毛边、破口等。滤料应松紧适当,上下箱应平行,保证滤料可靠的运行。安装时滤料要规整,防止自动运行时偏离轨道。多台并列安装的过滤器共用一套控制设备时,压差信号来自过滤器前后的平均压差值,这就要求过滤器的高度、卷材轴直径以及所用的滤料规格等有关技术条件一致,以保证过滤器的同步运行。应特别注意的是电路开关必须调整到相同的位置,避免其中一台过早的报警,而使其他过滤器的滤料也中途更换。

(2)中效过滤器的安装方法与粗效过滤器相同,它一般安装在空调器内或特制的过滤器箱内。安装时应严密,并便于拆卸和更换。

(3)如图4-3所示为高效过滤器示意图。目前,国内采用的滤料为超细玻璃棉纤维纸或超细石棉纤维纸,用以过滤粗、中效过滤器不能过滤的而且含量最多的1μm以下的亚微米级微粒,保持洁净房间的洁净要求。为保证过滤器的过滤效率和洁净系统的洁净效果,高效过滤器安装必须遵守施工验收规范和设计图纸的要求。

高效过滤器安装应注意以下几个方面的要求:

1)按出厂标志竖向搬运和存放,防止剧烈振动和碰撞。

2)安装前必须检查过滤器的质量,确认无损坏,方能安装。

3)安装时发现安装用的过滤器框架尺寸不对或不平整,为了保证连接严密,只能修改框架,使其符合安装要求。不得修改过滤器,更不能发生因框架不平整而强行连接,致使过滤器的木框损裂。

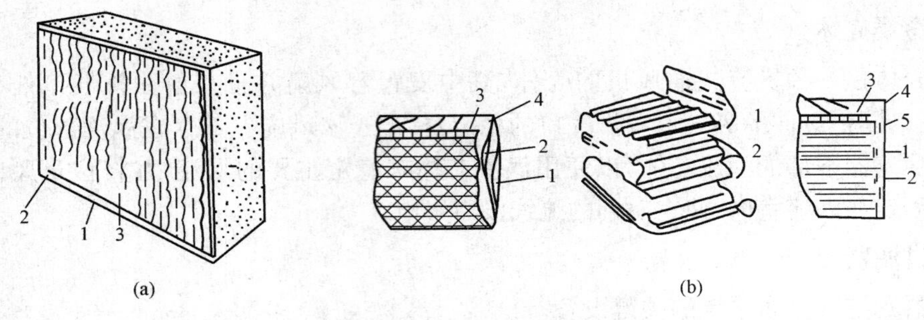

图 4-3　高效过滤器示意图

(a)高效过滤器外形图;(b)高效过滤器构造原理图

1—滤纸;2—隔片;3—密封板;4—木外框;5—滤纸护条

4)过滤器的框架之间必须做密封处理,一般采用闭孔海绵橡胶板或氯丁橡胶板密封垫,也有的不用密封垫,而用硅橡胶涂抹密封。密封垫料厚度为 6～8mm,定位粘贴在过滤器边框上,安装后的压缩率应大于 50%。密封垫的拼接方法采用榫形或梯形。若用硅橡胶密封时,涂抹前应先清除过滤器和框架上的粉尘,再饱满均匀地涂抹硅橡胶。

5)高效过滤器的安装条件:洁净空调系统必须全部安装完毕,调试合格,并运转一段时间,吹净系统内的浮尘,洁净室房间还需全面清扫后,方能安装。

6)对空气洁净度有严格要求的空调系统,在送风口前常用高效过滤器来消除空气中的微尘。为了延长使用寿命,高效过滤器一般都与低效和中效(中效过滤器是一种填充纤维滤料的过滤器,其滤料一般为直径小于或等于 18μm 的玻璃纤维)过滤器串联使用。

7)高效过滤器密封垫的漏风,是造成过滤总效率下降的主要原因之一。密封效果的好坏与密封垫材料的种类、表面状况、断面大小、拼接方式、安装的好坏、框架端面加工精度和表面粗糙度等都有密切关系。实验资料证明:带有表皮的海绵密封垫的泄漏量比无表皮的海绵密封垫泄漏量要大很多。

(十一)净化工作台

净化工作台是使局部空间形成无尘无菌的操作台,以提高操作环境的洁净要求。

(1)净化工作台分类。净化工作台一般按气流组织和排风方式来分类。

1)按气流组织分,工作台可分为水平单向流和垂直单向流两大类。水平单向流净化工作台根据气流的特点,对于小物件操作较为理想;而垂直单向流净化工作台则适合操作较大物件。

2)按排风方式分,工作台可分为无排风的全循环式、全排风的直流式、台面前部排风至室外式、台面上排风至室外式等。无排风的全循环式净化工作台,适用于工艺不产生或极少产生污染的场合;全排风的直流式净化工作台,是采用全新风,适用于工艺产生较多污染的场合;台面前部排风至室外式,其特点为排风量大于等于送风量,台面前部约 100mm 的范围内设有排风孔眼,吸入台内排出的有害气体,不使有害气体外逸;台面上排风至室外式,其特点是排风量小于送风量,台面上全排风。

(2)净化工作台构造示意图如图 4-4 所示。净化工作台技术性能如下:

1)洁净度级别。空态 10 级、100 级,不允许有≥5μm 粒子。

2)操作区截面平均风速。初始为 0.4～0.5m/s,正常应≥0.3m/s 且≤0.6m/s,有空气幕时可允许略小。

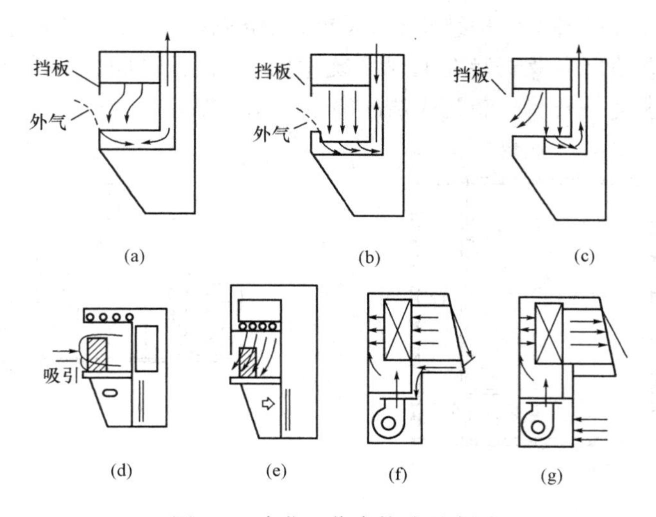

图 4-4　净化工作台构造示意图

(a)台面前部排风式;(b)台面上全面排风式;(c)台面上部分排风式;
(d)水平单向流;(e)垂直单向流;(f)全循环式;(g)直流式

3)空气幕风速。风速为 1.5～2m/s。

4)风速均匀度。平均风速的±20%之内。

5)噪声。65dB(A)以下。

6)台面振动。5μm 以下(均指 X、Y、Z 三个方向)。

7)照度。300lx 以上,避免眩光。

8)运行。使用前空运行 15min 以上。

(3)净化工作台的安装工艺。净化工作台安装时,应轻运轻放,不能有激烈的振动,以保护工作台内高效过滤器的完整性。净化工作台的安放位置应尽量远离振源和声源,以避免环境振动和噪声对它的影响。使用过程中应定期检查风机、电机,定期更换高效过滤器,以保证运行正常。

(十二)风淋室

风淋室的安装应根据设备说明书进行,一般应注意下列事项:

(1)根据设计的坐标位置或土建施工预留的位置进行就位。

(2)设备的地面应水平、平整,并在设备的底部与地面接触的平面。应根据设计要求垫隔振层,使设备保持纵向垂直、横向水平。

(3)设备与围护结构连接的接缝,应配合土建施工做好密封处理。

(4)设备的机械、电气连锁装置,应处于正常状态,即风机与电加热、内外门及内门与外门的连锁等。

(5)风淋室内的喷嘴角度,应按要求的角度调整好。

(十三)洁净室

装配式洁净室适用于空气洁净度要求较高的场所,还可用于对原有房间进行净化技术改造。

装配式洁净室成套设备由围护结构、送风单元、空调机组、空气吹淋室、传递窗、余压阀、控制箱、照明灯具、灭菌灯具及安装在通风系统中的多级空气过滤器、消声器等单机组成，应按产品说明书的要求进行安装。装配式洁净室示意图如图 4-5 所示。

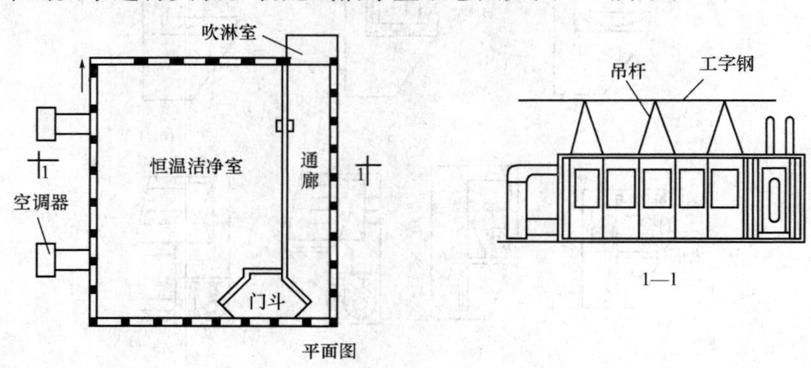

图 4-5　装配式洁净室示意图

(十四)除湿机

除湿机是指以制冷的方式来降低空气中的相对湿度，保持空间的相对干燥，使容易受潮的物品、家居用品等不被受潮、发霉和对湿度要求高的产品、药品等能在其所要求的湿度范围内制作、生产和贮存。

1. 除湿机组成及种类

除湿机一般由压缩机、蒸发器、冷凝器、湿度控制系统(湿度探头)、ABS 的塑料件等机壳，以及其他零部件组成。常见除湿机的种类见表 4-2。

表 4-2　除湿机的种类

序号	类别	说明
1	冷却除湿机	(1)按使用功能可分为：一般型、降温型、调温型、多功能型。 1)一般型除湿机是指空气经过蒸发器冷却除湿，由再热器加热升温，降低相对湿度，制冷剂冷凝热全部由流过再热器的空气带走，其出风温度不能调节，只用于升温除湿的除湿机。 2)降温型除湿机是指在一般型除湿机的基础上，制冷剂的冷凝热大部分由水冷或风冷冷凝器带走，只有小部分冷凝热用于加热经过蒸发器后的空气，可用于降温除湿的除湿机。 3)调温型除湿机是指在一般型除湿机的基础上，制冷剂的冷凝热可全部或部分由水冷或风冷冷凝器带走，剩余冷凝热用于加热经过蒸发器后的空气，其出风温度能进行调节的除湿机。 4)多功能型除湿机是指集升温除湿(一般型)、降温除湿、调温除湿三种功能于一体的除湿机，在无室外机(风冷)或冷却水(水冷)时仍可选择升温除湿功能进行除湿的除湿机。 (2)按有无带风机可分为：常规除湿机、风道式除湿机。 (3)按结构形式可分为：整体式、分体式、整体移动式。 (4)按适用温度范围可分为：A 型(普通型 18～38℃)、B 型(低温型 5～38℃)。 (5)按送回风方式可分为：前回前送带风帽型、后回上送型等。 (6)按控制形式可分为：自动型和非自动型等。 (7)按特殊使用情况可分为：全新风型、防爆型等

续表

序　号	类　　别	说　　明
2	转轮除(吸)湿机	转轮除湿机的主体结构为一不断转动的蜂窝状干燥转轮。干燥转轮是除湿机中吸附水分的关键部件,它是由特殊复合耐热材料制成的波纹状介质所构成。波纹状介质中载有吸湿剂。这种设计结构紧凑,而且可以为湿空气与吸湿介质的充分接触提供巨大的表面积,从而大大提高了除湿机的除湿效率
3	溶液除(吸)湿机	溶液除湿空调系统是基于以除湿溶液为吸湿剂调节空气湿度,以水为制冷剂调节空气温度的主动除湿空气处理技术而开发的可以提供全新风运行工况的新型空调产品。其核心是利用除湿剂物理特性,通过创新的溶液除湿与再生的方法,实现在露点温度之上高效除湿。系统温湿度调节完全在常压开式气氛中进行。其具有制造简单,运转可靠,节能高效等技术特点。溶液除湿空间系统主要由四个基本模块组成,分别是送风(新风和回风)模块、湿度调节模块、温度调节模块和溶液再生器模块

2. 除湿机工作原理

被处理的空气经风扇吸入后,先经空气过滤网过滤,然后在冷却的蒸发器上降温除湿,将空气中多余水蒸气冷凝为水,使空气含湿量减少,由于除湿的冷凝水带走了一部分湿热,使空气的温度随之降低,为了使空气温湿度适宜,除湿机特有的结构使除湿后的空气再经过冷凝器加热升温,从而提高环境温度,使除湿机除湿效果大大提升。

3. 除湿机安装

(1)冷冻式除湿机。冷冻式除湿机分为固定安放或往返移动设置。固定安放是将除湿机固定设置在土建台座上;往返移动除湿机机座下设有可转动车轮。

冷冻式除湿机不论固定安放或往返移动,停止使用时,均应避免阳光直接照射,远离热源(如电炉、散热器等)。在冷冻式除湿机四周,特别是进、出风口,不得有高大障碍物阻碍空气流通,影响除湿效果。除湿机放置处应设置排水设施,便于将机体内积水盘中的凝结水排出。

(2)吸收式转轮除湿机。吸收式转轮除湿机可落地安装,也可架空安装,并可通过风道与系统相连接。

(十五)人防过滤吸收器

人防过滤吸收器主要用于人防工作涉毒通风系统,能过滤外界污染空气中的毒烟、毒雾、放射性灰尘和化学毒剂,以保证在受到袭击的工事内部能提供清洁的空气。

1. 人防过滤吸收器组成

RFP-500型、RFP-1000型过滤吸收器是全国人防工程防化研究试验中心研制的新型防化设备。它由精滤器和滤毒器两部分组成,本设备应与预滤器和通风管道、风机配套使用,以构成完整的过滤通风系统,如图4-6所示。

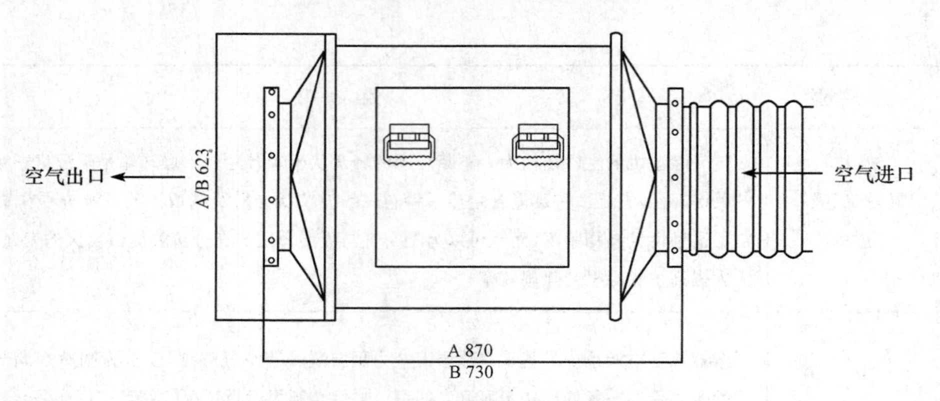

图 4-6　人防过滤吸收器安装示意图

2. 人防过滤吸收器主要技术参数

人防过滤吸收器主要技术参数见表 4-3。

表 4-3　人防过滤吸收器主要技术参数

检测项目	RFP-1000 型	RFP-500 型
额定滤毒通风量	1000m/h	500m/h
阻力	≤850Pa	≤650Pa
漏气系数	≤0.1%	≤0.1%
油毒透过系数	≤0.001%	≤0.001%
对沙林模拟剂(DMMP)防护剂量	≥400mg·min/L	≥400mg·min/L
质量	≤180kg	≤120kg
外形尺寸	≤870mm×623mm×623mm(A)	≤730mm×623mm×623mm(B)
大肠杆菌杀灭效率	15min 内≥90%	15min 内≥95%
枯草芽孢杀灭效率	90min 内≥80%	90min 内≥80%
有效储存期	30 年	30 年

3. 人防过滤吸收器安装要求

(1)过滤吸收器必须水平安装,安装时气流方向应与设备的气流方向一致。

(2)连接过滤吸收器前后的通风管道必须密封,连接法兰部分不得漏气,周围需留有一定的检修距离,并架设在可拆卸的钢架支架上固定。

(3)外壳不得有较大碰伤、穿孔、擦痕(深度达 30mm)。

(4)存放时间超过五年以上的过滤吸收器,必须经 DMMP 性能检测通过并进行维护保养后方可进行安装使用。

(5)当发现阻力超过 70mmH_2O 时应拆卸进行更换。

4. 人防过滤吸收器维护要求

(1)平时严禁打开进出口法兰端盖,以免受潮影响使用效能。

(2)不得与酸性、碱性、消毒剂等放置在一起,以免失效。

(3)各种配件(如连接支管、橡胶软接头、卡箍、五金件等)应放置齐备,不得丢失或损坏。

(4)滤毒室内要保持整洁、干燥,注意防潮。

(5)生锈不是很严重的,也需要进行除锈和刷漆保护。

四、工程项目描述提示

1. 空气加热器(冷却器)、除尘设备

(1)应注明名称,如空气加热器应注明是光管式空气加热器还是肋管式空气加热器。

(2)应注明规格、型号。除尘设备如注明 XLP 型旋风除尘器。常用的几种除尘器的型号、性能参数见表 4-4。

表 4-4　常用的几种除尘器的型号、性能参数

名称	GI、G 多管除尘器		CLS 水膜除尘器		CLT/A 旋风式除尘器					
图号	T501		T503		T505					
序号	型号	kg/个	尺寸(ϕ)	kg/个	尺寸(ϕ)		kg/个	尺寸(ϕ)		kg/个
1	9 管	300	315	83	300	单筒	106	430	三筒	927
2	12 管	400	443	110		双筒	216		四筒	1053
3	16 管	500	570	190	350	单筒	132		六筒	1749
4	—	—	634	227		双筒	280	500	单筒	276
5	—	—	730	288		三筒	540		双筒	584
6	—	—	793	337		四筒	615		三筒	1160
7	—	—	888	398	400	单筒	175		四筒	1320
8	—	—	—	—		双筒	358		六筒	2154
9	—	—	—	—		三筒	688	550	单筒	339
10	—	—	—	—		四筒	805		双筒	718
11	—	—	—	—		六筒	1428		三筒	1334
12	—	—	—	—	450	单筒	213		四筒	1603
13	—	—	—	—		双筒	449		六筒	2672

名称	CLT/T 旋风式除尘器						XLP 旋风除尘器			卧式旋风水膜除尘器		
图号	T505						T513			CT531		
序号	尺寸(ϕ)		kg/个	尺寸(ϕ)		kg/个	尺寸(ϕ)		kg/个	尺寸(L)/型号		kg/个
1	600	单筒	432	750	单筒	645	300	A 型	52	檐板脱水	1420/1	193
2		双筒	887		双筒	1436		B 型	46		1430/2	231
3		三筒	1706		三筒	2708	420	A 型	94		1680/3	310
4		四筒	2059		四筒	3626		B 型	83		1980/4	405
5		六筒	3524		六筒	5577	540	A 型	151		2285/5	503
6	650	单筒	500	800	单筒	878		B 型	134		2620/6	621
7		双筒	1062		双筒	1915	700	A 型	252		3140/7	969
8		三筒	2050		三筒	3356		B 型	222		3850/8	1224
9		四筒	2609		四筒	4411	820	A 型	346		4155/9	1604
10		六筒	4156		六筒	6462		B 型	309		4740/10	2481
11	700	单筒	564	—	—	—	940	A 型	450		5320/11	2926
12		双筒	1244	—	—	—		B 型	397	旋风脱水	3150/7	893
13		三筒	2400	—	—	—	1060	A 型	601		3820/8	1125
14		四筒	3189	—	—	—		B 型	498		4235/9	1504
15		六筒	4883	—	—	—	—	—	—		4760/10	2264
16	—	—	—	—	—	—	—	—	—		5200/11	2636

续表

名称	CLK 扩散式除尘器		CCJ/A 机组式除尘器		MC 脉冲袋式除尘器	
图号	CT533		CT534		CT536	
序号	尺寸(D)	kg/个	型号	kg/个	型号	kg/个
1	150	31	CCJ/A-5	791	24-I	904
2	200	49	CCJ/A-7	956	36-I	1172
3	250	71	CCJ/A-10	1196	48-I	1328
4	300	98	CCJ/A-14	2426	60-I	1633
5	350	136	CCJ/A-20	3277	72-I	1850
6	400	214	CCJ/A-30	3954	84-I	2106
7	450	266	CCJ/A-40	4989	96-I	2264
8	500	330	CCJ/A-60	6764	120-I	2702
9	600	583	—	—	—	—
10	700	780	—	—	—	—
名称	XCX 型旋风除尘器		XNX 型旋风式除尘器		XP 型旋风除尘器	
图号	CT537		CT538		T501	
序号	尺寸(ϕ)	kg/个	尺寸(ϕ)	kg/个	尺寸(ϕ)	kg/个
1	200	20	400	62	200	20
2	300	36	500	95	300	39
3	400	63	600	135	400	66
4	500	97	700	180	500	102
5	600	139	800	230	600	141
6	700	184	900	288	700	193
7	800	234	1000	456	800	250
8	900	292	1100	546	900	307
9	1000	464	1200	646	1000	379
10	1100	555	—	—	—	—
11	1200	653	—	—	—	—
12	1300	761	—	—	—	—

(3)应准确注明质量。除尘设备的质量见表4-5。

表 4-5　　除尘设备质量表

名称	CLG 多管除尘器		CLS 水膜除尘器		CLT/A 旋风式除尘器					
图号	T501		T503		T505					
序号	型号	kg/个	尺寸(ϕ)/mm	kg/个	尺寸(ϕ)/mm		kg/个	尺寸(ϕ)/mm		kg/个
1	9 管	300	315	83	300	单筒	106	450	三筒	927
2	12 管	400	443	110		双筒	216		四筒	1053
3	16 管	500	570	190	350	单筒	132		六筒	1749
4	—	—	634	227		双筒	280	500	单筒	276
5	—	—	730	288		三筒	540		双筒	584
6	—	—	793	337		四筒	615		三筒	1160
7	—	—	888	398	400	单筒	175		四筒	1320
8	—	—	—	—		双筒	358		六筒	2154
9	—	—	—	—		三筒	688	550	单筒	339
10	—	—	—	—		四筒	805		双筒	718
11	—	—	—	—		六筒	1428		三筒	1394
12	—	—	—	—	450	单筒	213		四筒	1603
13	—	—	—	—		双筒	449		六筒	2672

续表

名称	CLT/A 旋风式除尘器			XLP 旋风除尘器			卧式旋风水膜除尘器					
图号	T505			T513			C T531					
序号	尺寸(φ)/mm		kg/个	尺寸(φ)/mm		kg/个	尺寸(φ)/mm		kg/个	尺寸 L/型号		kg/个
1	600	单筒	432	750	单筒	645	300	A 型	52	檐板脱水	1420/1	193
2		双筒	887		双筒	1456		B 型	46		1430/2	231
3		三筒	1706		三筒	2708	420	A 型	94		1680/3	310
4		四筒	2059		四筒	3626		B 型	83		1980/4	405
5		六筒	3524		六筒	5577	540	A 型	151		2285/5	503
6	650	单筒	500	800	单筒	878		B 型	134		2620/6	621
7		双筒	1062		双筒	1915	700	A 型	252		3140/7	969
8		三筒	2050		三筒	3356		B 型	222		3850/8	1224
9		四筒	2609		四筒	4411	820	A 型	346		4155/9	1604
10		六筒	4156		六筒	6462		B 型	309		4740/10	2481
11	700	单筒	564	—	—	—	940	A 型	450		5320/11	2926
12		双筒	1244	—	—	—		B 型	397	旋风脱水	3150/7	893
13		三筒	2400	—	—	—	1060	A 型	601		3820/8	1125
14		四筒	3189	—	—	—		B 型	498		4235/9	1504
15		六筒	4883	—	—	—	—	—	—		4760/10	2264
16		—	—	—	—	—	—	—	—		5200/11	2636

名称	CLK 扩散式除尘器		CCJ/A 机组式除尘器		MC 脉冲袋式除尘器	
图号	CT533		CT534		CT536	
序号	尺寸(D)/mm	kg/个	型号	kg/个	型号	kg/个
1	150	31	CCJ/A-5	791	24-Ⅰ	904
2	200	49	CCJ/A-7	956	36-Ⅰ	1172
3	250	71	CCJ/A-10	1196	48-Ⅰ	1328
4	300	98	CCJ/A-14	2426	60-Ⅰ	1633
5	350	136	CCJ/A-20	3277	72-Ⅰ	1850
6	400	214	CCJ/A-30	3954	84-Ⅰ	2106
7	450	266	CCJ/A-40	4989	96-Ⅰ	2264
8	500	330	CCJ/A-60	6764	120-Ⅰ	2702
9	600	583	—	—	—	—
10	700	780	—	—	—	—

名称	XCX 型旋风除尘器		XNX 型旋风式除尘器		XP 型旋风除尘器	
图号	CT537		CT538		CT501	
序号	尺寸(φ)/mm	kg/个	尺寸(φ)/mm	kg/个	尺寸(φ)/mm	kg/个
1	200	20	400	62	200	20
2	300	36	500	95	300	39
3	400	63	600	135	400	66
4	500	97	700	180	500	102
5	600	139	800	230	600	141
6	700	184	900	288	700	193
7	800	234	1000	456	800	250
8	900	292	1100	546	900	307
9	1000	464	1200	646	1000	379
10	1100	555	—	—	—	—
11	1200	653	—	—	—	—
12	1300	761	—	—	—	—

注:1. 除尘器均不包括支架质量。

2. 除尘器中分 X 型、Y 型或Ⅰ型、Ⅱ型者,其质量按同一型号计算,不再细分。

(4)应注明安装形式,并根据安装位置说明支架的材质和形式。

2. 空调器

(1)应注明空调器的名称、规格、型号。如:39F型系列空调器、YZ型系列卧式组装空调器、JW型系列卧式组装空调器、BWK型系列玻璃钢卧式组装空调器、JS型系列卧式组装空调器,各种型号的空调器性能参数见表4-6～表4-10。

表4-6　　**39F型系列空调器性能参数**

型　号	39F-220	39F-230	39F-330	39F-340	39F-350
风量/(m^3/h)	1360～2720	2369～5738	4046～8120	5623～11246	7488～14976
外形尺寸:宽×高/mm	680×680	995×680	995×995	1310×995	1625×995
混合段/mm	680	680	680	680	680
初效过滤段/mm	365	365	365	365	365
中效过滤段/mm	680 995	680 995	680 995	680 995	680 995
表冷段/mm	680	680	680	680	680
加热段 1～5排/mm 6～8排/mm	365 680	365 680	365 680	365 680	365 680
风机段 短/mm 长/mm	995 1310	995 1310	995 1310	1310 1625	1310 1625
功率/kW	0.55～2.2	1.1～3.0	1.5～5.5	2.2～7.5	3.0～11.0
型　号	39F-440	39F-360	39F-450	39F-460	39F-550
风量/(m^3/h)	7963～15926	9050～18100	10605～21210	12823～25646	13730～27460
外形尺寸:宽×高/mm	1310×1310	1940×995	1625×1310	1940×1310	1625×1625
混合段/mm	680	680	680	680	995
初效过滤段/mm	365	365	365	365	365
中效过滤段/mm	680 995	680 995	680 995	680 995	680 995
表冷段/mm	680	680	680	680	680
加热段 1～5排/mm 6～5排/mm	365 680	365 680	365 680	365 680	365 680
风机段 短/mm 长/mm	1310 1625	1310 1625	1652 1940	1652 1940	1652 1940
功率/kW	3.0～11.0	3.0～11.0	4.0～15.0	5.5～18.5	5.5～18.5
型　号	39F-470	39F-560	39F-570	39F-660	39F-580
风量/(m^3/h)	15271～30542	16596～33192	19757～39514	20369～40738	22932～45864
外形尺寸:宽×高/mm	2255×1310	1940×1625	2255×1625	1940×1940	2570×1625
混合段/mm	680	995	995	995	995
初效过滤段/mm	365	365	365	365	365
中效过滤段/mm	680 995	680 995	680 995	680 995	680 995
表冷段/mm	680	680	680	680	680
加热段 1～5排/mm 6～8排/mm	365 680	365 680	365 680	365 680	365 680
风机段 短/mm 长/mm	1625 1940	1940 2255	1940 2255	2255 2570	1940 2255
功率/kW	5.5～18.5	5.5～22.0	7.5～30.0	7.5～30.0	11.0～37.0

续表

型 号		39F-670	39F-680	39F-770	39F-780	39F-7100
风量/(m^3/h)		24257～48514	28138～56276	28750～57510	33350～66710	42574～85148
外形尺寸:宽×高/mm		2255×1940	2570×1940	2255×2255	2570×2255	3200×2255
混合段/mm		995	995	1310	1310	1310
初效过滤段/mm		365	365	365	365	365
中效过滤段/mm		680 995	680 995	680 995	680 995	680 995
表冷段/mm		680	680	680	680	680
加热段	1～5排/mm	365	365	365	365	365
	6～8排/mm	680	680	680	680	680
风机段	短/mm	2255	2255	2255	2570	2750
	长/mm	2570	2570	2570	2885	2885
功率/kW		11.0～37.0	11.0～37.0	11.0～37.0	11.0～45.0	15.0～55.0

表 4-7　　YZ 型系列卧式组装空调器性能

型 号			YZ1	YZ2	YZ3	YZ4	YZ6	YZ6A
风量/(m^3/h)	淋水室		10000～14000	15000～23000	24000～40000	40000～53000	54000～80000	54000～80000
	铜管绕片表冷器	设挡水板	6000～10000	10000～20000	20000～30000	30000～40000	40000～60000	40000～60000
	铝轧管表冷器	设挡水板	6000～10000	10000～20000	20000～30000	30000～40000	40000～60000	40000～60000
外形尺寸:宽×高/mm			1100×1500	1860×1500	1860×2300	2360×2300	2360×3400	3560×2300
混合段/mm			630	630	630	630	930	930
初效过滤段/mm			630	630	630	630	630	630
中效过滤段/mm			630	630	630	630	630	630
中间段/mm			630	630	630	630	630	630
表冷段/mm	钢管铝片(6排)		930	930	930	930	930	930
	铜管铝片(6排)		930	930	930	930	930	930
加热段/mm	钢管铝片(2排)		330	330	330	330	330	330
	铜管铝片(2排)		330	330	330	330	330	330
淋水段/mm	二排		2130	2130	2130	2130	2130	2130
	三排		2730	2730	2730	2730	2730	2730
干蒸汽加湿段/mm			630	630	630	630	630	630
二次回风段/mm			630	630	630	630	930	930
出风段/mm			630	630	630	630	930	930
新回风调节段/mm			630	630	630	630	930	930
消声段	短/mm		930	930	930	930	930	930
	中/mm		1530	1530	1530	1530	1530	1530
	长/mm		2130	2130	2130	2130	2130	2130
拐弯段/mm			1350	2110	2110	2610	2610	—
风机段	内置电机转速/(r/min)		1830	2130	2330	2930	3330	3330
	外置电机转速/(r/min)		1530	1830	2330	2530	3030	3030
	功率/kW		1.1～7.5	2.2～15	4～18	5.5～30	7.5～45	7.5～45

续表

型号			YZ8	YZ9	YZ12	YZ12A	YZ16	YZ20
风量/(m³/h)	淋水室		80000～100000	90000～120000	120000～160000	120000～160000	160000～210000	2000000～260000
	铜管绕片表冷器	设挡水板	60000～80000	60000～90000	90000～120000	90000～120000	120000～160000	160000～200000
	铝轧管表冷器	设挡水板	60000～80000	60000～90000	90000～120000	90000～120000	120000～160000	160000～200000
外形尺寸:宽×高/mm			4560×2300	3560×3400	3560×4500	4560×3400	4560×4500	4560×5600
混合段/mm			930	930	930	930	930	1230
初效过渡段/mm			630	630	630	630	630	630
中效过滤段/mm			630	630	630	630	630	630
中间段/mm			630	630	630	630	630	630
表冷段/mm	钢管铝片(6排)		930	930	930	930	930	930
	铜管铝片(6排)		930	930	930	930	930	930
加热段/mm	钢管铝片(2排)		330	330	330	330	330	330
	铜管铝片(2排)		330	330	330	330	330	330
淋水段/mm	二排		2130	2130	2130	2130	2130	2130
	三排		2730	2730	2730	2730	2730	2730
干蒸汽加湿段/mm			630	630	630	630	630	630
二次回风段/mm			930	930	930	930	930	1230
出风段/mm			930	930	930	930	930	1230
新回风调节段/mm			930	930	930	930	930	1230
消声段	短/mm		930	930	930	930	930	930
	中/mm		1530	1530	1530	1530	1530	1530
	长/mm		2130	2130	2130	2130	2130	2130
拐弯段/mm								
风机段	内置电机转速/(r/min)		3730	3730	4430	4430	5130	6030
	外置电机转速/(r/min)		3330	3330	3930	3930	4830	5930
	功率/kW		11～55	11～55	15～90	15～90	18.5～125	—

表 4-8　JW型系列卧式组装空调器性能

型号		JW10	JW20	JW30	JW40	JW60	JW80	JW100	JW120	JW160
风量/(m³/h)		10000	20000	30000	40000	60000	80000	100000	120000	160000
外形尺寸:宽×高/mm		880×1368	1640×1368	1640×1868	2150×1868	2404×2618	2904×2618	3785×2630	4035×2880	5047×2890
混合段/mm		640	640	640	640	640	640	640	640	640
初效过滤段/mm		640	640	640	640	640	640	640	640	640
中间段/mm		640	640	640	640	640	640	640	640	640
表冷段/mm		450	450	450	450	450	450	450	450	450
加热段/mm	钢管绕铝片	250	250	250	250	250	250	250	250	250
	光管	250	250	250	250	250	250	250	250	250
淋水段/mm	单级二排	1900	1900	1900	1900	1900	1900	1900	1900	1900
	单级三排	2525	2525	2525	2525	2525	2525	2525	2525	2525
	双级四排	5720	5720	5720	5720	5720	5720	5720	5720	5720
拐弯段/mm		967	1727	1727	2237	2491	2991	3872	4122	5134

表 4-9 BWK 型系列玻璃钢卧式组装空调器性能

型 号		BWK-10	BWK-15	BWK-20	BWK-30	BWK-40
风量/(m^3/h)		8000～12000	12000～20000	18000～24000	24000～34000	34000～44000
外形尺寸:宽×高/mm		1050×1500	1550×1500	1550×2000	1550×2500	2070×2500
初效过渡段/mm		1500	1500	1500	1500	1500
中间段/mm		620	620	620	620	620
加热段/mm		1000	1000	1000	1000	1000
淋水段/mm	二排	1550	1550	1650	1650	1650
	三排	2150	2150	2250	2250	2250

表 4-10 JS 型系列卧式组装空调器性能

型 号		JS-2	JS-3	JS-4	JS-6	JS-8	JS-10
风量/(m^3/h)		20000	30000	40000	60000	80000	100000
外形尺寸:宽×高/mm		1828×1809	2078×2057	2328×2559	3078×2559	3078×3559	4078×3559
混合段/mm		500	1000	1000	1000	1500	1500
初效过滤段/mm		1000 500	1000 500	1000 500	1000 500	500	500
中效过滤段/mm		500	500	500	500	500	500
中间段/mm		500	500	500	500	500	500
表冷段/mm	铝轧管	500	500	500	500	500	500
加热段/mm	铝轧管	500	500	500	500	500	500
淋水段/mm	单排	1500	1500	1500	1500	2000	2000
	双排	1500	1500	1500	1500	2000	2000
干蒸汽加湿段/mm		500	500	500	500	500	500 *
二次回风段/mm		500	500	1000	1000	1000	1000
消声段/mm		1000	1000	1000	1000	1000	1000
风机段	送风机段/mm	2500	2500	2500	3000	3500	4000
	回风机段/mm	2000	2000	2500	2500	3500	4000
	功率/kW	5.5～15	11～22	15～30	22～45	30～55	40～75

(2)空调器应注明安装形式,如框式、吊顶式、组合式等。

(3)空调器应准确注明质量。

(4)应说明隔振垫(器)、支架的材质和形式。

3. 风机盘管

(1)应注明风机盘管的名称、规格、型号。如金属软管、软铜管和非金属软管。

(2)应注明风机盘管的安装形式,如卧式、暗装等。

(3)应说明风机盘管减振器支架的材质和形式。

(4)应对试压要求进行说明。

4. 表冷器

表冷器应说明名称、型号、规格。

5. 密闭门、挡水板、滤水器、溢水盘、金属壳体

(1)应注明密闭门、挡水板、滤水器、溢水盘、金属壳体的名称、规格和型号。如密闭门有喷雾式密闭门和钢板密闭门之分。滤水器及溢水盘的国家标准规格和质量见表4-11。

表 4-11　　滤水器及溢水盘规格和质量

名　称	滤水器及溢水盘		
图　号	T704-11		
序　号	尺　寸/mm		质量/(kg/个)
1	滤水器	70Ⅰ型	11.11
2		100Ⅱ型	13.68
3		150Ⅲ型	17.56
4	溢水盘	150Ⅰ型	14.76
5		200Ⅱ型	21.69
6		250Ⅲ型	26.79

(2)应注明安装形式,如卧式、暗装等。

(3)应说明支架形式、材质。如挡水板可用槽钢支架。

6. 过滤器

(1)应注明过滤器的名称、规格、型号、类型,如自动浸油过滤器、自动卷绕式过滤器,不同型号的空气过滤器主要性能见表4-12。

表 4-12　　过滤器主要性能

序　号	型　号	名　称	风　量/(m^3/h)
1	GB、GS、JX-20	高效空气过滤器	500～1500
2	WGP	高效空气过滤器	1000～3000
3	GB、GS、CZH	高效空气过滤器	1000～1500
4	YB-02、GZ、ZW	中效空气过滤器	1500～2000
5	GZH	亚高效空气过滤器	1000～1500
6	JXG-2A	静电空气过滤器	2400
7	KJQ-20		1200
8	$JKG\text{-}^{2}_{10}$		2000 8000～10000
9	ZW	中效空气过滤器	2000～3500
10	CWA CWB	初效空气过滤器	1000～5000
11	TJ-3	自动卷绕式空气过滤器	30000
12	LWP	滤尘器	1100～2200
13	LWP	网格式过滤器	
14	LWZ-12	滤尘器	2700
15	LWZ-12	自动浸油滤尘器	12000～30000
16	M	泡沫塑料空气过滤器	2000
17	M-A	空气过滤器	1000～1500
18	JSQ-Ⅱ	净电自净器	240～710

(2)应注明过滤器框架形式、材质。

7. 净化工作台、除湿机

应注明净化工作台、除湿机的名称、规格、型号、类型。如净化工作台可分为无排风的全循环式、全排风的直流式、台面前部排风至室外式和台面上排风至室外式等。

8. 风淋室、洁净室

应注明风淋室、洁净室的名称、规格、型号、类型、质量，如装配式洁净室。

9. 人防过滤吸收器

(1)应注明人防过滤吸收器的名称、规格、材质、形式，如 RFP-500 型、RFP-1000 型过滤吸收器。

(2)应注明支架材质、形式。

五、工程量计算实例

【例 4-1】 如图 4-7 所示为除尘器示意图，试计算其工程量。

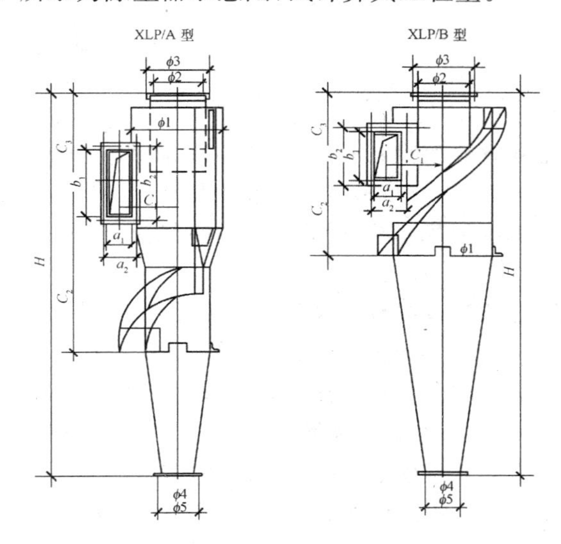

图 4-7　XLP 型旋风除尘器示意图

【解】 除尘器工程量按设计图示数量以台计算，由图可以看出：

除尘器工程量＝1 台

【例 4-2】 如图 4-8 所示为风机盘管示意图，试计算其工程量。

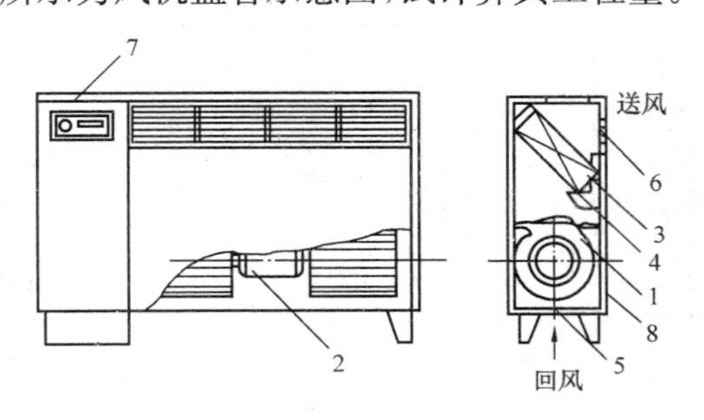

图 4-8　FP5 型立式明装风机盘管示意图

【解】 风机盘管工程量按设计图示数量以台计算，由图可以看出：

风机盘管工程量＝1 台

【例 4-3】 如图 4-9 所示，挡水板示意图，试计算其工程量。

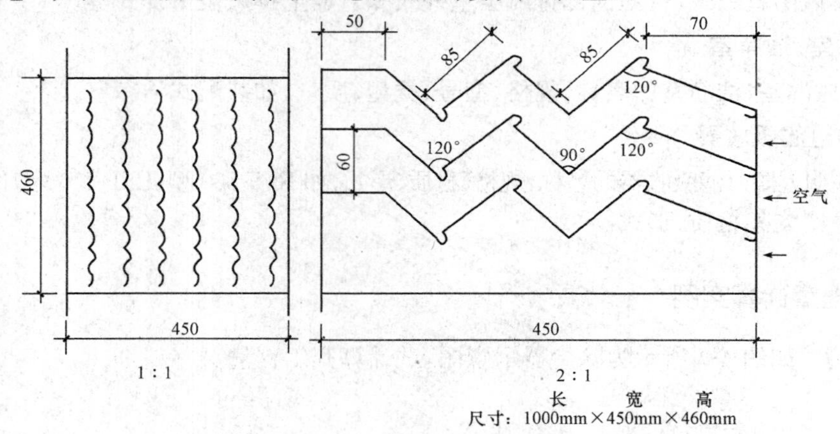

图 4-9　挡水板示意图

【解】 挡水板工程量按设计图示数量以个计算，由图可以看出：

挡水板工程量＝1 个

【例 4-4】 如图 4-10 所示为某工厂车间安装的空气过滤器，型号为 LWP 型初效，安装 5 台，试计算其工程量。

【解】 (1)以台计量，过滤器工程量按设计图示数量计算，即

空气过滤器工程量＝5 台

(2)以面积计算，过滤器工程量按设计图示尺寸以过滤面积计算，即

空气过滤器工程量＝0.6×0.6＝0.36m^2

【例 4-5】 如图 4-11 所示为某化工实验室，试计算其工程量。

【解】 由图可以看出，工程中包括风淋室、洁净室以及净化工作台，根据工程量计算规则，风淋室、洁净室、净化工作台的工程量按设计图示数量计算，即

风淋室工程量＝1 台

洁净室工程量＝1 台

净化工作台工程量＝1 台

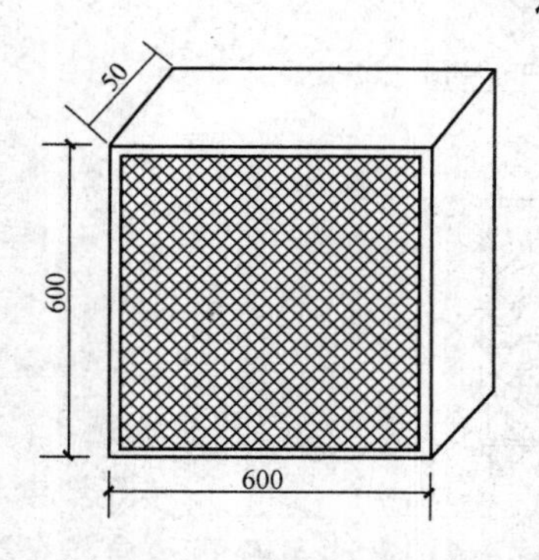

图 4-10　过滤器尺寸示意图

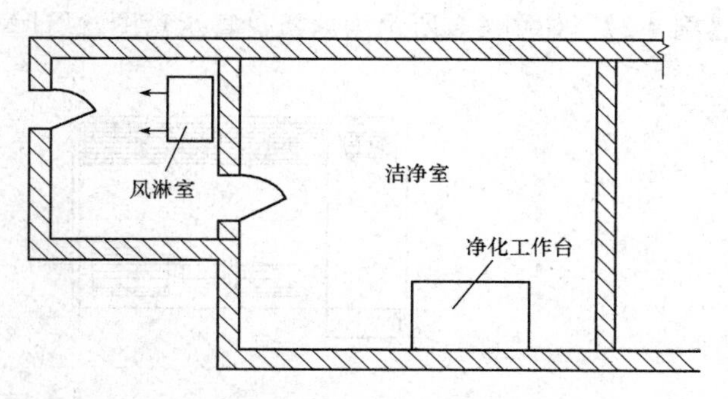

图 4-11　某化工实验室

第三节　通风管道制作安装

一、工程量清单项目设置

通风管道制作安装工程量清单项目设置见表 4-13。

表 4-13　　通风管道制作安装(编码:030702)

项目编码	项目名称	项目特征	计量单位	工程量计算规则	工作内容
030702001	碳钢通风管道	1. 名称 2. 材质 3. 形状 4. 规格 5. 板材厚度 6. 管件、法兰等附件及支架设计要求 7. 接口形式	m^2	按设计图示内径尺寸以展开面积计算	1. 风管、管件、法兰、零件、支吊架制作、安装 2. 过跨风管落地支架制作、安装
030702002	净化通风管道				
030702003	不锈钢板通风管道	1. 名称 2. 形状 3. 规格 4. 板材厚度 5. 管件、法兰等附件及支架设计要求 6. 接口形式			
030702004	铝板通风管道				
030702005	塑料通风管道				
030702006	玻璃钢通风管道	1. 名称 2. 形状 3. 规格 4. 板材厚度 5. 支架形式、材质 6. 接口形式	m^2	按设计图示内径尺寸以展开面积计算	1. 风管、管件安装 2. 支吊架制作、安装 3. 过跨风管落地支架制作、安装
030702007	复合型风管	1. 名称 2. 材质 3. 形状 4. 规格 5. 板材厚度 6. 接口形式 7. 支架形式、材质			
030702008	柔性软风管	1. 名称 2. 材质 3. 规格 4. 风管接头、支架形式、材质	1. m 2. 节	1. 以米计量,按设计图示中心线以长度计算 2. 以节计量,按设计图示数量计算	1. 风管安装 2. 风管接头安装 3. 支吊架制作、安装

续表

项目编码	项目名称	项目特征	计量单位	工程量计算规则	工作内容
030702009	弯头导流叶片	1. 名称 2. 材质 3. 规格 4. 形式	1. m^2 2. 组	1. 以面积计量，按设计图示以展开面积平方米计算 2. 以组计量，按设计图示数量计算	1. 制作 2. 组装
030702010	风管检查孔	1. 名称 2. 材质 3. 规格	1. kg 2. 个	1. 以千克计量，按风管检查孔质量计算 2. 以个计量，按设计图示数量计算	1. 制作 2. 安装
030702011	温度、风量测定孔	1. 名称 2. 材质 3. 规格 4. 设计要求	个	按设计图示数量计算	

注：1. 通风管道的法兰垫料或封口材料，按图纸要求应在项目特征中描述。
2. 净化通风管的空气洁净度按 100000 级标准编制，净化通风管使用的型钢材料如要求镀锌时，工作内容应注明支架镀锌。

二、工程量清单编制说明

通风管道制作安装工程，包括碳钢通风管道、净化通风管道、不锈钢板通风管道、铝板通风管道、塑料通风管道、玻璃钢通风管道、复合型风管、柔性软风管、弯头导流叶片、风管检查孔和温度、风量测定孔。

(1)风管展开面积，不扣除检查孔、测定孔、送风口、吸风口等所占面积；风管长度一律以设计图示中心线长度为准(主管与支管以其中心线交点划分)，包括弯头、三通、变径管、天圆地方等管件的长度，但不包括部件所占的长度。风管展开面积不包括风管、管口重叠部分面积。风管渐缩管：圆形风管按平均直径，矩形风管按平均周长计算。

(2)穿墙套管按展开面积计算，计入通风管道工程量中。

(3)通风管道的法兰垫料或封口材料，按图纸要求应在项目特征中描述。

(4)净化通风管的空气洁净度按 100000 级标准编制，净化通风管使用的型钢材料如要求镀锌时，工作内容应注明支架镀锌。

(5)弯头导流叶片数量，按设计图纸或规范要求计算。

(6)风管检查孔、温度测定孔、风量测定孔数量，按设计图纸或规范要求计算。

三、工程项目说明

1. 碳钢通风管道

(1)制作碳钢通风管道常用的薄钢板有普通薄钢板、冷轧薄钢板和镀锌薄钢板等。规格见表 4-14～表 4-16。

表 4-14　普通薄钢板规格

厚度/mm	宽度×长度/mm					质量/(kg·m²)
	710×1420	750×1500	750×1800	900×1800	1000×2000	
	每张理论质量/kg					
0.50	3.96	4.42	5.30	6.36	7.85	3.92
0.55	4.35	4.86	5.83	6.99	8.64	4.32
0.60	4.75	5.30	6.36	7.63	9.42	4.71
0.65	5.15	5.74	6.89	8.27	10.20	5.10
0.70	5.54	6.18	7.42	8.90	10.99	5.50
0.75	5.94	6.62	7.95	9.54	11.78	5.89
0.80	6.33	7.06	8.48	10.17	12.58	6.28
0.90	7.12	7.95	9.54	11.44	14.13	7.07
1.00	7.91	8.83	10.60	12.72	15.70	7.85
1.10	8.70	9.71	11.66	13.99	17.27	8.64
1.20	9.50	10.60	12.72	15.26	18.84	9.42
1.30	10.29	11.48	13.78	16.53	30.41	10.21
1.40	11.08	12.36	14.81	17.80	21.98	10.99
1.50	11.87	13.25	15.90	19.07	23.55	11.78
1.60	12.66	14.13	16.96	20.35	25.12	12.56
1.80	14.24	15.90	19.08	22.80	28.26	14.13
2.00	15.83	17.66	21.20	25.43	31.40	15.70

表 4-15　冷轧薄钢板品种及规格

<table>
<tr><th rowspan="3">钢板厚度/mm</th><th colspan="9">钢板宽度/mm</th></tr>
<tr><th>600,650,700,
710,750,800,850</th><th>900
950</th><th>1000
1100</th><th>1250</th><th>1400
1420</th><th>1500</th><th>1600</th><th>1700</th><th>1800</th></tr>
<tr><th colspan="9">钢板最大长度/m</th></tr>
<tr><td>0.20～0.45</td><td rowspan="3">2.5</td><td rowspan="3">3</td><td rowspan="3">3</td><td>—</td><td>—</td><td>—</td><td>—</td><td>—</td><td>—</td></tr>
<tr><td>0.55～0.65</td><td rowspan="2">3.5</td><td>—</td><td>—</td><td>—</td><td>—</td><td>—</td></tr>
<tr><td>0.70～0.75</td><td rowspan="3">4</td><td>—</td><td>—</td><td>—</td><td>—</td></tr>
<tr><td>0.80～1.0</td><td rowspan="3">3</td><td rowspan="2">3.5</td><td rowspan="2">3.5</td><td rowspan="2">4</td><td rowspan="2">4</td><td>—</td><td>—</td><td>—</td></tr>
<tr><td>1.1～1.3</td><td>4</td><td>4.2</td><td>4.2</td></tr>
<tr><td>1.4～2.0</td><td>3</td><td>4</td><td>6</td><td>6</td><td>6</td><td>6</td><td>6</td><td>6</td></tr>
</table>

表 4-16　热镀锌薄钢板

<table>
<tr><td>钢板厚度/mm</td><td colspan="6">0.35,0.40,0.45,0.50,0.55,0.60,0.65,0.70,0.75,0.80,0.90,1.0,1.1,1.2,1.4,1.5</td></tr>
<tr><td>钢板宽度×长度/mm</td><td colspan="6">710×1430,750×750,750×1500,750×1800,800×800,800×1200,800×1600,350×1700,900×900,900×1800,900×2000,1000×2000</td></tr>
<tr><td>钢板厚度/mm</td><td>0.35～0.45</td><td>>0.45～0.70</td><td>>0.70～0.89</td><td>>0.80～1.0</td><td>>1.0～1.25</td><td>>1.25～1.5</td></tr>
<tr><td>反复弯曲次数</td><td>≥8</td><td>≥7</td><td>≥6</td><td>≥5</td><td>≥4</td><td>≥3</td></tr>
</table>

<table>
<tr><td>钢板类别</td><td colspan="3">冷成型用</td><td colspan="2">一般用途用</td></tr>
<tr><td>钢板厚度/mm</td><td>0.35～0.80</td><td>>0.80～1.2</td><td>>1.2～1.5</td><td>0.35～0.80</td><td>>0.80～1.5</td></tr>
<tr><td>镀锌强度弯曲试验
(d=弯心直径,
a=试样厚度)</td><td>$d=0$
180°角</td><td>$d=a$
180°角</td><td>弯曲
90°角</td><td>$d=a$
180°角</td><td>弯曲
90°角</td></tr>
<tr><td>钢板两面镀锌层质量</td><td colspan="5">≥275(g/m²)</td></tr>
</table>

(2)圆形弯管的曲率半径(以中心线计)和最少分节数应符合表 4-17 的规定。圆形弯管的弯曲角度及圆形三通、四通支管与总管夹角的制作偏差不应大于 3°。

表 4-17 圆形弯管曲率半径和最少分节数

弯管直径 D/mm	曲率半径 R/mm	弯管角度和最少分节数							
		90°		60°		45°		30°	
		中节	端节	中节	端节	中节	端节	中节	端节
80～220	≥1.5D	2	2	1	2	1	2	—	2
220～450	D～1.5D	3	2	2	2	1	2	—	2
450～800	D～1.5D	4	2	2	2	1	2	1	2
800～1400	D	5	2	3	2	2	2	1	2
1400～2000	D	8	2	5	2	3	2	2	2

(3)风管与配件的咬口缝应紧密，宽度应一致；折角应平直，圆弧应均匀；两端面平行。风管无明显扭曲与翘角；表面应平整，凹凸不大于 10mm。

(4)风管外径或外边长的允许偏差：当小于或等于 300mm 时，为 2mm；当大于 300mm 时，为 3mm。

管口平面度的允许偏差为 2mm。

矩形风管两条对角线长度之差不应大于 3mm。

圆形法兰任意正交两直径之差不应大于 2mm。

(5)焊接风管的焊缝应平整，不应有裂缝、凸瘤、穿透的夹渣、气孔及其他缺陷等，焊接后板材的变形应矫正，并将焊渣及飞溅物清除干净。

2. 净化通风管道

净化通风管道制作应符合以下要求：

(1)下料。风管在展开下料过程中，尽量节省材料、减少板材切口和咬口，要进行合理的排版。板料拼接时，不论咬接或焊接等，均不得有十字交叉缝。空气净化系统风管制作时，板材应减少拼接，矩形底边宽度≤900mm 时，不得有拼接缝；当宽度＞900mm 时，减少纵向接缝，不得有横向拼接缝，并且板材加工前应除尽表面油污和积尘，清洗时要用中性洗涤剂。

(2)咬口宽度与留量。咬口宽度依所制风管的板厚决定，应符合表 4-18 的要求。表中 B 值部位如图 4-12所示。

表 4-18 风管咬口宽度

咬口形式	咬口宽度 B/mm		
	板厚 0.5～0.7	板厚 0.7～0.9	板厚 1.0～1.2
平咬口	6～8	8～10	10～12
立咬口	5～6	6～7	7～8
转角咬口	6～7	7～8	8～9
联合咬口	8～9	9～10	10～11
按扣式咬口	12	12	12

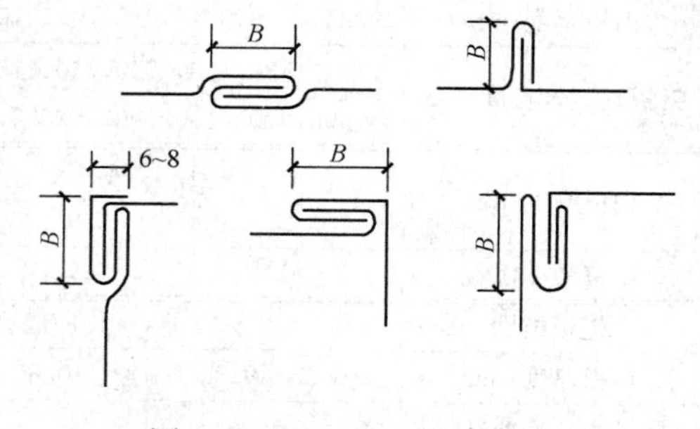

图 4-12 咬口宽度 B 值部位

咬口留量的大小、咬口宽度和重叠层数与使用的机械有关。一般来说，对于单平咬口、单立咬口、单角咬口在第一块板材上等于咬口宽，而在第二块板材上是 2 倍宽，这样咬口的留量就等于3倍咬口宽。如厚度为0.7mm以上的钢板，咬口宽7mm，其留量为7mm×3=21mm。联合角咬口在第一块板材上为咬口宽，在第二块板材上是3倍咬口宽，这样联合角咬口的咬口留量就等于4倍咬口宽度。

咬口的留量应根据咬口需要，分别留在两边。

(3)风管的闭合成型与接缝。制作风管时，采用咬接或焊接取决于板材的厚度及材质。在可能的情况下，应尽量采用咬接。因为咬接的口缝可以增加风管的强度，变形小、外形美观。风管采用焊接的特点是严密性好，但焊后往往容易变形，焊缝处容易锈蚀或氧化。大于1.2mm厚的普通钢板接缝用电焊；大于2mm接缝时可采用气焊。

(4)风管的加固。

1)圆形风管(不包括螺旋风管)直径≥800mm，且其管段长度>1250mm或总表面积>4m^{2}均应采取加固措施。

2)矩形风管边长>630mm、保温风管边长>800mm，管段长度>1250mm或低压风管单边平面积>1.2m^2，中、高压风管>1.0m^2，均应采取加固措施。

3)非规则椭圆风管的加固，应参照矩形风管执行。

(5)风管安装。空气洁净系统的风管安装方法，总的来说与一般通风、空调系统基本相同。不同之处在于空气洁净系统的特殊性，必须保证在清洁的环境中进行安装，并且在管道、电气、风管及土建施工之间必须按照一个合理的程序进行施工，才能保证风管安装后的洁净性和密封性。

在施工安装过程中，各专业必须密切配合。风管系统的密封好坏，除决定于风管的咬口、组装法兰的风管翻边的质量外，还决定于法兰与法兰连接的密封垫料。法兰密封垫料应选用不透气、不产尘、弹性好的材料，一般常选用橡胶板、闭孔海绵橡胶板等。严禁采用乳胶海绵、泡沫塑料、厚纸板、石棉绳、铅油、麻丝及油毡纸等易产生灰尘的材料。密封垫片的厚度，应根据材料弹性大小决定，一般为5～6mm。密封垫片的宽度，应与法兰边宽相等，并应保证一对法兰的密封垫片的规格、性能及厚度相同。严禁在密封垫片上涂刷涂料，否则将会脱层、漏气，影响其密封性。

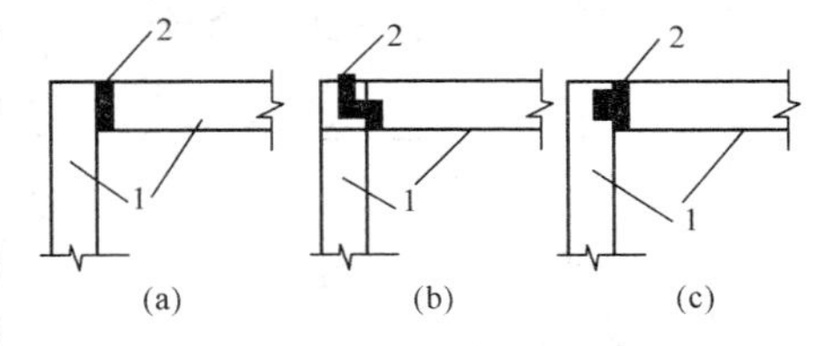

图4-13　密封垫片的接头形式

(a)对接不正确；(b)梯形接正确；(c)企口接正确

1—密封垫；2—密封胶

法兰垫片采用板状截成条状时，应尽量减少接头。其接头形式应采用不漏气的梯形或楔形，并在接缝处涂抹密封胶，应做到严密不漏，其接头形式如图4-13所示。为了保证密封垫片的密封性和防止法兰连接时的错位，应把法兰面和密封垫片擦拭干净，涂胶粘牢在法兰上，应注意的是，不得有隆起或虚脱现象。法兰均匀拧紧后，密封垫片内侧应与风管内壁平。

3. 不锈钢板通风管道

(1)不锈钢板风管板材厚度。不锈钢板风管按设计尺寸确定板材厚度，见表4-19。

表4-19　高、中、低压系统不锈钢板风管板材厚度　单位：mm

风管直径 D 或长边尺寸 b	$D(b)\leqslant 500$	$500<D(b)\leqslant 1120$	$1120<D(b)\leqslant 2000$	$2000<D(b)\leqslant 4000$
不锈钢板厚度	0.5	0.75	1.0	1.2

(2)不锈钢板风管的焊缝形式与焊接接头形式。

1)风管的焊缝形式。

①对接焊缝:用于板材的拼接或横向缝及纵向闭合缝,如图 4-14(a)、(b)所示。

②搭接焊缝:用于矩形风管或管件的纵向闭合缝或矩形风管的弯头、三通的转角缝等,如图 4-14(c)、(d)所示。一般搭接量为 10mm,焊接前先画好搭接线,焊接时按线点焊好,再用小锤使焊缝密合后再进行连续焊接。

③翻边焊缝:用于无法兰连接及圆管、弯头的闭合缝。当板材较薄用气焊时使用,如图 4-14(e)、(f)所示。

④角焊缝:用于矩形风管或管件的纵向闭合缝或矩形弯头、三通的转向缝,圆形、矩形风管封头闭合缝,如图 4-15(c)、(d)、(f)所示。

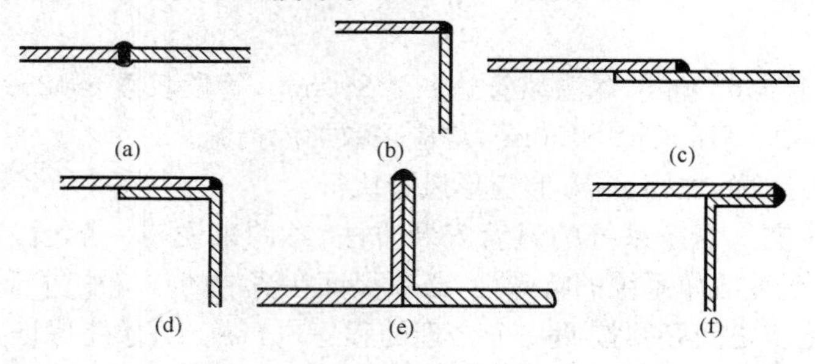

图 4-14　焊缝形式

(a)横向对接缝;(b)纵向闭合对接缝;(c)横向搭接缝;(d)纵向闭合搭接缝;(e)三通转向缝;(f)封闭角焊缝

2)金属风管焊接接头形式。金属风管的焊接接头形式有 9 种,如图 4-15 所示。

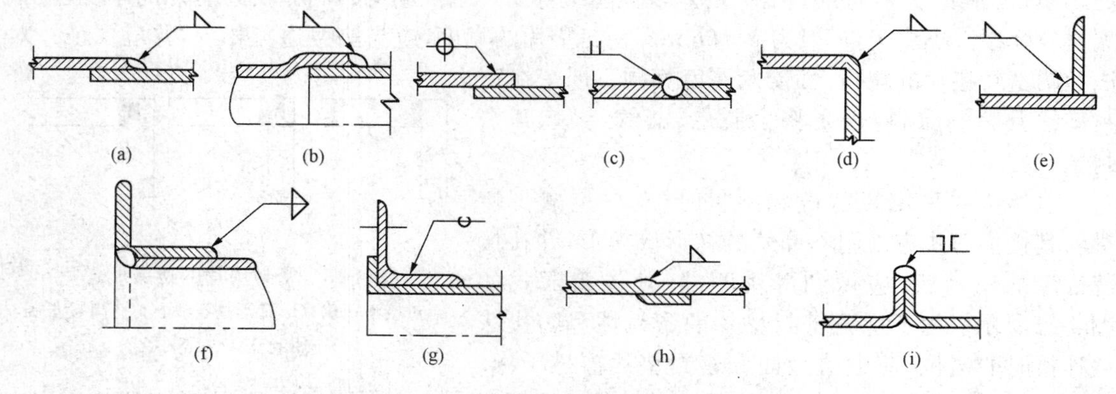

图 4-15　金属风管焊接接头形式

(a)圆形与矩形风管的纵缝;(b)圆形风管及配件的环缝;(c)圆形风管法兰及配件的焊缝;(d)矩形风管配件及直缝的焊接;(e)矩形风管法兰及配件的焊缝;(f)矩形与圆形风管法兰的定位焊接;(g)矩形风管法兰的焊接;(h)螺旋风管的焊接;(i)风箱的焊接

①焊接前,应将焊缝区域的油脂、污物清除干净,以防止焊缝出现气孔、砂眼。清洗可用汽油、丙酮等进行。用电弧焊焊接不锈钢板时,一般应在焊缝的两侧表面涂上白灰粉,以免焊渣飞溅物粘附在板材的表面上。

②焊接后，应注意清除焊缝处的熔渣，并用铜丝刷子刷出金属光泽，再用10%硝酸溶液酸洗，随后用热水清洗。

4. 铝板通风管道

(1)铝板通风管道焊接要求。

1)铝板风管在焊接前，焊口必须脱脂及清除氧化膜。可以使用不锈钢丝刷。清除后在2～3h内必须进行焊接。清除后还须进行脱脂处理。脱脂使用航空汽油、工业酒精、四氯化碳等清洗剂和木屑进行清洗。

2)在对口的过程中，要使焊口达到最小间隙，以避免焊接时产生透烧现象。

3)铝板风管焊缝质量要求。

①焊缝表面不应有裂纹、烧穿、漏焊等缺陷。

②纵向焊缝必须错开。

③焊缝应平整，焊接时应轮流对称点焊以防止变形，焊缝宽度应均匀，焊后焊缝应进行清理，去除焊渣。

(2)铝板法兰制作。铝板法兰用扁铝或角铝制作。如果用角钢代替铝板法兰时，应做好绝缘防腐处理，防止铝板风管与碳素钢法兰接触后产生电化学腐蚀，降低铝板风管的使用寿命。一般是在角钢法兰表面镀锌或喷涂绝缘漆。

(3)铝板风管制作。通风工程中常用的是纯铝板和经过退火处理的铝合金板。铝和空气中的氧接触可在其表面形成氧化铝薄膜，能防止外部的腐蚀。铝有较好的抗化学腐蚀性能，能抵抗硝酸的腐蚀，但易被盐酸和碱类所腐蚀。

1)加工场地(平台)。为防止砂石及其他杂物对铝板表面造成硬伤，在加工的地面上须预先铺一层橡胶板。并且要随时清除各种废金属屑、边角料和焊条头子等杂物。

2)机械要求。所用的加工机械要清洁，如卷板机辊轴上不能有加工碳钢板时粘附上的氧化皮和铁屑等。

3)连接形式。铝板壁厚≤1.5mm时，可采用咬接；壁厚>1.5mm时，可采用气焊或氩弧焊接。

4)焊接。由于铝板和焊丝表面一般都覆盖有油污、油漆、氧化铝薄膜，它们阻碍焊缝金属的熔合，使焊缝产生气孔、夹渣，以及未焊透等缺陷，所以在焊接前，应严格清除焊缝边缘两侧30mm以内和焊丝表面的油污、氧化物等杂质，要使其露出铝的本色。清洁方法有以下两种：

①机械清除法：当铝板表面油污甚微，可用铜丝刷、锉刀、砂布等将焊缝处清除干净。若使用砂布，应注意清除残留于铝板表面的金刚砂粒，以免其进入焊接熔池。

②化学清除法：除油污时，若表面比较清洁，可用热水或蒸汽吹洗。若只有轻微油污，可用温度为60～70℃的1%氢氧化钠、5%磷酸钠、3%水玻璃的混合液去除。若油污严重，可用有机溶剂如丙酮、三氯乙烯、汽油、松香水、二氯乙烷和四氯化碳等去除。

除氧化铝可用50～60℃、浓度为10%的氢氧化钠溶液清洗。对纯铝一般清洗15～20min。也可先用氧乙炔加热焊接处至50～60℃，然后在焊缝处周围涂上10%的氢氧化钠溶液，腐蚀2min左右。在实际操作中，焊缝处的温度和溶液浓度很难保证，可观察接口表面的颜色变化来确定，当腐蚀表面完全变白时即可。

经氢氧化钠溶液清洗后，用冷水冲洗，再用30%的硝酸溶液进行中和，然后再用冷水洗净。

经中和处理后的焊丝，不得出现麻点、墨斑现象。否则，说明未完全中和，焊丝应重新清洗。清洗合格的焊丝放入100℃左右的烘干炉中烘烤30min，然后放于干净的容器中。清洗好的焊丝只能存放1d，否则，焊前必须重新清洗。

焊接后应用热水去除焊缝表面的焊渣、焊药等。焊缝应牢固，不得有虚焊、穿孔等缺陷。

5)铝及铝合金板不得与铜、铁等重金属直接接触，以免产生电化学腐蚀。

6)铝板风管采用角形法兰，应以翻边连接，并用铝铆钉固定。用角钢作铝风管的法兰时，角钢必须镀锌或刷绝缘漆。

(4)铝板风管安装。

1)铝板风管法兰连接应采用镀锌螺栓，并在法兰两侧垫以镀锌垫圈，防止铝法兰被擦伤。

2)铝板风管的支架、抱箍应镀锌，或按设计要求作防腐处理。

3)铝板风管采用角钢型法兰，应翻边连接，并用铝铆钉固定。

5. 塑料通风管道

塑料风管主要是指硬聚氯乙烯风管，是非金属风管的一种。塑料风管的直径或边长大于500mm，风管与法兰连接处应设加强板，且间距不得大于450mm。塑料风管的两端面应平行，无明显扭曲，外径或边长的允许偏差为2mm，表面平整。圆弧均匀，凹凸不应大于5mm。

为避免腐蚀介质对风管法兰金属螺栓的腐蚀和自法兰间隙中泄漏，管道安装尽量采用无法兰连接。加工制作好的风管应根据安装和运输条件，将短风管组配成3m左右的长风管。风管组配采取焊接方式。风管的纵缝必须交错，交错的距离应大于60mm。圆形风管管径小于500mm，矩形风管长边长度小于400mm，其焊缝形式可采用对接焊缝；圆形风管管径大于560mm，矩形风管大于500mm，应采用硬套管或软套管连接，风管与套管再进行搭接焊接。并注意以下几点：

(1)硬聚氯乙烯板风管及配件的连接采用焊接，可分别采用手工焊接和机械热对挤焊接，并保证焊缝填满，焊条排列整齐，不得出现焦黄、断裂等缺陷，焊缝强度不得低于母材的60%。

(2)硬聚氯乙烯板风管亦可采用套管连接。套管的长度宜为150～250mm，其厚度不应小于风管的壁厚，如图4-16(a)所示。

(3)硬聚氯乙烯板风管承插连接。当圆形风管的直径≤200mm时可采用承插连接，如图4-16(b)所示，插口深度为40～80mm。粘接处的油污应清除干净，粘接应严密、牢固。

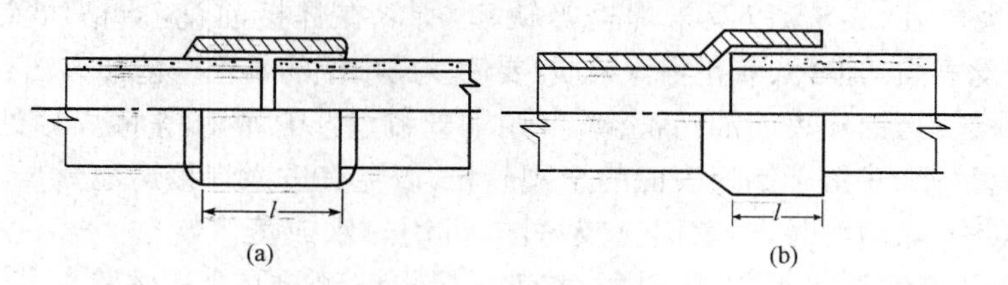

图4-16 风管连接示意图

(a)套管连接；(b)承插连接

6. 玻璃钢通风管道

玻璃钢风管包括有机玻璃钢风管和无机玻璃钢风管，是非金属风管的一种。玻璃钢风管的加固应选用与本体材料或防腐性能相同的材料，并与风管成一整体。

(1)有机玻璃钢风管应符合下列规定：

1)风管不应有明显扭曲，内表面应平整光滑，外表面应整齐美观，厚度应均匀，且边缘无毛刺，并无气泡及分层现象。

2)风管的外径或外边长尺寸的允许偏差为3mm，圆形风管的任意正交两直径之差不应大于5mm；矩形风管的两对角线之差不应大于5mm。

3)法兰应与风管成一整体，并应有过渡圆弧，且与风管轴线成直角，管口平面度的允许偏差为3mm，螺孔的排列应均匀，至管壁的距离应一致，允许偏差为2mm。

4)矩形风管的边长大于900mm，且管段长度大于1250mm时应加固。加固筋的分布应均匀、整齐。

(2)无机玻璃钢风管除应符合有机玻璃钢风管的要求外，还应符合下列规定：

1)风管的表面应光洁、无裂纹、无明显泛霜和分层现象。

2)风管的外形尺寸允许偏差应符合有关规定。

(3)有机玻璃钢风管的安装应参照硬聚氯乙烯板风管。对于采用套管连接的风管，其套管厚度不能小于风管的壁厚。

(4)无机玻璃钢风管的安装。无机玻璃钢风管的安装方法与金属风管安装基本相同。由于自身的特点，在安装过程中应注意下列问题：

1)在吊装或运输过程中应特别注意，不能强烈碰撞。不能在露天堆放，避免雨淋日晒，避免造成不应有的损失，如发生损坏或变形不易修复，必须重新加工制作。

2)无机玻璃钢风管的自身质量与薄钢板风管相比大得多，在选用支、吊装时不能套用现行的标准，应根据风管的质量等因素详细计算确定型钢的尺寸。

3)进入安装现场的风管应认真检验，防止不合格的风管进入施工现场。对风管各部位的尺寸必须达到要求的数值，否则组装后造成过大的偏差。

4)在吊装时不能损伤风管的本体，不能采用钢线绳捆绑，可用棕绳或专用托架吊装。

7. 复合型风管

复合型风管有复合玻纤板风管和发泡复合材料风管两种。

双面铝箔复合保温风管，是指两面覆贴铝箔、中间夹有发泡复合材料或玻纤板的保温板制作成的风管。目前，在国内应用较多的发泡复合材料主要有意大利生产的ALP和P3等铝箔复合保温板。

由于铝箔复合保温风管具有外观美、不用保温、隔声性能好、施工速度快、安全卫生等优点，国内多有采用。复合玻纤板风管的制作应按国家标准《通风与空调工程施工质量验收规范》(GB 50243—2002)和行业标准《复合玻纤板风管》(JC/T 591—1995)的要求执行。

风管安装的要求如下：

(1)明装风管水平安装时，水平度每米不应大于3mm，总偏差不应超过20mm；其垂直安装时，不垂直度每米不应大于2mm，总偏差不应超过10mm。暗装风管位置应准确，无明显偏差。

(2)风管的三通、四通一般采用分隔式或分叉式；若采用垂直连接时，其迎风面应设置挡风板，挡风板应和支风管连接口等长。其挡风面投影面积与未被挡面积之比应和支风管、直通风管面积之比相等。

(3)风管严密性质量要求：由于铝箔风管的拼接组合均采用粘接，所以漏风缝隙较少。根据检测，铝箔复合风管的漏风量仅为镀锌风管的1/7，所以，一般制作水平就能达到规范中的中压风管标准要求。根据以上情况，施工中如无明显施工工艺上的不当，低压风管可以不做漏风测试。但对该材料做的中、高压系统风管，仍需按规范要求的标准做相应的检测。

8. 柔性软风管

柔性软风管用于不宜设置刚性风管位置的挠性风管，属于通风管道系统。其采用镀锌卡子连接，吊、托、支架固定，一般由金属、涂塑化纤织物、聚酯、聚乙烯、聚氯乙烯薄膜及铝箔等复合材料制成。

铝箔软风管是指柔性软管采用积层铝箔复合膜贴绕高弹性螺旋形强韧钢丝制成，遇高温或火警不产生有毒气体。

9. 弯头导流叶片

弯头导流叶片是在通风管道的转弯处利用弯头使流体通过，在通风管道转弯处，流体容易发生堵塞，一般在此设置叶轮，加速流体的流速，该叶轮便称弯头导流叶轮。

导流叶片的作用是将从空气调节主机压出通过交换的冷气，顺着风管从风口排除，达到调节室内空气的目的。当冷气通过风管弯头处时，如果不对其进行导流，势必产生涡流影响冷气传导。因此，风管弯头处必须安装导流叶片。

矩形风管弯头的导流叶片设置应符合下列规定：

(1)边长大于或等于 500mm，且内弧半径与弯头端口边长比小于或等于 0.25 时，应设置导流叶片，导流叶片宜采用单片式、月牙式两种类型，如图 4-17 所示。

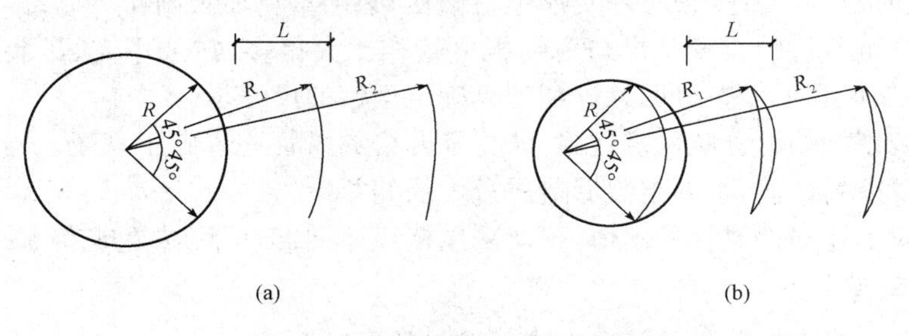

图 4-17 风管导流叶片形式示意图

(a)单片式；(b)月牙式

(2)导流叶片内弧应与弯管同心，导流叶片与风管内弧等导流叶片间距 L 可采用等距或渐变设置的方式，最小叶片间距不宜小于 200mm，导流叶片的数量可采用平面边长除以 500 的倍数来确定，最多不宜超过 4 片。导流叶片应与风管固定牢固，固定方式可采用螺栓或铆钉。

10. 风管检查孔

在通风工程的风管安装施工中，在天棚开口孔就可以进行作业，但对于隐蔽在天棚里的室内风管周围的检查就不方便进行，因此把天棚打开孔洞，既可作为安装用的开孔，又可用于窥视检查风管及其周围的附件，该孔洞常被称作风管检查孔。

11. 温度、风量测定孔

风量测定孔用于风管或设备内的温度、湿度、压力、风速、污染物浓度等参数的快速检测接口。风管测定孔具有安装省力、快捷、高效，使用方便、安全，减少施工成本，降低人工费用等优点。风量测定孔适用于各种类型的风管测量需要。

所有的空调送风系统、排风系统的总送风、总排风管道上应装设测定孔，测定孔应装于直管段气流方向下游约 1/3 位置。对于带回风的空调送风系统应在回风管道和新风管道上装设测定孔，选择直管段是为了测定截面气流稳定和均匀，所选取直管原则为该段中无局部阻力部件（弯头、三通、变径管等），这样保证了管内流动流场的稳定性和均匀性。

对于矩形管道，将管道断面划分为若干等面积的小矩形，测点布置在每个小矩形的中心，小矩形每边的长度为 200mm 左右。在每个矩形的中心装设测定孔。对于圆形管道，在同一断面设置两个彼此垂直的测定孔。

四、工程项目描述提示

1. 碳钢通风管道、净化通风管道

(1)应注明通风管道名称、材质、形状、板材厚度、接口形式。各类风管、管件在系统中的连接形式如图 4-18 和图 4-19 所示。

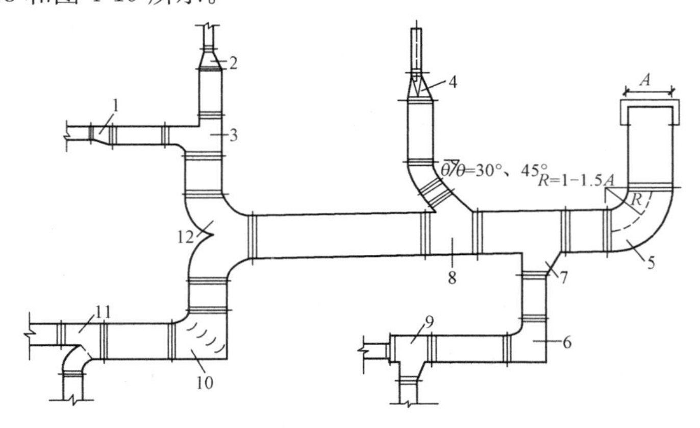

图 4-18　矩形风管、管件

1—偏心异径管；2—正异径管；3—正交断面三通；4—方变圆异径管；5—内外弧弯头；6—内斜线弯头；7—插管三通；8—斜插三通；9—封板式三通；10—内弧线弯头(导流片)；11—加弯三通(调节阀)；12—正三通

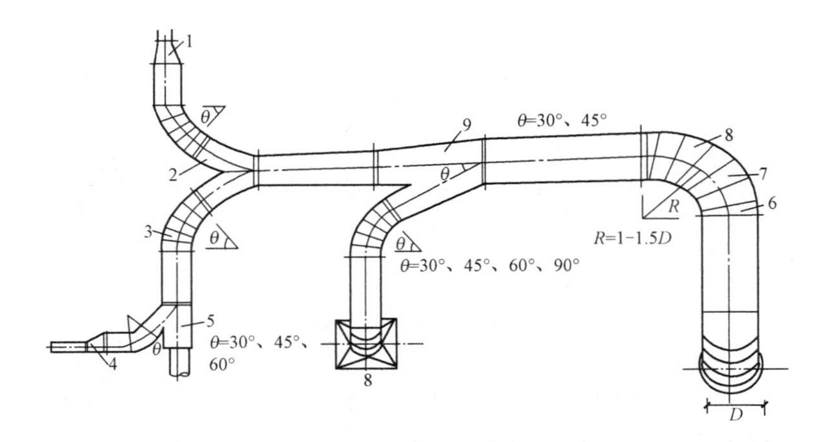

图 4-19　圆形风管、管件

1—正异径管；2—正三通；3—弯头；4—偏心异径管；5—封板斜插三通；6—端节；7—中节；8—天圆地方；9—斜插三通

(2)应注明通风管道规格。常见通风管道规格见表 4-20～表 4-22。

表 4-20　　圆形通风管道规格　　单位:mm

外径 D	钢板制风管		塑料制风管	
	外径允许偏差	壁厚	外径允许偏差	壁厚
100				
120				
140				
160		0.5		3.0
180				
200				
220				
250				
280	±1		±1	
320				
360				
400		0.75		4.0
450				
500				
(130)				
140				
(150)				
160				
(170)				
180				
(190)				
200				
(210)				
220				
(240)				
250	±1	1.5	±1	2.0
(260)				
280				
(300)				
320				
(340)				
360				
(380)				
400				
(420)				
450				
(480)				
500				

外径 D	除尘风管		气密性风管	
	外径允许偏差	壁厚	外径允许偏差	壁厚
560				4.0
630				
700				
800		1.0		5.0
900				
1000				
1120			±1.5	
1250				
1400	±1	1.2～1.5		6.0
1600				
1800				
2000				
80				
90				
100		1.5	±1.5	2.0
110				
120				
(530)				
560				
(600)				
630				
(670)				
700				
(750)				
800				
(850)		2.0		3.0～4.0
900				
(950)				
1000	±1		±1	
(1060)				
1120				
(1180)				
1250				
(1320)				
1400				
(1500)				
1600				
(1700)		3.0		4.0～6.0
1800				
(1900)				
2000				

注:应优先采用基本系列(即不加括号数字)。

表 4-21　　**椭圆形风管的规格**

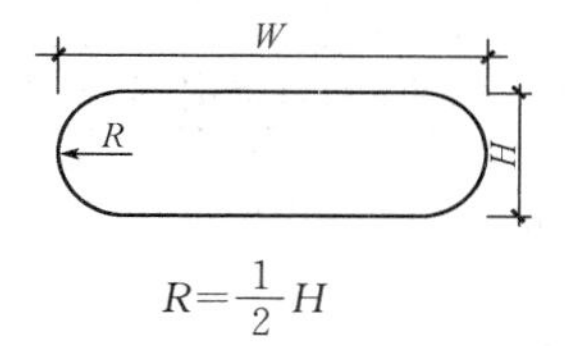

W—椭圆形风管的公称宽度，以内壁尺寸计；
H—椭圆形风管的公称高度，以内壁尺寸计。

料厚/mm	椭圆形风管的公称高度 *H*/mm													
	76	102	127	152	178	203	228	254	305	355	406	457	508	609
	196													
	211	196												
0.6	236	221	207											
	271	256	242	227										
	276	261	246	232	218									
	315	301	286	272	257	243								
	350	336	321	307	292	278								
	355	341	326	312	297	283	268							
	395	381	366	352	337	322	308	294						
	435	421	406	392	377	362	348	334						
		436	421	407	392	377	363	349						
		500	486	471	457	442	428	414						
0.8			526	511	497	482	468	453						
				541	527	512	498	483	454					
				551	537	522	508	493	464					
				621	606	592	578	563	534					
				631	616	602	588	573	544					
				711	696	682	667	653	624					
				780	766	752	737	723	694	665				
				790	776	761	747	733	704	675	646			
				870	856	841	827	812	783	754	725	696		
				905	891	876	862	847	818	789	760	731		
				950	935	921	907	892	863	834	805	776	747	
				1030	1015	1001	986	972	943	914	885	856	827	
				1109	1095	1081	1066	1052	1023	994	965	936	907	
					1155	1140	1126	1111	1082	1053	1024	995	966	
1.0					1175	1160	1146	1131	1102	1073	1044	1015	987	929
					1233	1219	1204	1190	1161	1132	1103	1074	1045	987
					1249	1234	1220	1205	1176	1147	1119	1090	1061	1003
					1334	1320	1305	1291	1262	1233	1204	1175	1146	1088
					1494	1479	1465	1450	1421	1392	1363	1335	1306	1248
					1653	1639	1624	1610	1581	1552	1523	1494	1465	1407
					1813	1798	1784	1769	1740	1711	1682	1654	1625	1567
					1972	1958	1943	1929	1900	1871	1842	1813	1784	1726
1.2									2059	2030	2002	1973	1944	1886
														2045

表 4-22　　**矩形通风管道规格**　　单位:mm

<table>
<tr><th rowspan="2">外边长
(A×B)</th><th colspan="2">钢板制风管</th><th colspan="2">塑料制风管</th><th rowspan="2">外边长
(A×B)</th><th colspan="2">除尘风管</th><th colspan="2">气密性风管</th></tr>
<tr><th>外边长允许偏差</th><th>壁厚</th><th>外边长允许偏差</th><th>壁厚</th><th>外边长允许偏差</th><th>壁厚</th><th>外边长允许偏差</th><th>壁厚</th></tr>
<tr><td>120×120</td><td rowspan="26">−2</td><td rowspan="6">0.5</td><td rowspan="23">−2</td><td rowspan="14">3.0</td><td>630×500</td><td rowspan="26">−2</td><td rowspan="13">1.0</td><td rowspan="26">−3</td><td rowspan="7">5.0</td></tr>
<tr><td>160×120</td><td>630×630</td></tr>
<tr><td>160×160</td><td>800×320</td></tr>
<tr><td>200×120</td><td>800×400</td></tr>
<tr><td>200×160</td><td>800×500</td></tr>
<tr><td>200×200</td><td>800×630</td></tr>
<tr><td>250×120</td><td rowspan="17">0.75</td><td>800×800</td></tr>
<tr><td>250×160</td><td>1000×320</td><td rowspan="12">6.0</td></tr>
<tr><td>250×200</td><td>1000×400</td></tr>
<tr><td>250×250</td><td>1000×500</td></tr>
<tr><td>320×160</td><td>1000×630</td></tr>
<tr><td>320×200</td><td>1000×800</td></tr>
<tr><td>320×250</td><td>1000×1000</td></tr>
<tr><td>320×320</td><td>1250×400</td><td rowspan="13">1.2</td></tr>
<tr><td>400×200</td><td rowspan="9">4.0</td><td>1250×500</td></tr>
<tr><td>400×250</td><td>1250×630</td></tr>
<tr><td>400×320</td><td>1250×800</td></tr>
<tr><td>400×400</td><td>1250×1000</td></tr>
<tr><td>500×200</td><td>1600×500</td></tr>
<tr><td>500×250</td><td>1600×630</td><td rowspan="7">8.0</td></tr>
<tr><td>500×320</td><td>1600×800</td></tr>
<tr><td>500×400</td><td>1600×1000</td></tr>
<tr><td>500×500</td><td>1600×1250</td></tr>
<tr><td>630×250</td><td rowspan="3">1.0</td><td rowspan="3">−3.0</td><td rowspan="3">5.0</td><td>2000×800</td></tr>
<tr><td>630×320</td><td>2000×1000</td></tr>
<tr><td>630×400</td><td>2000×1250</td></tr>
</table>

(3)应注明管件、法兰等附件及支架设计要求。

2. 不锈钢板通风管道、铝板通风管道、塑料通风管道

(1)应注明通风管道名称、形状、规格、板材厚度及接口形式。硬聚氯乙烯塑料板品种和规格见表 4-23。

(2)应注明管件、法兰等附件及支架设计要求。

表 4-23　　**硬聚氯乙烯塑料板品种和规格**

<table>
<tr><th>品种</th><th>硬聚氯乙烯建筑塑料制品的规格/mm</th></tr>
<tr><td>硬聚氯乙烯塑料装饰板</td><td rowspan="4">厚度:2±0.3,2.5±0.3,3±0.3,3.5±0.35,4±0.4,4.5±0.45,5±0.5,6±0.6,7±0.7,8±0.8,9±0.9,10±1.0,12±1.0,14±1.1,15±1.2,16±1.3,18±1.4,20±1.5,22±1.6,24±1.3,25±1.8,28±2.0,30±2.1,32±1.9,35±2.1,38±2.3,40±2.4
宽度:≥700
长度:≥1200</td></tr>
<tr><td>硬聚氯乙烯塑料地板砖</td></tr>
<tr><td>硬聚氯乙烯塑料板</td></tr>
<tr><td>高冲击强度硬聚氯乙烯板</td></tr>
</table>

3. 玻璃钢通风管道

(1)应注明玻璃钢通风管道名称、形状、规格、板材厚度。常见玻璃钢风管板材厚度应符合表 4-24 和表 4-25 的规定。

表 4-24　中、低压系统有机玻璃钢风管板材厚度　单位:mm

圆形风管直径 D 或矩形风管长边尺寸 b	壁　厚
$D(b)\leqslant 200$	2.5
$200<D(b)\leqslant 400$	3.2
$400<D(b)\leqslant 630$	4.0
$630<D(b)\leqslant 1000$	4.8
$1000<D(b)\leqslant 2000$	6.2

表 4-25　中、低压系统无机玻璃钢风管板材厚度　单位:mm

圆形风管直径 D 或矩形风管长边尺寸 b	壁　厚
$D(b)\leqslant 300$	2.5～3.5
$300<D(b)\leqslant 500$	3.5～4.5
$500<D(b)\leqslant 1000$	4.5～5.5
$1000<D(b)\leqslant 1500$	5.5～6.5
$1500<D(b)\leqslant 2000$	6.5～7.5
$D(b)>2000$	7.5～8.5

(2)应注明支架形式、材质。

(3)应注明接口形式。

4. 复合型风管

(1)应注明复合型风管的名称,如复合玻纤板风管、发泡复合材料风管。

(2)应注明复合型风管的材质,如金属、涂塑化纤织物、聚酯、聚乙烯、聚氯乙烯薄膜等。

(3)应注明复合型风管的形状、规格。塑料复合钢板规格见表 4-26。

表 4-26　塑料复合钢板规格　单位:mm

厚　度	宽　度	长　度
0.35、0.4、0.5、0.6、0.7	450	1800
	500	2000
0.8、1.0、1.5、2.0	1000	2000

(4)应注明接口形式。

(5)应注明支架的形式及材质。

5. 柔性软风管

(1)应注明风管的名称、材质、规格。

(2)应注明风管接头、支架形式、材质。

6. 弯头导流叶片

(1)应注明弯头导流叶片的名称、材质与规格。

(2)应注明弯头导流叶片的形式,如单片式、月牙式。

7. 风管检查孔

应注风管检查孔的名称、材质与规格。

8. 温度、风量测定孔

(1)应注明温度、风量测定孔的名称、材质与规格。

(2)应注明温度、风量测定孔的设计要求,如"所有的空调送风系统、排风系统的总送风、总排风管道上应装设测定孔,测定孔应装于直管段气流方向下游约 1/3 位置"。

五、工程量计算实例

【例 4-6】 如图 4-20 所示,某通风系统设计圆形渐缩风管均匀送风,采用 1mm 的镀锌钢板,风管直径为 $D_1=800\text{mm}$,$D_2=400\text{mm}$,风管中心线长度为 8m。计算圆形渐缩风管工程量。

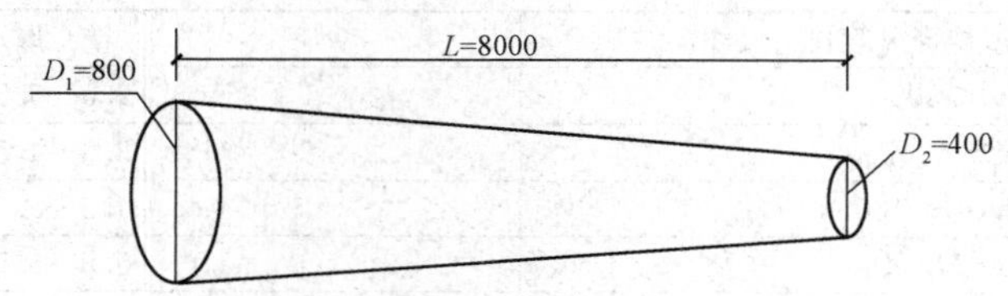

图 4-20　圆形渐缩风管示意图

【解】 碳钢通风管道工程量按设计图示内径以展开面积计算,即

$$碳钢通风管道工程量=3.14\times(0.8+0.4)\times\sqrt{(0.8-0.4)^2+8^2}=30.18\text{m}^2$$

【例 4-7】 如图 4-21 所示为正插碳钢三通通风管道示意图,试计算其工程量。

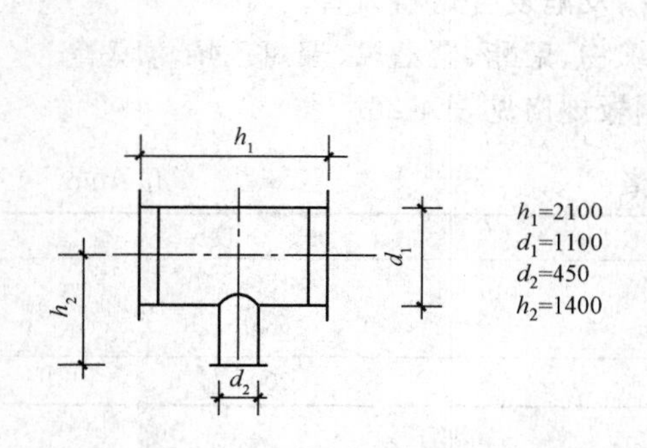

图 4-21　正插碳钢三通通风管道示意图

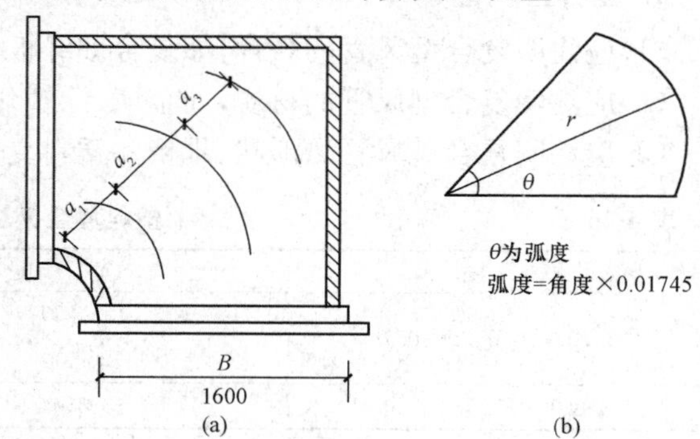

图 4-22　导流叶片

(a)导流叶片安装图;(b)导流叶片局部图

【解】 碳钢通风管道工程量按设计图示尺寸以展开面积计算,即

$$\begin{aligned}碳钢通风管道工程量&=\pi d_1h_1+\pi d_2h_2\\&=3.14\times(1.1\times2.1+0.45\times1.4)\\&=9.23\text{m}^2\end{aligned}$$

【例 4-8】 如图 4-22 所示为矩形弯头 320mm×1600mm 导流叶片,中心角 $\alpha=90°$,半径 $r=200\text{mm}$,导流叶片片数为 10 片,数量 1 组,试计算其工程量。

【解】 (1)以面积计量,弯头导流叶片工程量＝导流叶片弧长×弯头边长 B×片数＝3.14×90×0.2/180×1.60×10＝5.02m²

(2)以组计量,弯头导流叶片工程量＝1 组

【例 4-9】 某通风系统风管上装有 10 个风管检查孔。其中 5 个尺寸为 270mm×230mm,另 5 个尺寸为 520 mm× 480mm,试计算风管检查孔工程量。

【解】 (1)以千克计量,风管检查孔工程量＝风管检查孔质量。查标准质量表 T614 可知尺寸为 270mm × 230mm 的风管检查孔 1.68kg/个,安装 5 个,尺寸为 520mm×480mm 的风管检查孔 4.95kg/个,安装 5 个。则

风管检查孔工程量＝1.68×5＋4.95×5 ＝33.15kg

(2)以个计量,按不同规格以设计图示数量计算,则

270mm×230mm 风管检查孔工程量＝5 个

520mm×480mm 风管检查孔工程量＝5 个

第四节　通风管道部件制作安装

一、工程量清单项目设置

通风管道部件制作安装工程量清单项目设置见表 4-27。

表 4-27　　通风管道部件制作安装(编码:030703)

<table>
<tr><th>项目编码</th><th>项目名称</th><th>项目特征</th><th>计量单位</th><th>工程量计算规则</th><th>工作内容</th></tr>
<tr><td>030703001</td><td>碳钢阀门</td><td>1. 名称
2. 型号
3. 规格
4. 质量
5. 类型
6. 支架形式、材质</td><td rowspan="6">个</td><td rowspan="6">按设计图示数量计算</td><td>1. 阀体制作
2. 阀体安装
3. 支架制作、安装</td></tr>
<tr><td>030703002</td><td>柔性软风管阀门</td><td>1. 名称
2. 规格
3. 材质
4. 类型</td><td rowspan="5">阀体安装</td></tr>
<tr><td>030703003</td><td>铝蝶阀</td><td rowspan="2">1. 名称
2. 规格
3. 质量
4. 类型</td></tr>
<tr><td>030703004</td><td>不锈钢蝶阀</td></tr>
<tr><td>030703005</td><td>塑料阀门</td><td rowspan="2">1. 名称
2. 型号
3. 规格
4. 类型</td></tr>
<tr><td>030703006</td><td>玻璃钢蝶阀</td></tr>
</table>

续表

项目编码	项目名称	项目特征	计量单位	工程量计算规则	工作内容
030703007	碳钢风口、散流器、百叶窗	1. 名称 2. 型号 3. 规格 4. 质量 5. 类型 6. 形式	个	按设计图示数量计算	1. 风口制作、安装 2. 散流器制作、安装 3. 百叶窗安装
030703008	不锈钢风口、散流器、百叶窗	1. 名称 2. 型号 3. 规格 4. 质量 5. 类型 6. 形式			
030703009	塑料风口、散流器、百叶窗				
030703010	玻璃钢风口	1. 名称 2. 型号 3. 规格 4. 类型 5. 形式			风口安装
030703011	铝及铝合金风口、散流器				1. 风口制作、安装 2. 散流器制作、安装
030703012	碳钢风帽	1. 名称 2. 规格 3. 质量 4. 类型 5. 形式 6. 风帽筝绳、泛水设计要求			1. 风帽制作、安装 2. 筒形风帽滴水盘制作、安装 3. 风帽筝绳制作、安装 4. 风帽泛水制作、安装
030703013	不锈钢风帽				
030703014	塑料风帽				
030703015	铝板伞形风帽				1. 板伞形风帽制作、安装 2. 风帽筝绳制作、安装 3. 风帽泛水制作、安装
030703016	玻璃钢风帽				1. 玻璃钢风帽安装 2. 筒形风帽滴水盘安装 3. 风帽筝绳安装 4. 风帽泛水安装
030703017	碳钢罩类	1. 名称 2. 型号 3. 规格 4. 质量 5. 类型 6. 形式	个	按设计图示数量计算	1. 罩类制作 2. 罩类安装
030703018	塑料罩类				

续表

项目编码	项目名称	项目特征	计量单位	工程量计算规则	工作内容
030703019	柔性接口	1. 名称 2. 规格 3. 材质 4. 类型 5. 形式	m^2	按设计图示尺寸以展开面积计算	1. 柔性接口制作 2. 柔性接口安装
030703020	消声器	1. 名称 2. 规格 3. 材质 4. 形式 5. 质量 6. 支架形式、材质	个	按设计图示数量计算	1. 消声器制作 2. 消声器安装 3. 支架制作安装
030703021	静压箱	1. 名称 2. 规格 3. 形式 4. 材质 5. 支架形式、材质	1. 个 2. m^2	1. 以个计量，按设计图示数量计算 2. 以平方米计量，按设计图示尺寸以展开面积计算	1. 静压箱制作、安装 2. 支架制作、安装
030703022	人防超压自动排气阀	1. 名称 2. 型号 3. 规格 4. 类型	个	按设计图示数量计算	安装
030703023	人防手动密闭阀	1. 名称 2. 型号 3. 规格 4. 支架形式、材质			1. 密闭阀安装 2. 支架制作、安装
030703024	人防其他部件	1. 名称 2. 型号 3. 规格 4. 类型	个 （套）	按设计图示数量计算	安装

二、工程量清单编制说明

通风管道部件制作安装，包括各种材质、规格和类型的阀类制作安装、散流器制作安装、风口制作安装、风帽制作安装、罩类制作安装、消声器制作安装等项目。编制工程量清单时需要说明的问题如下：

(1)通风部件图纸要求制作安装，有的要求用成品部件只安装不制作，这类特征在工程量清单中应明确描述。

(2)碳钢阀门包括空气加热器上通阀、空气加热器旁通阀、网形瓣式启动阀、风管蝶阀、风管止回阀、密闭式斜插板阀、矩形风管三通调节阀、对开多叶调节阀、风管防火阀和各型风罩调节阀等。

(3)塑料阀门包括塑料蝶阀、塑料插板阀、各型风罩塑料调节阀。

(4)碳钢风口、散流器、百叶窗包括百叶风口、矩形送风口、矩形空气分布器、风管插板风口、旋转吹风口、圆形散流器、方形散流器、流线型散流器、送吸风口、活动箅式风口、网式风口、钢百叶窗等。

(5)碳钢罩类包括皮带防护罩、电动机防雨罩、侧吸罩、中小型零件焊接台排气罩、整体分组式槽边侧吸罩、吹吸式槽边通风罩、条缝槽边抽风罩、泥心烘炉排气罩、升降式回转排气罩、上下吸式圆形回转罩、升降式排气罩、手锻炉排气罩。塑料罩类包括塑料槽边侧吸罩、塑料槽边风罩、塑料条缝槽边抽风罩。

(6)柔性接口包括金属、非金属软接口及伸缩节。

(7)消声器包括片式消声器、矿棉管式消声器、聚酯泡沫管式消声器、卡普隆纤维管式消声器、弧形声流式消声器、阻抗复合式消声器、微穿孔板消声器、消声弯头。

三、工程项目说明

1. 碳钢阀门

碳钢阀门的制作与安装应符合下列要求：

(1)阀门的制作应牢固，调节和制动装置应准确、灵活、可靠，并标明阀门启闭方向。在实际的工程中经常出现阀门卡涩现象。空调系统停止运行一段时间后再使用时，阀门无法开启。如用强力扳动，会把手柄扳断。出现这种卡涩现象的主要原因是转轴采用碳钢制作，很容易生锈，而且安装时又未采取防腐措施。如果轴和轴承，两者至少有一件用铜或铜锡合金制造，情况会大有改善。

(2)应注意阀门调节装置要设在便于操作的部位，安装在高处的阀门也要使其操作装置处于离地面或平台1～1.5m处。

(3)阀门在安装完毕后，应在阀体外部明显地标出“开”和“关”方向及开启程度。对保温系统，应在保温层外面设法作标志，以便于调试和管理。

2. 柔性软风管阀门

柔性软风管阀门主要用于调节风量，平衡各支管送、回风口的风量及启动风机等。柔性软风管阀门的结构应牢固，启闭应灵活，阀体与外界相通的缝隙处应有可靠的密封措施。

柔性软风管阀门的安装与安装风管相同，安装时应注意下列问题：

(1)阀门安装的部位使阀件操纵装置要便于操作。

(2)阀门的气流方向不得装反。

(3)阀门的开闭方向、开启程度应在阀体上有明显和准确的标志。

3. 铝蝶阀

铝蝶阀是通风系统中最常见的一种风阀。

(1)阀体材质：铝合金。

(2)驱动形式：手动、电动、气动。

(3)产品特性。

1)采用先进的无销连接技术，结构坚固紧凑，蝶板具有(上下、左右)自动对中功能。

2)阀体与阀颈铝合金一体化具有超强的防止结露作用。质量超轻，特殊材料与先进压铸工艺制成的铝压铸蝶阀，能有效地防止结露、结灰、电腐蚀。

3)阀座法兰密封面采用大宽边、大圆弧的密封，使阀门适应套合式和焊接式法兰连接要求，适用任何标准法兰连接要求，使安装密封更简单易行。

4. 不锈钢蝶阀

不锈钢蝶阀具有良好的抗氧化性能，阀座可拆卸、免维护。阀体通径与管内径等径，开启时窄而呈流线型的阀板与流体方向一致，流量大而阻力小，无物料积聚。

5. 塑料阀门

塑料风管阀门安装应符合下列要求：

(1)安装前的检查。

1)核对阀门的型号规格与设计是否相符。

2)检查外观，察看是否有损坏，阀杆是否歪斜、灵活等。

3)按照管道工程施工规范，对阀门做强度试验和严密性试验。低压阀门抽检10%(至少一个)，高、中压和有毒、剧毒及甲乙类火灾危险物质的阀门应逐个进行试验。

4)阀门的强度试验压力应按表4-28进行。

表4-28　阀门的强度试验

公称压力 PN/MPa	试验压力/MPa	合格标准
≤32	1.5PN	试验时间不少于5min，壳体、填料无渗漏为合格
40	56	
50	70	
64	90	
80	100	
100	130	

注：1. PN<1MPa且DN≥600mm的闸阀可不单独进行强度试验，强度试验在管道系统试压时进行。

2. 对焊阀门强度试验可在系统试验时进行。

(2)阀门搬运时不允许随手抛掷，应按类别进行摆放。

(3)阀门吊装搬运时，钢丝绳不得拴在手轮或阀杆上，应拴在法兰处。

6. 玻璃钢蝶阀

玻璃钢蝶阀主要是以易腐蚀部件(如阀体、阀板等设计)为玻璃钢材料，玻璃钢部件所使用的纤维、纤维织物与树脂类型由蝶阀的工作条件确定。

玻璃钢蝶体的主体形状为直管状，其结构特点是以一段玻璃钢直管为基础，然后再增加法兰、密封环制造而成。这种蝶阀具有耐腐蚀能力强、成本低廉、制造工艺简单灵活等特点。

7. 风口、散流器

(1)风口、散流器的制作。

1)双层百叶送风口。双层百叶送风口由外框、两组相互垂直的前叶片和后叶片组成。

①外框制作：用钢板剪成板条，锉去毛刺，精确地钻出铆钉孔，然后用扳边机将板条扳成角钢形状，拼成方框，再检查外表面的平整度，与设计尺寸的允许偏差不应大于2mm；检查角方，要保证焊好后两对角线之差不大于3mm；最后将四角焊牢再检查一次。

②叶片制作：将钢板按设计尺寸剪成所需的条形，通过模具将两边冲压成所需的圆棱，然

后锉去毛刺，钻好铆钉孔，再把两头的耳环扳成直角。

③油漆或烤漆等各类防腐均在组装之前完成。

④组装时，不论是单层、双层，还是多层叶片，其叶片的间距应均匀，允许偏差为±0.1mm，轴的两端应同心，叶片中心线允许偏差不得超过3/1000，叶片的平行度不得超过4/1000。

⑤将设计要求的叶片铆在外框上，要求叶片间距均匀，两端轴中心应在同一直线上，叶片与边框铆接松紧适宜，转动调节时应灵活，叶片平直，同边框不得有碰擦。

⑥组装后，圆形风口必须做到圆弧度均匀，外形美观；矩形风口四角必须方正，表面平整、光滑。风口的转动调节机构灵活、可靠，定位后无松动现象。风口表面无划痕、压伤与花斑，颜色一致，焊点光滑。

2)散流器。散流器用于空调系统和空气洁净系统，它可分为直片型散流器和流线型散流器(图4-23)。直片型散流器形状有圆形和方形两种。内部装有调节环和扩散圈。调节环与扩散圈处于水平位置时，可产生垂直向下的气流流型，并可用于空气洁净系统。如调节环插入扩散圈内10mm左右时，使出口处的射流轴线与顶棚间的夹角小于50°，形成贴附气流，可用于空调系统。

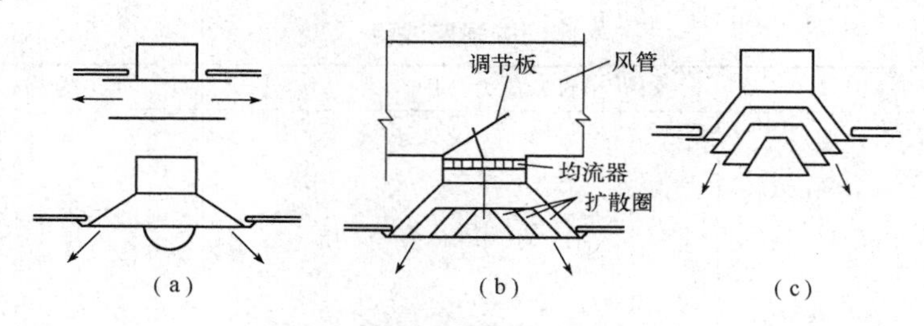

图4-23 散流器

(a)圆盘散流器；(b)圆形直片式散流器；(c)流线型散流器

制作散流器时，圆形散流器应使调节环和扩散圈同轴，每层扩散圈周边的间距一致，圆弧均匀；方形散流器的边线应平直，四角方正。

流线型散流器的叶片竖向距离可根据要求的气流流型进行调整，其适用于恒温恒湿空调系统的空气洁净系统。流线型散流器的叶片形状为曲线形，手工操作达不到要求的效果时，多采用模具冲压成型。目前，流线型散流器除按现行国家标准要求制作外，有的工厂已批量生产新型散流器，其特点是散流片整体安装在圆筒中，并可整体拆卸，散流片的上面还装有整流片和风量调节阀。

方形散流器宜选用铝型材；圆形散流器宜选用铝型材或半硬铝合金板冲压成型。

(2)风口、散流器安装。

1)对于矩形风口要控制两对角线之差不应大于3mm，以保证四角方正；对于圆形风口则控制其直径，一般取其中任意两互相垂直的直径，使两者的偏差不大于2mm，就基本上不会出现椭圆形状。

2)风口表面应平整、美观，与设计尺寸的允许偏差不应大于2mm。在整个空调系统中，风口是唯一外露于室内的部件，故对它的外形要求要高一些。

3)多数风口是可调节的，有的甚至是可旋转的，凡是有调节、旋转部分的风口都要保证活动件应轻便灵活，叶片应平直，同边框不应有碰擦。

4)在安装风口时，应注意风口与所在房间内线条的协调一致。尤其当风管安装时，风口应服从房间的线条。吸顶的散流器与平顶平齐。散流器的扩散圈应保持等距。散流器与总管的接口应牢固可靠。

8. 风帽

风帽是装在排风系统的末端，利用风压的作用，加强排风能力的一种自然通风装置，同时，可以防止雨雪落入风管内。在排风系统中一般使用伞形风帽、锥形风帽和筒形风帽(图 4-24)，向室外排出污浊空气。

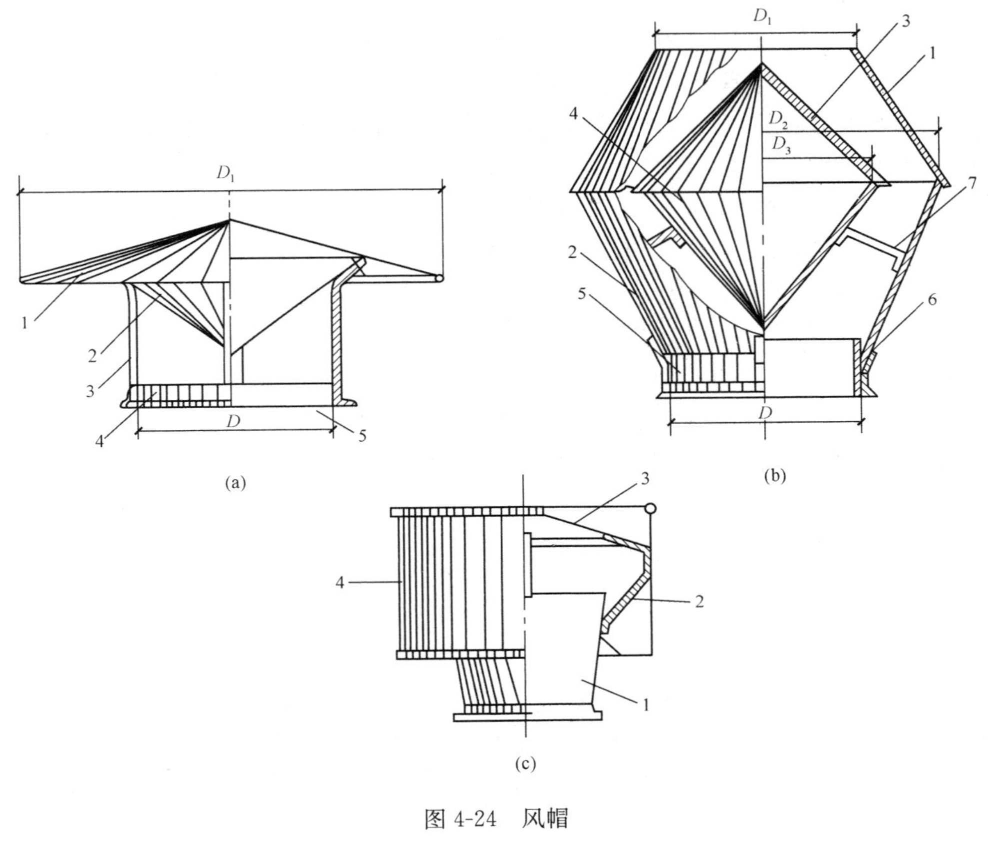

图 4-24 风帽

(a)伞形风帽

1—伞形帽；2—倒伞形帽；3—支撑；4—加固环；5—风管

(b)锥形风帽

1—上锥形帽；2—下锥形帽；3—上伞形帽；4—下伞形帽；5—连接管；6—外支撑；7—内支撑

(c)筒形风帽

1—扩散管；2—支撑；3—伞形罩；4—外筒

(1)伞形风帽。伞形风帽适用于一般机械排风系统。伞形罩和倒伞形帽可按圆锥形展开咬口制成。当通风系统的室外风管厚度与 T609 标准图所示风帽不同时，零件伞形帽和倒伞形帽可按室外风管厚度制作。伞形风帽按 T609 标准图所绘共有 17 个型号。支撑用扁钢制成，用以连接伞形帽。

(2)锥形风帽。锥形风帽适用于除尘系统。其中 D=200～1250mm,共 17 个型号。制作方法主要按圆锥形展开下料组装。

(3)筒形风帽。筒形风帽比伞形风帽多了一个外圆筒,在室外风力作用下,风帽短管处形成空气稀薄现象,促使空气从竖管排至大气,风力越大,效率就越高,因而适用于自然排风系统。筒形风帽主要由伞形罩、外筒、扩散管和支撑四部分组成。其中 D=200～1000mm,共 9 个型号。

伞形罩按圆锥形展开咬口制成。圆筒为一圆形短管,规格较小时,帽的两端可翻边卷钢丝加固;规格较大时,可用扁钢或角钢做箍进行加固。扩散管可按圆形大小头加工,一端用卷钢丝加固,另一端铆上法兰,以便与风管连接。

锥形风帽制作时,锥形风帽里的上伞形帽挑檐 10mm 的尺寸必须确保,并且下伞形帽与上伞形帽焊接时,焊缝与焊渣不允许露至檐口边,严防雨水流下时,从该处流到下伞形帽并沿外壁淌下造成漏水。组装后,内外锥体的中心线应重合,并且两锥体间的水平距离均匀,连接缝应顺水,下部排水应通畅。

挡风圈也可按圆形大小头加工,大口可用卷边加固,小口用手锤錾出 5mm 的直边和扩散管点焊固定。支撑用扁钢制成,用来连接扩散管、外筒和伞形帽。

风帽各部件加工完后,应刷好防锈底漆再进行装配。装配时,必须使风帽形状规整、尺寸准确,不歪斜,旋转风帽重心应平衡,所有部件应牢固。

9. 罩类

排气罩(图 4-25)是通风系统的局部排气装置,其形式很多,主要有密闭罩、外部排气罩、接受式局部排气罩、吹吸式局部排气罩四种基本类型,如图 4-26 所示。

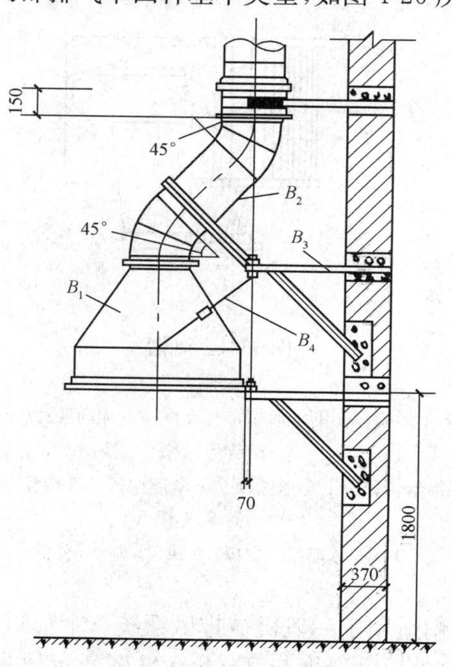

图 4-25　排气罩

B_1—圆回转罩;B_2—连接管;B_3—支架;B_4—拉杆

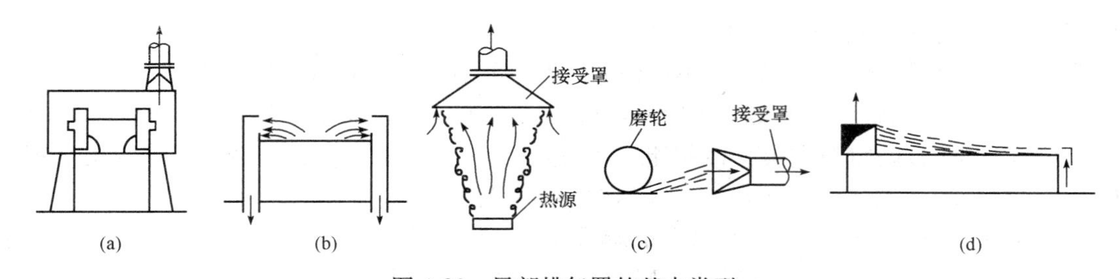

图 4-26　局部排气罩的基本类型

(a)密闭罩;(b)外部排气罩;(c)接受式局部排气罩;(d)吹吸式局部排气罩

密闭罩可分为带卷帘密闭罩和热过程密闭罩两种,如图 4-27 和图 4-28 所示。其通常用来把生产有害物的局部地点完全密闭起来。

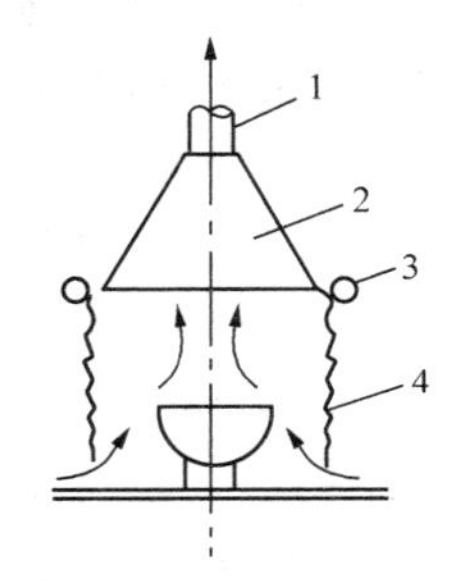

图 4-27　带卷帘密闭罩

1—烟道;2—伞形罩;3—卷绕装置;4—卷帘

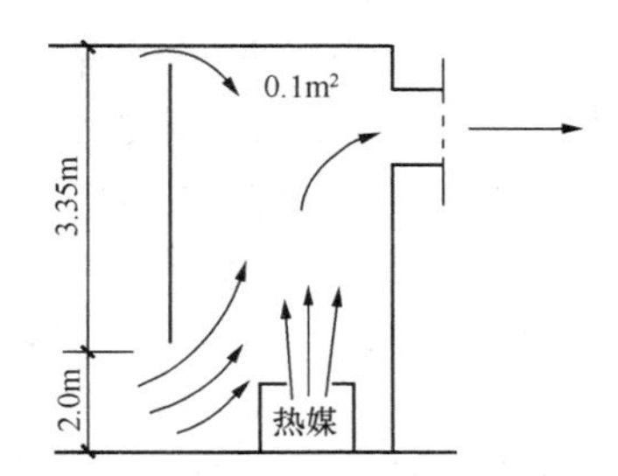

图 4-28　热过程密闭罩

(1)罩类的制作。

制作排气罩应符合设计或全国通用标准图集的要求,根据不同的形式展开画线,下料后进行机械或手动加工成型。其上各孔洞均采用冲制,连接件要选用与主料相同的标准件。各部件加工后,尺寸应正确,形状要规则,表面需平整光滑,外壳不得有尖锐的边缘,罩口应平整,制作尺寸应准确,连接处应牢固,其外壳不应有尖锐边缘。

对于带有回转或升降机构的排气罩,所有活动部件应动作灵活、操作方便。

(2)罩类安装。

1)各类吸尘罩、排气罩的安装位置应正确,牢固可靠,支架不得设置在影响操作的部位。

2)用于排出蒸汽或其他潮湿气体的伞形排气罩,应在罩口内边采取排凝结液体的措施。

3)罩子的安装高度对其实际效果影响很大,如果不按设计要求安装,将不能得到预期的效果。这一高度既要考虑不影响操作,又要考虑有效排除有害气体,其高度一般以罩的下口离设备上口小于或等于排气罩下口的边长最为合适。

4)局部排气罩不得有尖锐的边缘,其安装位置和高度不应妨碍操作。

5)局部排气罩因体积较大,故应设置专用支、吊架,并要求支、吊架平整,牢固可靠。

10. 柔性接口

柔性接口即指柔性短管,为了防止风机的振动通过风管传到室内引起噪声,所以,常在通风机的入口和出口处,装设柔性短管。

柔性短管用来将风管与通风机、空调机、静压箱等相连接,防止设备产生的噪声通过风管传入房间，并起伸缩和隔振的作用。

(1)安装柔性短管应松紧适当，不得扭曲。柔性短管长度一般在15～150mm范围内。

(2)制作柔性短管所用材料，一般为帆布和人造革。如果需要防潮，帆布短管应刷帆布漆，不得涂油漆，以防帆布失去弹性和伸缩性，起不到减振作用。输送腐蚀性气体的柔性短管应选用耐酸橡胶板或厚度为0.8～1mm的软聚氯乙烯塑料板制作。

(3)洁净风管的柔性短管。对洁净空调系统的柔性短管的连接要求，一是严密不漏；二是防止积尘。所以，在安装柔性短管时一般常用人造革、涂胶帆布、软橡胶板等。柔性短管在拼缝时要注意严密，以免漏风，另外还应注意光面朝里，安装时不能扭曲，以防集尘。

11. 消声器

(1)消声器制作。

1)消声器壳体制作。消声器外壳采用的拼接方法与漏风量有直接关系。若用自攻螺钉连接，则易漏风，必须采取密封措施；而采用咬接，不但可以增加强度，也可以减少漏风。所以，消声器的壳体应采用咬接较好。

在制作过程中，应注意有些形式的消声器是有方向要求的，故在制作完成后应在外壳上标明气流方向，以免安装时装错。

片式消声器的壳体，可用钢筋混凝土，也可用重砂浆砌体制成，壳的厚度按结构需要由设计决定。

2)消声器框架制作。消声器的框架用角钢框、木框和铁皮等制作。无论用何种材料，都必须固定牢固，有些消声器如阻抗式、复合式、蜂窝式等在其迎风端还需装上导流板。

共振腔是共振性消声器的共振结构之一，每一个共振结构都具有一定的固有频率，由孔径、孔颈厚和共振腔(空腔)的组合所决定。

3)消声片单体安装。在有较高消声要求的大型空调系统中，消声器的规格尺寸较大，一般做成单片，安装于处理室的消声段。消声片要有规则的排列，要保持片距的正确，才能达到较好的消声效果。上下两端装有固定消声片的框架，要求安装不能松动，以免产生噪声。

(2)消声器安装。

消声器、消声弯头的制作可参照风管的制作方法。关于阻性消声器的消声片和消声壁，抗性消声器的膨胀腔，共振性消声器中的穿孔板孔径和穿孔率、共振控，阻抗复合式消声器中的消声片、消声壁和膨胀腔等有特殊要求的部位应参照设计和标准图进行制作加工、组装。消声器的安装要求：

1)消声器等消声设备运输时，不得有变形现象和过大振动，避免外界冲击破坏消声性能。

2)消声器在安装前应检查支、吊架等固定件的位置是否正确，预埋件或膨胀螺栓是否安装牢固、可靠。支、吊架必须保证所承担的荷载。消声器、消声弯管应单独设支架，不得由风管来支撑。

3)消声器支、吊架的横托板穿吊杆的螺孔距离，应比消声器宽40～50mm。为了便于调节标高，可在吊杆端部套50～80mm的丝扣，以便找平、找正，并加双螺帽固定。

4)消声器的安装方向必须正确，与风管或管件的法兰连接应保证严密、牢固。

5)当通风、空调系统有恒温、恒湿要求时，消声器等消声设备外壳与风管同样做保温处理。

6)消声器安装就位后，可用拉线或吊线、尺量的方法进行检查，对位置不正、扭曲、接口不齐等不符合要求部位进行修整，达到设计和使用的要求。

12. 静压箱

静压箱是送风系统减少动压、增加静压、稳定气流和减少气流振动的一种必要的配件，它可使送风效果更加理想。

静压箱的作用如下：

（1）可以把部分动压变为静压使风吹得更远。

（2）可以降低噪声。

（3）风量均匀分配。

静压箱可用来减少噪声，又可获得均匀的静压出风，减少动压损失，而且还具有万能接头的作用。把静压箱很好地应用到通风系统中，可提高通风系统的综合性能。

13. 自动排气阀

自动排气阀是用于超压排风的一种通风设备。暖通空调系统在运行过程中，水在加热时释放的气体如氢气、氧气等带来的众多不良影响会损坏系统及降低热效应，这些气体如不能及时排掉会产生很多不良后果。诸如：由氧化导致的腐蚀；散热器里气袋的形成；热水循环不畅通、不平衡，使某些散热器局部不热；管道带气运行时的噪声；循环泵的涡空现象。所以，系统中的废气必须及时排出，由此可见运用自动排气阀的重要作用。

（1）自动排气阀的结构组成。自动排气阀由阀体、阀杆、浮筒及防尘帽组成，如图 4-29 所示。

（2）自动排气阀工作原理。当系统中有气体溢出时，气体会顺着管道向上爬，最终聚集在系统的最高点，而自动排气阀一般都安装在系统最高点。当气体进入排气阀阀腔聚集在排气阀的上部，随着阀内气体的增多，压力上升，当气体压力大于系统压力时，气体会使腔内水面下降，浮筒随水位一起下降，打开排气口，气体排尽后，水位上升，浮筒也随之上升，关闭排气口。同理，当系统中产生负压，阀腔中水面下降，排气口打开，由于此时外界大气压力比系统压力大，所以，大气会通过排气口进入系统，防止负压的危害，如拧紧排气阀阀体上的阀帽，自动排气阀停止排气，通常情况下，阀帽应该处于开启状态。

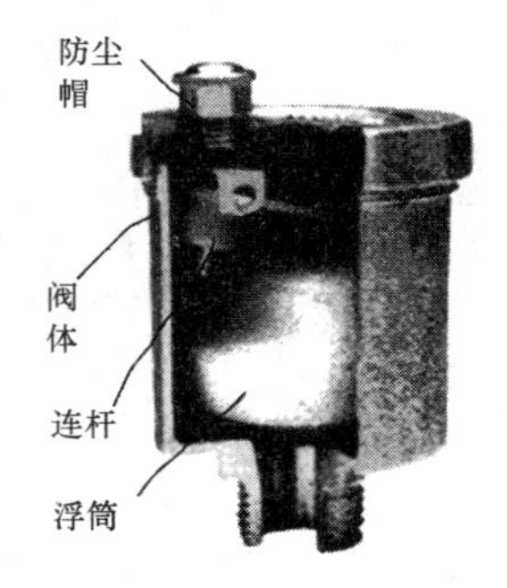

图 4-29　自动排气阀结构示意图

（3）自动排气阀安装。排气阀必须垂直安装，必须保证阀体内浮筒处于竖直状态，不能水平或倒立安装。由于气体密度比水小，会沿着管道一直爬到系统最高点并聚集在此，为了提高排气效率，排气阀一般都安装在系统的最高点。为了便于检修，排气阀一般跟隔断阀一起使用，这样拆卸排气阀时不需要关停系统。

排气阀安装好后必须拧松黑色的防尘帽才能排气，但不能完全取掉，万一发生排气阀漏水，可拧紧防伞帽。

14. 人防手动密闭阀

手动杠杆式密闭阀门用于全开或全关的场合，手动双连杆密闭阀门除有启闭作用外，还有适量调节风量的功能。

人防手动密闭阀门可安装在水平或垂直的管道上，应保证操作、维修或更换方便。安装方法详见国家建筑标准设计《人民防空地下室设计规范》(GB 50038—2005)中手动密闭阀门安装的相关内容或生产厂家所提供的技术资料。安装前应存放在室内干燥处，使阀门板处于关闭位置，橡胶密封面上不允许染有任何油脂性物质，以防腐蚀。壳体密封面上必须涂防锈漆。

人防密闭阀力图减弱室外压力冲击波对人防密闭防护区内的人员至最小伤及程度，其安装方向就是室外到室内，即与压力冲击波方向是同轴向。人防密闭阀的安装方向只关联压力冲击波方向，其与人防送排风系统气流方向没有必然的关系。但从安装结果可以看出如下表征现象：人防密闭阀的安装方向也和压力冲击波方向与送风系统的气流是同向的，而与排风系统的气流是反向的。

四、工程项目描述提示

1. 阀门

(1)阀门应说明名称、类型、规格，如蝶阀、止回阀、密闭式斜插板阀、对开多叶调节阀等。

(2)碳钢阀门应说明型号、质量、支架形式、材质；柔性软风管阀门应说明材质；铝蝶阀、不锈钢蝶阀应说明质量；塑料阀门、玻璃钢蝶阀应说明型号。

2. 风口、散流器、百叶窗

(1)应注明名称、型号。风口型号表示方法如图 4-30 所示。

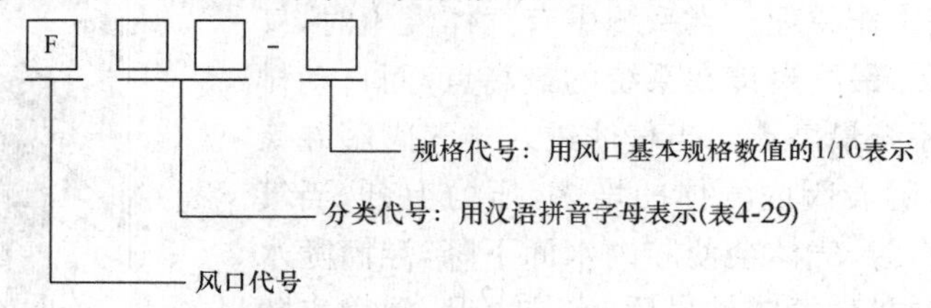

图 4-30　风口型号表示方法

表 4-29　分类代号表

序　号	风 口 名 称	分类代号	序　号	风 口 名 称	分类代号
1	单层百叶风口	DB	10	条缝风口	TF
2	双层百叶风口	SB	11	旋流风口	YX
3	圆形散流器	YS	12	孔板风口	KB
4	方形散流器	FS	13	网板风口	WB
5	矩形散流器	JS	14	椅子风口	YZ
6	圆盘形散流器	PS	15	灯具风口	DZ
7	圆形喷口	YP	16	箅孔风口	BK
8	矩形喷口	JP	17	格栅风口	KS
9	球形喷口	QP			

(2)应注明规格、类型。风口基本规格用颈部尺寸(指与风管的接口处)表示，见表 4-30。

表 4-30　　方、矩形风口规格代号　　单位:mm

高度 H \ 宽度 W	120	160	200	250	320	400	500	630	800	1000	1250
120	1212	1612	2012	2512	3212	4012	5012	6312	8012	10012	
160		1616	2016	2516	3216	4016	5016	6316	8016	10016	12516
200			2020	2520	3220	4020	5020	6320	8020	10020	12520
250				2525	3225	4025	5025	6325	8025	10025	12525
320					3232	4032	5032	6332	8032	10032	12532
400						4040	5040	6340	8040	10040	12540
500							5050	6350	8050	10050	12550
630								6363	8063	10063	12563

注:散流器基本规格可按相等间距数 50mm、60mm、70mm 排列。

(3)应注明形式。风口主要形式有双层百叶送风口、插板式风口、活动算板式风口、高效过滤器送风口、旋转式风口、球形风口,如图 4-31～图 4-36 所示。

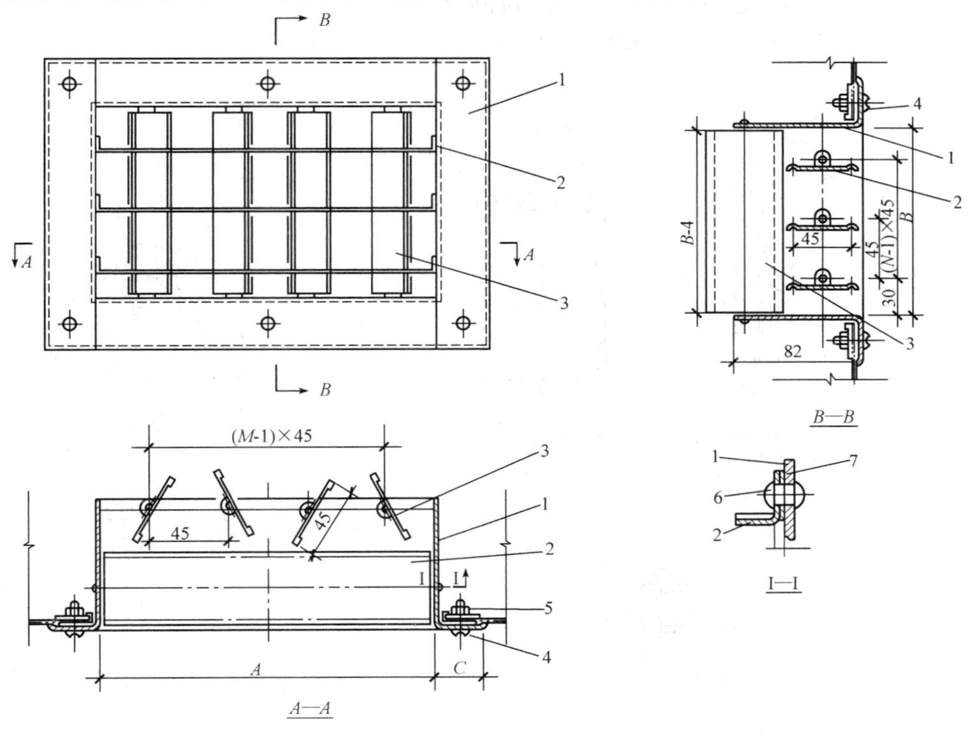

图 4-31　双层百叶送风口

1—外框;2—前叶片;3—后叶片;4—半圆头螺钉(AM5×15);5—螺母(AM5);6—铆钉(4×8);7—垫圈

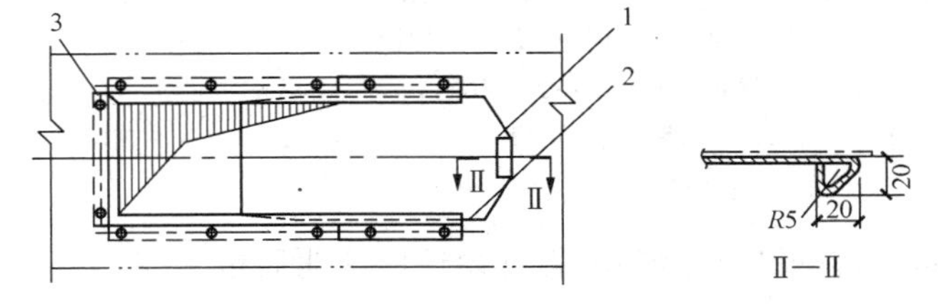

图 4-32　插板式送吸风口

1—插板;2—导向板;3—挡板

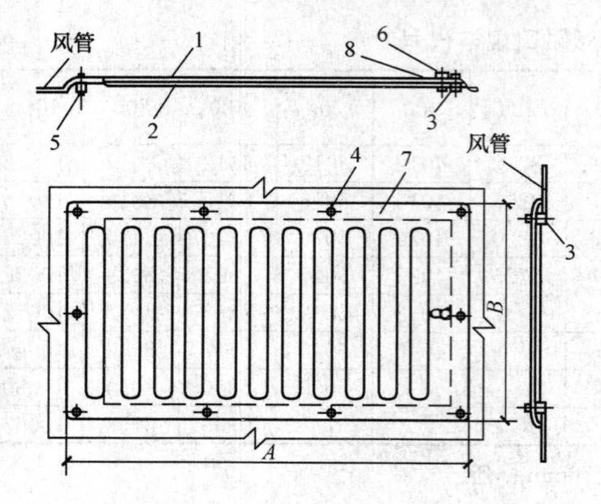

图 4-33　活动箅板式回风口

1—外箅板；2—内箅板；3—连接框；4—半圆头螺钉；5—平头铆钉；6—滚花螺母；7—光垫圈；8—调节螺栓

A 回风口长度；B 回风口宽度，按设计决定

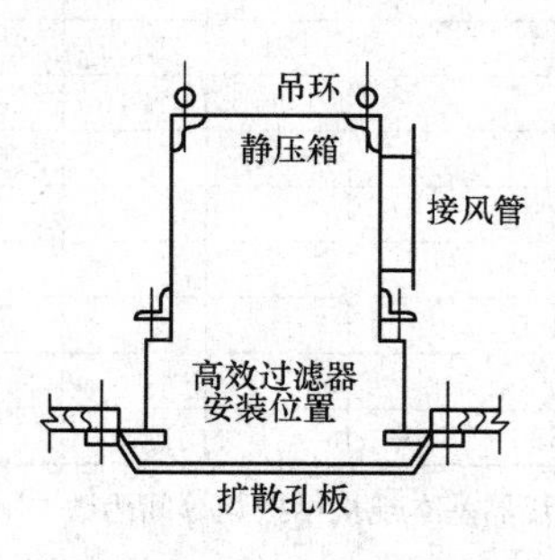

图 4-34　高效过滤器送风口

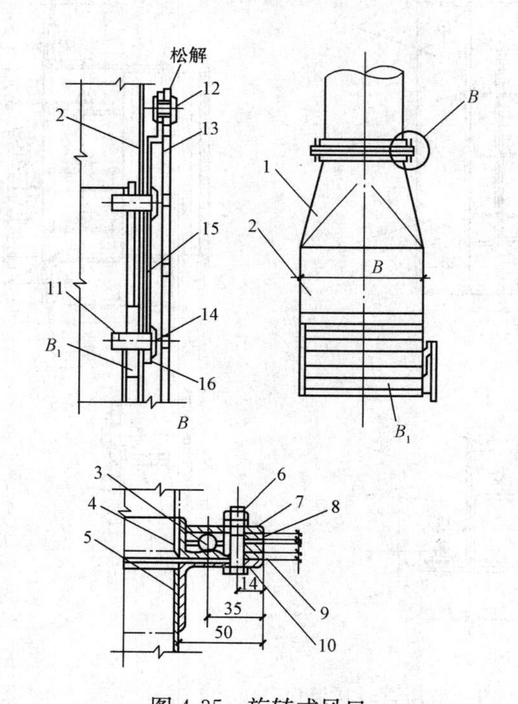

图 4-35　旋转式风口

1—异径管；2—风口壳体；3—钢球；4—法兰；5—法兰；6—螺母；7—压板；8—垫圈；9—固定压板；10—螺栓；11—开口销；12—铆钉；13—拉杆；14—销钉；15—摇臂；16—垫圈；B_1—叶栅

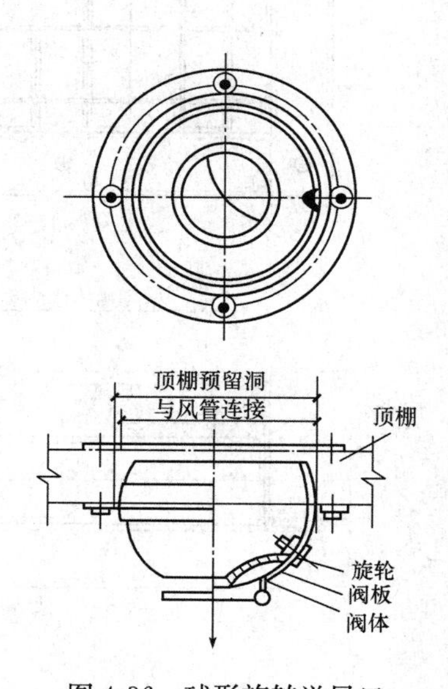

图 4-36　球形旋转送风口

(4)碳钢、不锈钢、塑料风口、散流器、百叶窗还应注明质量。

3. 风帽

风帽应注明名称、类型、规格、质量、形式，以及风帽筝绳、泛水设计要求，如圆伞形风帽、锥形风帽、筒形风帽等。

4. 罩类

罩类应注明名称、型号、规格、质量、类型、形式，如皮带防护罩、电机防雨罩、侧吸罩等。

5. 柔性接口

柔性接口应注明名称、规格、材质、类型及形式，如帆布、人造革。

6. 消声器

消声器应注明名称，规格，材质，形式，质量，支架形式、材质，如片式消声器、阻抗式消声器等。

7. 静压箱

静压箱应注明名称，规格，形式，材质，支架形式、材质，如碳钢、玻璃钢等，并应注明其规格。

8. 人防超压自动排气阀

人防超压自动排气阀应注明名称、型号、规格、类型。

9. 人防手动密闭阀

人防手动密闭阀应注明名称，型号，规格、支架形式、材质。

五、工程量计算实例

【例 4-10】 如图 4-37 所示为风管，计算 $\phi160$ 的圆形散流器工程量。

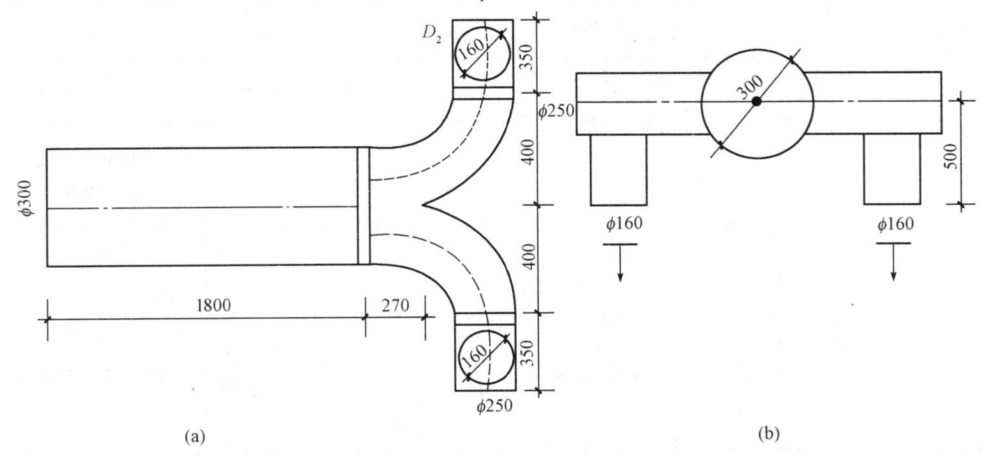

图 4-37　风管

(a)平面图；(b)立面图

【解】 散流器工程量按图示数量以个计算，即

$\phi160$ 的圆形散流器工程量＝2 个

【例 4-11】 如图 4-38 所示为矩形风帽泛水示意图，试计算其工程量。

【解】 风帽工程量按图示数量以个计算，即

风帽工程量＝1 个

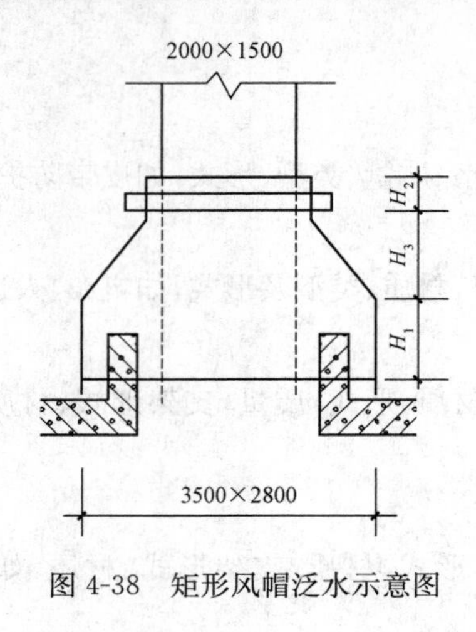

图 4-38　矩形风帽泛水示意图

第五节　通风工程检测、调试

一、工程量清单项目设置

通风工程检测、调试工程量清单项目设置见表 4-31。

表 4-31　　通风工程检测、调试(编码:030704)

项目编码	项目名称	项目特征	计量单位	工程量计算规则	工作内容
030704001	通风工程检测、调试	风管工程量	系统	按通风系统计算	1. 通风管道风量测定 2. 风压测定 3. 温度测定 4. 各系统风口、阀门调整
030704002	风管漏光试验、漏风试验	漏光试验、漏风试验、设计要求	m^2	按设计图纸或规范要求以展开面积计算	通风管道漏光试验、漏风试验

二、工程项目说明

(一)通风工程检测、调试

1. 通风管道风量测定

通风管道的风量测定方法一般包括以下步骤:

(1)测定截面位置的确定。为保证测量结果的准确性和可靠性,测定截面的位置原则上应选择在气流比较均匀稳定的部位。一般选择在产生局部阻力(如风阀、弯头、三通等)部位之后 4～5 倍管径处(或风管大边尺寸)，以及产生局部阻力部件之前 1.5～2 倍管径(或风管大边尺寸)的直管段上，如图 4-39 所示。一般系统有时难以找到符合上述条件的截面，应根据实际情况做适当的变动。

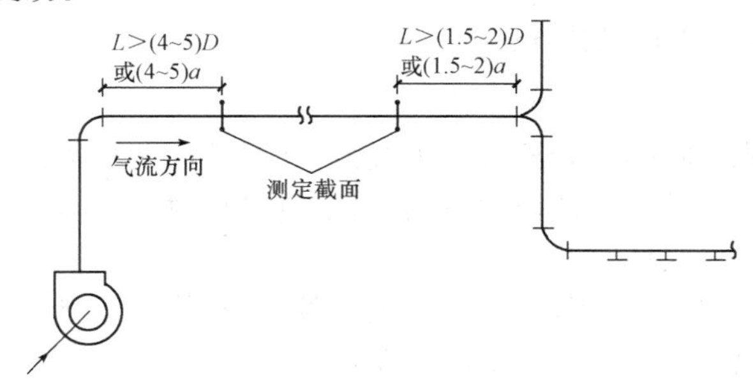

图 4-39　测量断面位置示意图

a—风管大边；D—风管直径

(2)测定截面内测点位置的确定。

由于风管截面上各点的气流速度是不相等的，应测量许多点求其平均值。测定截面内测点的位置和数目，主要是按风管形状和尺寸而定。

1)矩形截面测点的位置。可将风管截面划分为若干个相等的小截面，并使各小截面尽可能接近于正方形，其截面不得大于 $0.05m^2$，测点位于各小截面的中心处。至于测点开在风管的大边或小边，视现场情况而定，以方便操作为原则。

2)圆形截面测点的位置。根据管径的大小，将截面分成若干个面积相等的同心圆环，每个圆环测量 4 个点，而且这 4 个点必须位于互相垂直的 2 条直径上，所划分的圆环数，可按表 4-32选用。

表 4-32　圆形风管的分环数

风管直径 D/mm	≤200	200～400	400～700	>700
划分环数 n	3	4	5	5～6

各测点距风管中心的距离按下式计算：

$$R_n = R\sqrt{(2n-1)/2m}$$

式中　R——风管的半径(mm)；

n——自风管中心算起测点顺序(即圆环顺序)号；

R_n——从风管中心到第 n 个测点的距离(mm)；

m——风管划分的圆环数。

(3)风速的测定。测定管道内风速常用直读式方法，常用的直读式测速仪是热球式热电风速仪。这种仪器的传感器是一球形测头，其中为镍铬丝弹簧圈，用低熔点的玻璃将其包成球状。弹簧圈内有一对镍铬——康铜热电偶，用以测量球体的升温程度，测头用电加热。由于测头的加热量集中在球部，只需较小的加热流(约 30mA)就能达到升温的要求。测头的升温会受到周围空气流速的影响，根据升温的大小，即可测出气流的速度。

(4)风管内风量的计算。平均风速确定后，通过风管截面面积的风量可按下式计算：

$$L=3600F\cdot V$$

式中　L——通过风管截面风量(m^3/h)；

F——风管截面面积(m^2)；

V——测定截面内平均风速(m/s)。

2. 风压测定

测试前，将仪器调整水平，检查液柱有无气泡，并将液面调至零点，然后根据测定内容用橡皮管将测压管与压力计连接。测压时，毕托管的管嘴要对准气流流动方向，其偏差不大于5°，每次测定要反复3次，取平均值。

(1)风压的确定。一般情况下，通风机压出段的全压、静压均是正值；通风机吸入段的全压、静压均是负值；而动压则无论是压出段和吸入段均是正值。

压力计算公式如下：

$$P_q=P_j+P_d$$

式中　P_q——全压(Pa)；

P_j——静压(Pa)；

P_d——动压(Pa)。

(2)平均压力的确定。测定截面的平均全压、平均静压、平均动压的值为各测点全压、静压、动压的和除以测点总数，即：

$$P=(P_1+P_2+\cdots+P_n)/n$$

式中　n——测点总数(个)；

$P_1,P_2,\cdots,P_n$——测定截面上各测点的压力值(Pa)。

3. 温度测定

(1)根据温度和相对湿度波动范围，应选择相应的具有足够精度的仪表进行测定。每次测定间隔不应大于30min。

(2)室内测点布置。

1)送回风口处。

2)恒温工作区具有代表性的地点(如沿着工艺设备周围布置或等距离布置)。

3)没有恒温要求的洁净室中心。

4)测点一般应布置在距外墙表面大于0.5m，离地面0.8m的同一高度上；也可以根据恒温区的大小，分别布置在离地不同高度的几个平面上。

(3)测点数应符合表4-33的规定。

表4-33　　温度测点数

波动范围	室面积≤$50m^2$	每增加$20\sim50m^2$
$\Delta t=\pm0.5\sim\pm2$℃ $\Delta RH=\pm5\%\sim\pm10\%$	5个	增加3～5个
$\Delta t\leqslant\pm0.5$℃ $\Delta RH\leqslant\pm5\%$	点间距不应大于2m，点数不应少于5个	

(4)有恒温、恒湿要求的洁净室。室温波动范围按各测点的各次温度中偏差控制点温度的最大值占测点总数的百分比整理成累积统计曲线。如 90%以上测点偏差值在室温波动范围内为符合设计要求;反之,为不合格。

区域温度以各测点中最低的一次测试温度为基准,各测点平均温度与超偏差值的点数,占测点总数的百分比整理成累积统计曲线,90%以上测点所达到的偏差值为区域温差,应符合设计要求。相对温度波动范围可按室温波动范围的规定执行。

4. 各系统风口、阀门调整

为了减少送风系统与回风系统同时开启给风量调整带来的干扰,对于非空气洁净系统,在调整时可暂时不开送风机而只开启回风机,即先调整系统的回风量。可将空调房间的门、窗打开,以使室外空气向室内补充。对于有净化要求的空调系统,则不可使用开启门窗向洁净室内补充空气的方法。在回风系统调整基本达到平衡后,可关闭空调房间的门窗,启动送风系统,待空调系统中的送、回风系统均投入运行后再对送风系统进行调整。

在平衡调整空调系统中的风量时,根据风管的大小,往往要在风管断面上确定一些测点,测定风管断面上的各个测点且取其平均值作为该断面上的风速,以计算通过该断面的空气流量。此时,往往用风管上的风量调节阀几次、十几次、甚至几十次地调整通过该断面上的空气流量方能达到或接近于设计值,耗费较多的时间。在对通过风管路中的风量进行风量测定调整时,可以采用下述较为简易的方法:

由流体力学可知,空气在管路中流动的断面速度如图 4-40 所示。流体在管路中流动时,贴近风管的壁面处,空气的流动速度接近于 0;在位于风管的中心点上,空气的流动速度为最大。由图 4-40 可知,空气流过圆管时,其管内的速度分布近似于抛物线。因此,在对风管内的空气流速进行测定时,可将风速仪的测头或毕托管的测头置于接近断面平均风速点的位置上,而后调节风管路上的调节阀,使实测点位置上的风速等于或接近设计要求值,再测定风管断面上各点的风速。这样风量平衡时,可以避免反复、多次调节风量调节阀的开度,加快调试的进程。

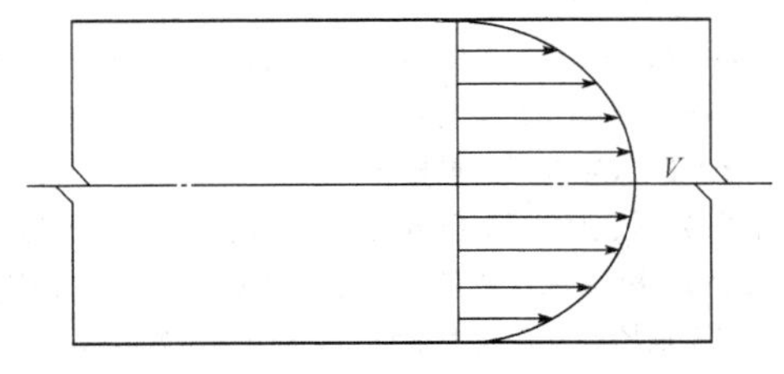

图 4-40　流体在管路中流动时的速度断面图

调整通风、空调系统中的风量常用的方法有:等比流量分配法、基准风口法和逐段分支调整法。由于每种方法都有其适应性,因此,应根据调试对象的具体情况,采取相应的方法进行调整,从而达到既节约时间又加快调试的目的。

5. 净化空调系统调试

净化空调系统调试,首先进行系统风量(及单向流洁净室平均速度)调试,然后进行洁净室压力调试,再进行洁净度、噪声、温湿度等参数的测定调整,见表 4-34。

表 4-34 **净化空调系统调试**

序号	项目	内容
1	自动调节系统的试验调整	自动调节系统的试验调整工作有以下内容： (1)安装后的接线或接管检查。 1)核对传感器、调节器、检测仪表(二次仪表)、调节执行机构的型号规格，以及安装的部位是否与设计图纸上的要求相符。 2)根据接线图对控制盘下端子的接线进行校对。 3)根据控制原理图和盘内接线图，对上端子的盘内接线进行校对。 (2)自动调节装置的性能检验。 1)传感器的性能试验。 2)调节器和检测仪表的刻度校验及动作试验与调整。 3)调节阀和其他执行机构的调节性能、全行程距离、全行程时间的试验与调整。 (3)系统联动试验。在对系统安装后的接线检查和自动调节装置性能检验之后，在自动调节系统未投入联动之前，应先进行模拟实验，以校验系统的动作是否达到设计要求。确认无误时，才可进行自动调节系统联动，并检查合格后投入系统工作。 (4)调节系统性能试验与调整。空调自动调节系统投入运行后，应查明影响系统调节品质的因素，进行系统正常运行效果的分析，并判断能否达到预期的效果
2	洁净室内高效过滤器的泄漏检测	高效过滤器的泄漏，是由于过滤器本身或过滤器与框架、框架与围护结构之间的泄漏。因此，过滤器安装在 5 级或高于 5 级的洁净室都必须检测。洁净室效果测定，其泄漏检测是基础。只有被测对象确认无泄漏，其测定结果才有意义。 对于安装在送、排风末端的高效过滤器，应用扫描法对过滤器边框和全断面进行检测。扫描法包括检漏仪法(浊度计)和采样量大于 1L/min 的粒子计数器法两种。对于超级高效过滤器，扫描法有凝结核计数器法和激光计数器法两种。 (1)被检测过滤器已测定过风量，在设计风量的 80%～120%之间。 (2)采用粒子计数器检测时，其上风侧应引入均匀浓度的大气尘或其他气溶胶空气。对大于等于 0.5μm 尘粒，浓度应大于或等于 3.5×10^5pc/m³；对大于等于 0.1μm 尘粒，浓度应大于或等于 3.5×10^7pc/m³；如检测超级高效过滤器，对大于等于 0.1μm 尘粒，浓度应大于或等于 3.5×10^9pc/m³。 (3)检测时将计数器的等动力采样头放在过滤器的下风侧，距离过滤器被检部位表面20～30mm，以 5～20mm/s 的速度移动，沿其表面、边框和封头胶处扫描。在移动扫描中，对计数突然递增的部位，应进行定点检测。 (4)将受检高效过滤器下风侧测得的泄漏浓度换算成透过率，高效过滤器透过率不能大于出厂合格透过率的 2 倍；超级高效过滤器透过率不能大于出厂合格透过率的 3 倍。 (5)在施工现场如发现有泄漏部位，可用 KS 系列密封胶、硅胶堵漏密封
3	室内气流组织的测定	洁净室内气流组织测定是在空调系统风量调整后以及空调机组正常运转情况下进行的。 (1)测点布置。垂直单向流(层流)洁净室选择纵、横剖面各一个，以及距地面高度 0.8m、1.5m 的水平面各一个；水平单向流(层流)洁净室选择纵、横剖面和工作区高度水平面各一个，以及距送、回风墙面 0.5m 和房间中心处等 3 个横剖面，所有面上的测点间距均为 0.2～1m。 乱流洁净室选择通过代表性送风口中心的纵、横剖面和工作区高度的水平面各一个，剖面上测点间距为 0.2～0.5m，水平面上测点间距为 0.5～1m。两个风口之间的中线上应有测点。 (2)测定方法。用发烟器或悬挂单线丝线的方法逐点观察和记录气流流向，并在有测点布置的剖面图上标出流向

(二)风管漏光试验、漏风试验

1. 管道漏光试验

管道漏光检测是利用光线对小孔的强穿透力，对系统风管严密程度进行检测。通风管道漏光检测时，光源可置于风管内侧或外侧，但其相对侧应为黑暗环境。检测光源应沿着被检测接口部位与接缝作缓慢移动，在另一侧进行观察，当发现有光线射出，则说明查到明显漏风处，并应做好记录。漏光法检测如图 4-41 所示。

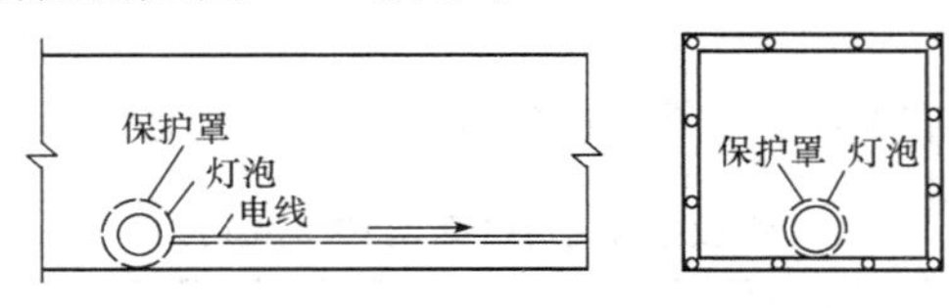

图 4-41　漏光法检测示意图

漏风处如在风管的咬口缝、铆钉孔、翻边四角处，可涂密封胶或采取其他密封措施；如在法兰接缝处漏风，根据实际情况紧固螺母或更换法兰密封垫片。

对系统风管的检测，可采用分段检测、汇总分析的方法。在严格安装质量管理的基础上，系统风管的检测以总管和干管为主。低压系统风管采用漏光法检测时，以每 10m 接缝的漏光点不大于 2 处，且 100m 接缝平均不大于 16 处为合格；中压系统风管，每 10m 接缝的漏光点不大于 1 处，且 100m 接缝平均不大于 8 处为合格。

2. 漏风试验

漏风量测试装置应采用经检验合格的专用测量仪器，正压或负压风管系统与设备的漏风量测试，分正压试验和负压试验两类。一般可采用正压条件下的测试来检验。风管系统漏风量测试可以整体或分段进行。测试时，被测系统的所有开口均应封闭，不应漏风。

低压系统风管的严密性检验，一般按漏光法进行检验，也可直接采用漏风量测试；中压、高压系统风管的严密性检验，应按漏风量试验方法进行漏风量测试。

金属矩形风管漏风量允许值见表 4-35。

表 4-35　金属矩形风管漏风量允许值

序号	项　目	允许值/[$m^3/(h \cdot m^2)$]
1	低压系统风管($P \leqslant 500Pa$)	$Q \leqslant 0.1056P^{0.65}$
2	中压系统风管($500 < P \leqslant 1500Pa$)	$Q \leqslant 0.0352P^{0.65}$
3	高压系统风管($1500 < P \leqslant 3000Pa$)	$Q \leqslant 0.0117P^{0.65}$

三、工程项目描述提示

1. 通风工程检测、调试

通风工程检测、调试应描述风管工程量。

2. 风管漏光试验、漏风试验

应注明漏光试验、漏风试验设计要求。

第六节　通风空调工程措施项目

一、专业措施项目

专业措施项目工程量清单项目设置、工作内容及包含范围，应接表4-36的规定执行。

表4-36　专业措施项目(编码:031301)

项目编码	项目名称	工作内容及包含范围
031301001	吊装加固	1. 行车梁加固 2. 桥式起重机加固及负荷试验 3. 整体吊装临时加固件，加固设施拆除、清理
031301002	金属抱杆安装、拆除、移位	1. 安装、拆除 2. 位移 3. 吊耳制作安装 4. 拖拉坑挖埋
031301003	平台铺设、拆除	1. 场地平整 2. 基础及支墩砌筑 3. 支架型钢搭设 4. 铺设 5. 拆除、清理
031301004	顶升、提升装置	安装、拆除
031301005	大型设备专用机具	
031301006	焊接工艺评定	焊接、试验及结果评价
031301007	胎(模)具制作、安装、拆除	制作、安装、拆除
031301008	防护棚制作安装拆除	防护棚制作、安装、拆除
031301009	特殊地区施工增加	1. 高原、高寒施工防护 2. 地震防护
031301010	安装与生产同时进行施工增加	1. 火灾防护 2. 噪声防护
031301011	在有害身体健康环境中施工增加	1. 有害化合物防护 2. 粉尘防护 3. 有害气体防护 4. 高浓度氧气防护

续表

项目编码	项目名称	工作内容及包含范围
031301012	工程系统检测、检验	1. 起重机、锅炉、高压容器等特种设备安装质量监督检验检测 2. 由国家或地方检测部门进行的各类检测
031301013	设备、管道施工的安全、防冻和焊接保护	保证工程施工正常进行的防冻和焊接保护
031301014	焦炉烘炉、热态工程	1. 烘炉安装、拆除、外运 2. 热态作业劳保消耗
031301015	管道安拆后的充气保护	充气管道安装、拆除
031301016	隧道内施工的通风、供水、供气、供电、照明及通信设施	通风、供水、供气、供电、照明及通信设施安装、拆除
031301017	脚手架搭拆	1. 场内、场外材料搬运 2. 搭、拆脚手架 3. 拆除脚手架后材料的堆放
031301018	其他措施	为保证工程施工正常进行所发生的费用

注：1. 由国家或地方检测部门进行的各类检测，指安装工程不包括的属经营服务性项目，如通电测试、防雷装置检测、安全、消防工程检测、室内空气质量检测等。

2. 脚手架按《通用安装工程工程量计算规范》(GB 50856—2013)各附录分别列项。

3. 其他措施项目必须根据实际措施项目名称确定项目名称，明确描述工作内容及包含范围。

二、安全文明施工及其他措施项目

安全文明施工及其他措施项目工程量清单项目设置、工作内容及包含范围，应按表4-37的规定执行。

表4-37　安全文明施工及其他措施项目(031302)

项目编码	项目名称	工作内容及包含范围
031302001	安全文明施工	1. 环境保护：现场施工机械设备降低噪声、防扰民措施；水泥和其他易飞扬细颗粒建筑材料密闭存放或采取覆盖措施等；工程防扬尘洒水；土石方、建渣外运车辆防护措施等；现场污染源的控制、生活垃圾清理外运、场地排水排污措施；其他环境保护措施 2. 文明施工："五牌一图"；现场围挡的墙面美化(包括内外粉刷、刷白、标语等)、压顶装饰；现场厕所便槽刷白、贴面砖，水泥砂浆地面或地砖，建筑物内临时便溺设施；其他施工现场临时设施的装饰装修、美化措施；现场生活卫生设施；符合卫生要求的饮水设备、淋浴、消毒等设施；生活用洁净燃料；防煤气中毒、防蚊虫叮咬等措施；施工现场操作场地的硬化；现场绿化、治安综合治理；现场配备医药保健器材、物品费用和急救人员培训；用于现场工人的防暑降温、电风扇、空调等设备及用电；其他文明施工措施 3. 安全施工：安全资料、特殊作业专项方案的编制，安全施工标志的购置及安全宣传；"三宝"(安全帽、安全带、安全网)、"四口"(楼梯口、电梯井口、通道口、预留洞口)、"五临边"(阳台围边、楼板围边、屋面围边、槽坑围边、卸料平台两侧)，水平防护架、垂直防护架、

续表

项目编码	项目名称	工作内容及包含范围
031302001	安全文明施工	外架封闭等防护措施；施工安全用电，包括配电箱三级配电、两级保护装置要求、外电防护措施；起重机、塔吊等起重设备（含井架、门架）及外用电梯的安全防护措施（含警示标志）及卸料平台的临边防护、层间安全门、防护棚等设施；建筑工地起重机械的检验检测；施工机具防护棚及其围栏的安全保护设施；施工安全防护通道；工人的安全防护用品、用具购置；消防设施与消防器材的配置；电气保护、安全照明设施；其他安全防护措施 4. 临时设施：施工现场采用彩色、定型钢板，砖、混凝土砌块等围挡的安砌、维修、拆除；施工现场临时建筑物、构筑物的搭设、维修、拆除，如临时宿舍、办公室、食堂、厨房、厕所、诊疗所、临时文化福利用房、临时仓库、加工场、搅拌台、临时简易水塔、水池等；施工现场临时设施的搭设、维修、拆除，如临时供水管道、临时供电管线、小型临时设施等；施工现场规定范围内临时简易道路铺设，临时排水沟、排水设施安砌、维修、拆除；其他临时设施搭设、维修、拆除
031302002	夜间施工增加	1. 夜间固定照明灯具和临时可移动照明灯具的设置、拆除 2. 夜间施工时，施工现场交通标志、安全标牌、警示灯等的设置、移动、拆除 3. 包括夜间照明设备及照明用电、施工人员夜班补助、夜间施工劳动效率降低等
031302003	非夜间施工增加	为保证工程施工正常进行，在地下（暗）室、设备及大口径管道内等特殊施工部位施工时所采用的照明设备的安拆、维护及照明用电、通风等；在地下（暗）室等施工引起的人工工效降低以及由于人工工效降低引起的机械降效
031302004	二次搬运	由于施工场地条件限制而发生的材料、成品、半成品等一次运输不能到达堆放地点，必须进行的二次或多次搬运
031302005	冬雨季施工增加	1. 冬雨（风）季施工时增加的临时设施（防寒保温、防雨、防风设施）的搭设、拆除 2. 冬雨（风）季施工时，对砌体、混凝土等采用的特殊加温、保温和养护措施 3. 冬雨（风）季施工时，施工现场的防滑处理、对影响施工的雨雪的清除 4. 包括冬雨（风）季施工时增加的临时设施、施工人员的劳动保护用品、冬雨（风）季施工劳动效率降低等
031302006	已完工程及设备保护	对已完工程及设备采取的覆盖、包裹、封闭、隔离等必要保护措施
031302007	高层施工增加	1. 高层施工引起的人工工效降低以及由于人工工效降低引起的机械降效 2. 通信联络设备使用

注：1. 本表所列项目应根据工程实际情况计算措施项目费用，需分摊的应合理计算摊销费用。

2. 施工排水是指为保证工程在正常条件下施工而采取的排水措施所发生的费用。

3. 施工降水是指为保证工程在正常条件下施工而采取的降低地下水位的措施所发生的费用。

4. 高层施工增加：

1）单层建筑物檐口高度超过 20m，多层建筑物超过 6 层时，按《通用安装工程工程量计算规范》（GB 50856—2013）各附录分别列项。

2）突出主体建筑物顶的电梯机房、楼梯出口间、水箱间、瞭望塔和排烟机房等不计入檐口高度。计算层数时，地下室不计入层数。

BENZHANG SIKAOZHONGDIAN

本章思考重点

1. 如何计算风管展开面积?
2. 有关通风及空调设备及部件制作安装的项目特征描述时应注意哪些事项?
3. 静压箱面积计算时,开口部分面积是否应扣除?
4. 风管漏光、漏风试验面积应如何计算?
5. 如何计算风管展开面积?

第五章 通风空调工程招标投标

第一节 建设工程招标投标

工程招标是指招标单位(业主)为发包方,根据拟建工程的内容、工期、质量和投资额等技术经济要求,由自己或所委托的咨询公司等编制招标文件,招请有资格和能力的企业或单位参加投标报价,从中择优选取承担可行性研究方案论证、科学试验或勘察、设计、施工等任务承包单位的一系列工作的总称。

工程投标是指经审查获得投标资格的投标人,以同意招标人的招标文件所提出的条件为前提,经过广泛的市场调查掌握一定的信息并结合自身情况(能力、经营目标等),以投标报价的竞争形式获取工程任务的过程。

一、建设工程招标分类

1. 按工程项目建设程序分类

按工程项目建设程序,招标可分为三类,即工程项目开发招标、勘察设计招标和施工招标。这是由建筑产品交易生产过程的阶段性决定的。

(1)项目开发招标。工程项目开发招标是建设单位(业主)邀请工程咨询单位对建设项目进行可行性研究,其"标的物"是可行性研究报告,中标的工程咨询单位必须对自己提供的研究成果认真负责,可行性研究报告应得到建设单位认可。

(2)勘察设计招标。工程勘察设计招标是指招标单位就拟建工程向勘察和设计任务发布通告,以法定方式吸引勘察单位或设计单位参加竞争,经招标单位审查获得投标资格的勘察、设计单位,按照招标文件的要求,在规定的时间内向招标单位填报投标书,招标单位从中择优确定中标单位完成工程勘察或设计任务。

(3)施工招标。工程施工招标投标是针对工程施工阶段的全部工作开展的招投标,根据工程施工范围大小及专业不同,可分为全部工程招标、单项工程招标和专业工程招标等。

2. 按工程承包范围分类

(1)项目总承包招标。项目总承包招标可分为两种类型,一种是工程项目实施阶段的全过程招标;另一种是工程项目全过程招标。前者是在设计任务书已经审完,从项目勘察、设计到交付使用进行一次性招标;后者是从项目的可行性研究到交付使用进行一次性招标,业主提供项目投资和使用要求及竣工、交付使用期限,其可行性研究、勘察设计、材料和设备采购、施工安装、职工培训、生产准备和试生产、交付使用都由一个总承包商负责承包,即所谓"交钥匙工程"。

(2)专项工程承包招标。在工程承包招标中，对其中某项比较复杂，或专业性强，施工和制作要求特殊的单项工程，可以单独进行招标的，称为专项工程承包招标。

3. 按行业类别分类

按行业类别，招标可分为土木工程招标、勘察设计招标、货物设备采购招标、机电设备安装工程招标、生产工艺技术转让招标、咨询服务(工程咨询)招标。

土木工程包括铁路、公路、隧道、桥梁、堤坝、电站、码头、飞机场、厂房、剧院、旅馆、医院、商店、学校和住宅等；货物采购包括建筑材料和大型成套设备等；咨询服务包括项目开发性研究、可行性研究、工程监理等。我国财政部经世界银行同意，专门为世界银行贷款项目的招标采购制定了有关方面的标准文本，包括货物采购国内竞争性招标文件范本、土建工程国内竞争性招标文件范本、资格预审文件范本、货物采购国际竞争性招标文件范本、土建工程国际竞争性招标文件范本、生产工艺技术转让招标文件范本、咨询服务合同协议范本、大型复杂工厂与设备的供货和安装监督招标文件范本、总包合同(交钥匙工程)招标文件范本，以便利用世界银行贷款来支持和帮助我国的国民经济建设。

4. 按工程建设项目构成分类

按工程建设项目构成，可以将建设工程招标投标分为全部工程招标投标、单项工程招标投标、单位工程招标投标、分部工程招标投标和分项工程招标投标。全部工程招标投标，是指对一个工程建设项目(如一所学校)的全部工程进行的招标投标；单项工程招标投标，是指对一个工程建设项目(如一所学校)中所包含的若干单项工程(如教学楼、图书馆、食堂等)进行的招标投标；单位工程招标投标，是指对一个单项工程所包含的若干单位工程(如一幢房屋)进行的招标投标；分部工程招标投标，是指对一个单位工程(如安装工程)所包含的若干分部工程(如通风空调工程，给排水、采暖、燃气工程，工业管道工程、电气设备安装工程等)进行的招标投标；分项工程招标投标，是指对一个分部工程(如通风空调工程)所包含的若干分项工程(如通风及空调设备及部件制作安装、通风管道制作安装、通风管道部件制作安装、通风工程检测、调试等)进行的招标投标。

5. 按工程是否具有涉外因素分类

按工程是否具有涉外因素，可以将建设工程招标投标分为国内工程招标投标和国际工程招标投标。国内工程招标投标，是指对本国没有涉外因素的建设工程进行的招标投标；国际工程招标投标，是指对有不同国家或国际组织参与的建设工程进行的招标投标。国际工程招标投标，包括本国的国际工程(习惯上称涉外工程)招标投标和国外的国际工程招标投标两个部分。

国内工程招标投标和国际工程招标投标的基本原则是一致的，但在具体做法上是有差异的。随着社会经济的发展和国际工程交往的增多，国内工程招标投标和国际工程招标投标在做法上的区别已越来越小。

二、通风空调工程招标条件

通风空调工程项目招标必须符合主管部门规定的条件。其一般分为建设单位应具备的条件和招标的工程项目应具备的条件两方面。

1. 建设单位招标应具备的条件

(1)招标单位是法人或依法成立的其他组织。

(2)有与招标工程相适应的经济、技术、管理人员。

(3)有组织招标文件的能力。

(4)有审查投标单位资质的能力。

(5)有组织开标、评标、定标的能力。

不具备上述(2)～(5)项条件的,需委托具有相应资质的咨询、监理等单位代理招标。上述五条中,(1)、(2)两条是对招标单位资格的规定;(3)～(5)条则是对招标单位能力的要求。

2. 招标的工程项目应具备的条件

(1)概算已获批准。

(2)建设项目已经正式列入国家、部门或地方的年度固定资产投资计划。

(3)建设用地的征用工作已经完成。

(4)有能够满足施工需要的施工图纸及技术资料。

(5)建设资金和主要建筑材料、设备的来源已经落实。

(6)已经建设项目所在地规划部门批准,施工现场"三通一平"已经完成或一并列入施工招标范围。

三、建设工程招标方式及选择

1. 公开招标

公开招标是指招标人在指定的报刊、电子网络或其他媒体上发布招标公告,吸引众多的投标人参加投标竞争,招标人从中择优选择中标单位的招标方式。公开招标是一种无限制的竞争方式,按竞争程度可分为国际竞争性招标和国内竞争性招标。公开招标可以保证招标人有较大的选择范围,可在众多的投标人中选定报价合理、工期较短、信誉良好的承包商,有助于打破垄断,实行公平竞争。

2. 邀请招标

邀请招标也称选择性招标或有限竞争投标,是指招标人以投标邀请书的方式邀请特定的法人或者其他组织投标,选择一定数目的法人或其他组织(不少于3家)。邀请招标的优点在于:经过选择的投标单位在施工经验、技术力量、经济和信誉上都比较可靠,因而,一般能保证进度和质量要求。此外,参加投标的承包商数量少,因而招标时间相对缩短,招标费用也较少。

公开招标与邀请招标的区别如下:

(1)招标信息的发布方式不同。公开招标是利用招标公告发布招标信息,而邀请招标则是采用向三家以上具备实施能力的投标人发出投标邀请书,请他们参与投标竞争。

(2)对投标人资格预审的时间不同。进行公开招标时,由于投标响应者较多,为了保证投标人具备相应的实施能力,以及缩短评标时间,突出投标的竞争性,通常设置资格预审程序。而邀请招标由于竞争范围小,且招标人对邀请对象的能力有所了解,不需要再进行资格预审,但评标阶段还要对各投标人的资格和能力进行审查和比较,通常称为"资格后审"。

(3)邀请的对象不同。邀请招标邀请的是特定的法人或者其他组织,而公开招标则是向不特定的法人或者其他组织邀请投标。

3. 议标

议标由工程建设项目招标单位选择几家有承担能力的建筑安装企业进行协商，在保证工程质量的前提下，在施工图预算或工程量清单计价的基础上，对工程造价、工期等进行协商，如能达成一致意见，就可认定为中标单位。

4. 招标方式的选择

公开招标与邀请招标相比，可以在较大的范围内优选中标人，有利于投标竞争，但招标花费的费用较高、时间较长。采用何种形式招标应在招标准备阶段进行认真研究，主要分析哪些项目对投标人有吸引力，可以在市场中展开竞争。对于明显可以展开竞争的项目，应首先考虑采用打破地域和行业界限的公开招标。

为了符合市场经济要求和规范招标人的行为，《中华人民共和国建筑法》规定，依法必须进行施工招标的工程，全部使用国有资金投资或者国有资金投资占控股或主导地位的，应当公开招标。《中华人民共和国招标投标法》进一步明确规定："国务院发展计划部门确定的国家重点和省、自治区、直辖市人民政府确定的地方重点项目不适宜公开招标的，经国务院发展计划部门或者省、自治区、直辖市人民政府批准，可以进行邀请招标"。采用邀请招标方式时，招标人应当向三个以上具备承担该工程施工能力、资信良好的施工企业发出投标邀请书。

采用邀请招标的项目一般属于以下几种情况之一：

(1)涉及保密的工程项目。

(2)专业性要求较强的工程，一般施工企业缺少技术、设备和经验，采用公开招标响应者较少。

(3)工程量较小，合同额不高的施工项目，对实力较强的施工企业缺少吸引力。

(4)地点分散且属于劳动密集型的施工项目，对外地域的施工企业缺少吸引力。

(5)工期要求紧迫的施工项目，没有时间进行公开招标。

(6)其他采用公开招标所花费的时间和费用与招标人最终可能获得的好处不相适应的施工项目。

四、建设工程招标投标原则

1. 公开原则

公开原则，要求建设工程招标投标活动具有较高的透明度。具体有以下几层意思：

(1)建设工程招标投标的信息公开。通过建立和完善建设工程项目报建登记制度，及时向社会发布建设工程招标投标信息，让有资格的投标者都能享受到同等的信息，便于进行投标决策。

(2)建设工程招标投标的条件公开。什么情况下可以组织招标，什么机构有资格组织招标，什么样的单位有资格参加投标等，必须向社会公开，便于社会监督。

(3)建设工程招标投标的程序公开。工程建设项目的招标投标应当经过哪些环节、步骤，在每一环节、每一步骤有什么具体要求和时间限制，凡是适宜公开的，均应当予以公开。在建设工程招标投标的全过程中，招标单位的主要招标活动程序、投标单位的主要投标活动程序和招标投标管理机构的主要监管程序，必须公开。

(4)建设工程招标投标的结果公开。哪些单位参加了投标,最后哪个单位中了标,应当予以公开。

2. 公平原则

公平原则,是指所有当事人和中介机构在建设工程招标投标活动中,享有均等的机会,具有同等的权利,履行相应的义务,任何一方都不受歧视。它主要体现在:

(1)工程建设项目,凡符合法定条件的,都一样进入市场通过招标投标进行交易,市场主体不仅包括承包方,而且也包括发包方,发包方进入市场的条件是一样的。

(2)在建设工程招标投标活动中,所有合格的投标人进入市场的条件和竞争机会都是一样的,招标人对投标人不得搞区别对待,厚此薄彼。

(3)建设工程招标投标涉及的各方主体,都负有与其享有权利相对应的义务,因事情变迁(不可抗力)等原因造成各方权利义务关系不均衡的,都可以而且也应当依法予以调整或解除。

(4)当事人和中介机构对建设工程招标投标中自己有过错的损害根据过错大小承担责任,对各方均无过错的损害则根据实际情况分担责任。

3. 公正原则

公正原则,是指在建设工程招标投标活动中,按照同一标准实事求是地对待所有的当事人和中介机构。如招标人按照统一的招标文件示范文本公正地表述招标条件和要求,按照事先经建设工程招标投标管理机构审查认定的评标定标办法,对投标文件进行公正评价,择优确定中标人等。

4. 诚实信用原则

诚实信用原则,简称诚信原则,是指在建设工程招标投标活动中,当事人和有关中介机构应当以诚相待、讲求信义、实事求是,做到言行一致、遵守诺言、履行成约,不得见利忘义、投机取巧、弄虚作假、隐瞒欺诈、以次充好、掺杂使假、坑蒙拐骗,损害国家、集体和其他人的合法权益。诚信原则是建设工程招标投标活动中的重要道德规范,也是法律上的要求。诚信原则要求当事人和中介机构在进行招标投标活动时,必须具备诚实无欺、善意守信的心态,不得滥用权力损害他人利益,要在自己获得利益的同时充分尊重社会公德和国家的、社会的、他人的利益,自觉维护市场经济的正常秩序。

五、工程招标投标程序

1. 招标公告发布或投标邀请书发送

公开招标的投标机会必须通过公开广告的途径予以通告,使所有的合格投标者都有同等的机会了解投标要求,以形成尽可能广泛的竞争局面。世界银行贷款项目采用国际竞争性招标,要求招标广告送交世界银行,免费安排在联合国出版的《发展商务报》上刊登,送交世界银行的时间,最迟不应晚于招标文件将向投标人公开发售前60d。

我国规定,依法应当公开招标的工程,必须在主管部门指定的媒介上发布招标公告。招标公告的发布应当充分公开,任何单位和个人不得非法限制招标公告的发布地点和发布范围。指定媒介发布依法必须发布的招标公告,不得收取费用。

招标公告的内容主要包括:

(1)招标人名称、地址、联系人姓名、电话，委托代理机构进行招标的，还应注明该机构的名称和地址。

(2)工程情况简介，包括项目名称、建筑规模、工程地点、结构类型、装修标准、质量要求和工期要求。

(3)承包方式，材料、设备供应方式。

(4)对投标人资质的要求及应提供的有关文件。

(5)招标日程安排。

(6)招标文件的获取办法，包括发售招标文件的地点、文件的售价及开始和截止出售的时间。

(7)其他要说明的问题。

依法实行邀请招标的工程项目，应由招标人或其委托的招标代理机构向拟邀请的投标人发送投标邀请书。邀请书的内容与招标公告大同小异。

2. 投标人须知

投标人须知部分主要包括对于项目概况的介绍和招标过程的各种具体要求，在正文中的未尽事宜可以通过投标人须知前附表进一步明确，由招标人根据招标项目具体特点和实际需要编制和填写，但务必与招标文件的其他章节相衔接，并不得与投标人须知正文的内容相抵触，否则抵触内容无效。其主要包括以下内容：

(1)招标项目说明。招标项目说明主要是介绍招标项目的情况及合同的有关情况，如项目的数量、规模、用途、合同的名称、包括的范围、合同的数量、合同对项目的要求等。通过上述情况的介绍，使投标人对招标项目有一个整体的了解。

(2)对投标人的资格要求。招标文件可以重申投标人对本项目投标所应具备的资格，列出要证明其资格的文件。在没有进行资格预审的情况下更是如此。

(3)资金来源。即资金是属于自有资金、财政拨款还是来源于直接融资或者间接融资等。如招标项目的资金来源于贷款，应当在招标文件中描述本项目资金的筹措情况，以及贷款方对招标项目的特别要求。资金来源也可以写进招标项目说明中。

(4)招标文件的目录。在投标须知中列上招标文件目录，是为了使投标人在收到文件后仔细核对文件内容、文件格式、条款和说明，以证实其得到了所有文件，该项条目应强调由于投标人检查疏忽而遗漏的文件，招标人不承担责任。投标人没有按照招标文件的要求制作投标文件进行投标的，其投标将被拒绝。

(5)招标文件的补充或修改。招标文件发售给投标人后，在投标截止日期前的任何时候招标人均可以对其中的任何内容或者部分加以补充、修改。

1)对投标人书面质疑的解答。投标人研究招标文件和进行现场考察后会对招标文件中的某些问题提出书面质疑，招标人如果对其问题给予书面解答，就此问题的解答应同时送达每一个投标人，但送给其他人的解答不涉及问题的来源以保证公平竞争。

2)标前会议的解答。标前会议对投标人和即时提出问题的解答，在会后应以会议纪要的形式发给每一个投标人。

3)补充文件的发送对投标截止日期的影响。在任何时间招标人均可对招标文件的有关内容进行补充或者修改，但应给投标人合理的时间在编制投标书时予以考虑。按照《中华人民共和国招标投标法》规定，澄清或者修改文件应在投标截止日期的15d以前送达每一个投标人。若迟于上述时间,投标截止日期应当相应顺延。

4)补充文件的法律效力。不论是招标人主动提出的对招标文件有关内容的补充或修改,还是对投标人质疑解答的书面文件或标前会议纪要,均构成招标文件的有效组成部分,与原发出的招标文件不一致之处,以文件的发送时间靠后者为准。

(6)投标语言。特别是国际性招标中,对投标语言做出规定更是必要。

(7)投标书格式。规定投标人应当提交投标文件的种类、格式、份数,并规定投标人应当编制投标书套数。

(8)投标报价和货币的规定。投标报价是投标人说明报价的形式。投标人报价包括单价、总值和投标总价。在招标文件中,还应当向投标人说明投标报价是否可以调整。在投标货币方面,要求投标人标明投标价的币种及分别的金额。在支付货币方面,或者全部由招标人规定支付货币,或者由投标人选择一定百分比支付货币。同时,也应当写明兑换率。

(9)投标文件。这里主要是规定投标人制作的投标书应当包括的文件。包括投标书格式、投标保证金、报价单、资格证明文件、工程项目,还有工程量清单等。

(10)投标截止时间。《中华人民共和国招标投标法》第二十四条规定:“招标人应当确定投标人编制投标文件所需要的合理时间,但是,依法必须进行招标的项目,自招标文件开始发出之日起至投标人提交投标文件截止之日止,最短不得少于二十日”。

(11)投标保证金。所谓投标保证金,是指投标人向招标人出具的,以一定金额表示的投标责任担保。也就是说,投标人保证其投标被接受后对其投标书中规定的责任不得撤销或者反悔;否则,招标人将对投标保证金予以没收。

招标人可以在招标文件中规定投标人出具保证金,并规定投标保证金的额度,投标保证金的金额可定为标价的2%或者一个指定的金额,该金额相当于所估计合同价的2%。除法律有明确规定外,也可考虑在标价的1%～5%之间确定。在使用信用证、银行保函或者投标保证金时,要规定该文件的有效期限。一般情况下,这些投标保证形式有效期要长于投标有效期。该期限的长短要根据投标项目的具体情况来定。对于未中标的投标保证金,应当在发出中标通知书后一定时间内,尽快退还给投标人。

(12)投标有效期。投标有效期是在投标截止日期后规定的一段时间。在这段时间内招标人应当完成开标、评标、中标,除所有投标都不符合招标条件的情形外,招标人应组织建设单位与中标人订立合同。招标文件规定中标人需要提交履约保证金的,中标人还应当提交履约保证金。

招标文件中规定投标有效期是必要的。从招标程序来看,大量的工作是在接到投标以后进行的。开标、评标和确定中标人都需要较长的时间。在这段时间内投标人不得再对投标文件进行修改,否则必然会影响招标人的工作。正如《中华人民共和国招标投标法》第二十九条规定:“投标人在招标文件要求提交投标文件的截止时间前,可以补充、修改或者撤回已提交的投标文件,并书面通知招标人。补充、修改的内容为投标文件的组成部分”。而在投标截止时间后,即在投标有效期内投标人不得对投标文件中的交易条件再行修改。

投标有效期可以定在中标通知以后,而定在中标人提交履约担保之后则是最稳妥的。投标有效期确定后,招标人应当在此期限内完成评标和授予合同等活动。如出现特殊情况,需要延长投标有效期时,招标人应在投标有效期届满前以书面形式征求所有投标人的意见,同时,要求投标担保也相应延长。投标人可以同意延长投标有效期,也可以拒绝延期而按照原定期限撤销投标。拒绝延期的，其投标担保招标人不能没收。

3. 资格预审

资格预审，是指招标人在招标开始之前或者开始之初，由招标人对申请参加的投标人进行资格审查。认定合格后的潜在投标人，得以参加投标。一般来说，对于大中型建设项目、“交钥匙”项目和技术复杂的项目，资格预审程序是必不可少的。

(1)资格预审的种类。资格预审可分为定期资格预审和临时资格预审。

1)定期资格预审。是指在固定的时间内进行集中全面的资格预审。大多数国家的政府采购使用定期资格预审的办法。审查合格者被资格审查机构列入资格审查合格者名单。

2)临时资格预审。是指招标人在招标开始之前或者开始之初，由招标人对申请参加投标的潜在投标人进行资质条件、业绩、信誉、技术和资金等方面的情况进行资格审查。

(2)资格预审的程序。资格预审的程序主要包括：一是资格预审公告；二是编制、发出资格预审文件；三是对投标人资格的审查和确定合格者名单。

1)资格预审公告。是指招标人向潜在的投标人发出的参加资格预审的广泛邀请。该公告可以在购买资格预审文件前一周内至少刊登两次。也可以考虑通过规定的其他媒介发出资格预审公告。

2)发出资格预审文件。资格预审公告后，招标人向申请参加资格预审的申请人发放或者出售资格预审文件。资格预审文件通常由资格预审须知和资格预审表两部分组成。

①资格预审须知内容一般为：比招标广告更详细的工程概况说明；资格预审的强制性条件；发包的工作范围；申请人应提供的有关证明和材料；当为国际工程招标时，对通过资格预审的国内投标者的优惠，以及指导申请人正确填写资格预审表的有关说明等。

②资格预审表，是招标单位根据发包工作内容特点，需要对投标单位资质条件、实施能力、技术水平、商业信誉等方面的情况加以全面了解，以应答式表格形式给出的调查文件。资格预审表中开列的内容应能反映投标单位的综合素质。

只要投标申请人通过了资格预审就说明他具备承担发包工作的资质和能力，凡资格预审中评定过的条件在评标的过程中就不再重新加以评定，因此，资格预审文件中的审查内容要完整、全面，避免不具备条件的投标人承担项目的建设任务。

3)评审资格预审文件。对各申请投标人填报的资格预审文件评定，大多采用加权打分法。

①依据工程项目特点和发包工作的性质，划分出评审的几大方面，如资质条件、人员能力、设备和技术能力、财务状况、工程经验、企业信誉等，并分别给予不同的权重。

②对各方面再细划分评定内容和分项打分标准。

③按照规定的原则和方法逐个对资格预审文件进行评定和打分，确定各投标人的综合素质得分。为了避免出现投标人在资格预审表中出现言过其实的情况，在有必要时还可辅以对其已实施过的工程现场调查。

4)确定投标人短名单。依据投标申请人的得分排序，以及预定的邀请投标人数目，从高分向低分录取。此时还需注意，若某一投标人的总分排在前几名之内，但某一方面的得分偏低较多，招标单位应适当考虑若他一旦中标后，实施过程中会有哪些风险，最终再确定他是否有资格进入短名单之内。对短名单之内的投标单位，招标单位分别发出投标邀请书，并请他们确认投标意向。如果某一通过资格预审单位又决定不再参加投标，招标单位应以得分排序的下一名投标单位递补。对没有通过资格预审的单位，招标单位也应发出相应通知，他们就无权再参加投标竞争。

(3)资格复审和资格后审。

1)资格复审。是为了使招标人能够确定投标人在资格预审时提交的资格材料是否仍然有效和准确。如果发现承包商和供应商有不轨行为，比如做假账、违约或者作弊，采购人可以中止或者取消承包商或供应商的资格。

2)资格后审。是指在确定中标后，对中标人是否有能力履行合同义务进行的最终审查。

(4)资格预审的评审方法。资格预审的评审标准必须考虑到评标的标准，一般凡属评标时考虑的因素，资格预审评审时可不必考虑。反过来，也不应该把资格预审中已包括的标准再列入评标的标准(对合同实施至关重要的技术性服务，工作人员的技术能力除外)。

4. 招标文件编制与发售

《中华人民共和国招标投标法》第十九条规定："招标人应当根据招标项目的特点和需要编制招标文件。招标文件应当包括招标项目的技术要求、对投标人资格审查的标准、投标报价要求和评标标准等所有实质性要求和条件以及拟签订合同的主要条款。国家对招标项目的技术、标准有规定的，招标人应当按照其规定在招标文件中提出相应要求。招标项目需要划分标段、确定工期的，招标人应当合理划分标段、确定工期，并在招标文件中载明"。

在需要资格预审的招标中，招标文件只发售给资格合格的厂商。在不拟进行资格预审的招标中，招标文件可发给对招标通告做出反应并有兴趣参加投标的所有承包商。

在招标通告上要清楚地规定发售招标文件的地点、起止时间以及发售招标文件的费用。对发售招标文件的时间，要相应规定得长一些，以使投标者有足够的时间获得招标文件。根据世界银行的要求，发售招标文件的时间可延长到投标截止时间。

在招标文件收费的情况下，招标文件的价格应定得合理，一般只收成本费，以免投标者因价格过高失去购买招标文件的兴趣。

另外，要做好购买记录，内容包括购买招标文件厂商的详细名称、地址、电话、招标文件编号和招标号等。这样做是为了便于掌握购买招标文件的厂商情况，便于将购买招标文件的厂商与日后投标厂商进行对照，对于未购买招标文件的投标者，将取消其投标。同时，便于在需要时与投标者进行联系，如在对招标文件进行修改时，能够将修改文件准确、及时地发给购买招标文件的厂商。

5. 勘查现场

招标单位组织投标单位勘查现场的目的在于了解工程场地和周围环境情况，以获取投标单位认为有必要的信息。勘查现场一般安排在投标预备会的前1～2d。

投标单位在勘查现场中如有疑问，应在投标预备会前以书面形式向招标单位提出，但应给招标单位留有解答时间。

勘查现场主要涉及如下内容：

(1)施工现场是否达到招标文件规定的条件。

(2)施工现场的地理位置、地形和地貌。

(3)施工现场的地质、土质、地下水位、水文等情况。

(4)施工现场气候条件，如气温、湿度、风力、年雨雪量等。

(5)现场环境,如交通、饮水、污水排放、生活用电、通信等。

(6)工程在施工现场的位置与布置。

(7)临时用地、临时设施搭建等。

6. 标前会议

标前会议,是指在投标截止日期以前,按招标文件中规定的时间和地点,召开的解答投标人质疑的会议,又称交底会。在标前会议上,招标单位负责人除了向投标人介绍工程概况外,还可对招标文件中的某些内容加以修改(但需报请招标投标管理机构核准)或予以补充说明,并口头解答投标人书面提出的各种问题,以及会议上即席提出的有关问题。会议结束后,招标单位应将其口头解答的会议记录加以整理,用书面补充通知(又称"补遗")的形式发给每一位投标人。补充文件作为招标文件的组成部分,具有同等的法律效力。补充文件应在投标截止日期前一段时间发出,以便给投标者留有做出反应的时间。

标前会议主要议程如下:

(1)介绍参加会议单位和主要人员。

(2)介绍问题解答人。

(3)解答投标单位提出的问题。

(4)通知有关事项。

在有的招标中,对于既不参加现场勘察,又不前往参加标前会议的投标人,可以认为他已中途退出,因而取消投标资格。

7. 开标

开标,是指招标人将所有投标人的投标文件启封揭晓。《中华人民共和国招标投标法》规定,开标应当在招标通告中约定的地点,招标文件确定提交投标文件截止时间的同一时间公开进行。开标由招标人主持,邀请所有投标人参加。开标时,要当众宣读投标人名称、投标价格、有无撤标情况以及招标单位认为其他合适的内容。

(1)开标一般应按照下列程序进行:

1)主持人宣布开标会议开始,介绍参加开标会议的单位、人员名单及工程项目的有关情况。

2)请投标单位代表确认投标文件的密封性。

3)宣布公证、唱标、记录人员名单和招标文件规定的评标原则、定标办法。

4)宣读投标单位的名称、投标报价、工期、质量目标、主要材料用量、投标担保或保函以及投标文件的修改、撤回等情况,并作当场记录。

5)参与会的投标单位法定代表人或者其代理人在记录上签字,确认开标结果。

6)宣布开标会议结束,进入评标阶段。

(2)投标单位法定代表人或授权代表未参加开标会议的视为自动弃权。投标文件有下列情形之一的将视为无效:

1)投标文件未按照招标文件的要求予以密封的。

2)投标文件中的投标函未加盖投标人的企业及企业法定代表人印章的,或者企业法定代表人委托代理人没有合法、有效的委托书(原件)及委托代理人印章的。

3)投标文件的关键内容字迹模糊、无法辨认的。

4)投标人未按照招标文件的要求提供投标保函或者投标保证金的。

5)组成联合体投标的,投标文件未附联合体各方共同投标协议的。

6)逾期送达。对未按规定送达的投标书,应视为废标,原封退回。但对于因非投标者的过失(因邮政、战争、罢工等原因),而在开标之前未送达的,投标单位可考虑接受该迟到的投标书。

8. 评标

开标后进入评标阶段,即采用统一的标准和方法,对符合要求的投标进行评比,来确定每项投标对招标人的价值,最后达到选定最佳中标人的目的。

(1)评标机构。《中华人民共和国招标投标法》规定,评标由招标人依法组建的评标委员会负责。依法必须招标的项目,评标委员会由招标人的代表和有关技术、经济等方面的专家组成,成员人数为5人以上的单数,其中,技术、经济等方面的专家不得少于成员总数的2/3。

技术、经济等专家应当从事相关领域工作满8年且具有高级职称或具有同等专业水平,由招标人从国务院有关部门或省、自治区、直辖市人民政府有关部门提供的专家名册或者招标代理机构的专家库内的相关专业的专家名单中确定;一般招标项目可以采取随机抽取方式,特殊招标项目可以由招标人直接确定。与投标人有利害关系的人不得进入相关项目的评标委员会,已经进入的应当更换。评标委员会成员的名单在中标结果确定前应当保密。

(2)评标的保密性与独立性。根据《中华人民共和国招标投标法》规定,招标人应当采取必要措施,保证评标在严格保密的情况下进行。所谓评标的严格保密,是指评标在封闭状态下进行,评标委员会在评标过程中有关检查、评审和授标的建议等情况均不得向投标人或与该程序无关的人员透露。

由于招标文件中对评标的标准和方法进行了规定,列明了价格因素和价格因素之外的评标因素及其量化计算方法,因此,所谓评标保密,并不是在这些标准和方法之外另搞一套标准和方法进行评审和比较,而是这个评审过程是招标人及其评标委员会的独立活动,有权对整个过程保密,以免投标人及其他有关人员知晓其中的某些意见、看法或决定,而想方设法干扰评标活动的进行,还可以制止评标委员会成员对外泄漏和沟通有关情况,造成评标不公平。

(3)投标文件的澄清和说明。评标时,评标委员会可以要求投标人对投标文件中含义不明确的内容做必要的澄清或者说明,比如投标文件有关内容前后不一致、明显打字(书写)错误或纯属计算上的错误等,评标委员会应通知投标人做出澄清或说明,以确认其正确的内容。澄清的要求和投标人的答复均应采用书面形式,且投标人的答复必须经法定代表人或授权代表人签字,作为投标文件的组成部分。

但是投标人的澄清或说明,仅仅是对上述情形的解释和补正,不得有下列行为:①超出投标文件的范围。比如,投标文件中没有规定的内容,澄清时候加以补充;投标文件提出的某些承诺条件与解释不一致,等等。②改变或谋求、提议改变投标文件中的实质性内容。所谓实质性内容,是指改变投标文件中的报价、技术规格或参数、主要合同条款等内容。这种实质性内容的改变,其目的就是使不符合要求的或竞争力较差的投标变成竞争力较强的投标。实质性内容的改变将会引起不公平的竞争,因此是不允许发生的。

在实际操作中,部分地区采取"询标"的方式来要求投标单位进行澄清和解释。询标一般由受委托的中介机构来完成,通常包括审标、提出书面询标报告、质询与解答、提交书面询标经济分析报告等环节。提交的书面询标经济分析报告将作为评标委员会进行评标的参考,有利于评标委员会在较短的时间内完成对投标文件的审查、评审和比较。

(4)评标原则和程序。为保证评标的公正、公平性，评标必须按照招标文件确定的评标标准、步骤和方法，不得采用招标文件中未列明的任何评标标准和方法，也不得改变招标确定的评标标准和方法。设有标底的，应当参考标底，评标委员会完成评标后，应当向招标人提交书面评标报告，并推荐合格的中标候选人。招标人根据评标委员会提出的书面评标报告和推荐的中标候选人确定中标人。招标人也可授权评标委员会直接确定中标人。

(5)评标方法。对于通过资格预审的投标者，对他们的财务状况，技术能力和经验及信誉在评标时可不必再评审。评标方法的科学性对于实施平等的竞争，公正合理地选择中标者是极为重要的。评标涉及的因素很多，应在分门别类、有主有次的基础上，结合工程的特点确定科学的评标方法。

9. 定标

评标结束后，评标小组应写出评标报告，提出中标单位的建议，交业主或其主管部门审核。评标报告一般由下列内容组成：

(1)招标情况。主要包括工程说明、招标过程等。

(2)开标情况。主要有开标时间、地点、参加开标会议人员、唱标情况等。

(3)评标情况。主要包括评标委员会的组成、评标工作的依据及评标内容等。

(4)推荐意见。

(5)附件。主要包括评标委员会人员名单、投标单位资格审查情况表、投标文件符合情况鉴定表、投标报价评分表、投标文件质询澄清的问题等。

评标报告批准后，应立即向中标单位发出中标函。

10. 签订合同

招标人应当向中标人发出中标通知书，并同时将中标结果通知所有未中标的投标人。中标通知书发出后，招标人改变中标结果，或者中标人放弃中标项目的，应当依法承担法律责任。依据《中华人民共和国招标投标法》规定，依法必须进行招标的项目，招标人应当自确定中标人之日起 15 日内，向有关行政监督部门提交招标投标情况的书面报告。书面报告中至少应包括下列内容：

(1)招标范围。

(2)招标方式和发布招标公告的媒介。

(3)招标文件中投标人须知、技术条款、评标标准和方法、合同主要条款等。

(4)评标委员会的组成和评标报告。

(5)中标结果。

招标人和中标人应当自中标通知书发出之日起 30 日内，根据招标文件和中标人的投标文件订立书面合同，并提供履约保证。签订合同后，建设单位一般应在 7d 内通知未中标者，并退回投标保函，未中标者在收到投标保函后，应迅速退回招标文件。

中标人无正当理由拒签合同的，招标人取消其中标资格，其投标保证金不予退还；给招标人造成的损失超过投标保证金数额的，中标人还应对超过部分予以赔偿。发出中标通知书后，招标人无正当理由拒签合同的，招标人向中标人退还投标保证金；给中标人造成损失的，还应当赔偿其损失。

中标人应当按照合同约定履行义务，完成中标项目。中标人不得向他人转让中标项目，也不得将中标项目肢解后分别向他人转让。中标人按照合同约定或者经招标人同意，可以将中标项目的部分非主体、非关键性工程分包给他人完成。接受分包的人应当具备相应的资格条件，并不能再次分包。中标人应当就分包项目向招标人负责，接受分包的人就分包项目承担连带责任。

若对第一中标者未达成签订合同的协议，可考虑与第二中标者谈判签订合同。若缺乏有效的竞争和其他正当理由，建设单位有权拒绝所有的投标，并对投标者造成的影响不负任何责任，也无义务向投标者说明原因。拒标的原因一般是所有投标的主要项目均未达到招标文件的要求，经建设主管部门批准后方能拒绝所有的投标。一旦拒绝所有的投标，建设单位应立即研究废标的原因，考虑是否对技术规程（规范）和项目本身进行修改，然后考虑重新招标。

第二节　工程量清单招标

一、招标中采用工程量清单的优点

与现行的招标方法相比，在招标中采用工程量清单计价主要有以下优点：

(1)工程量清单招标为投标单位提供了公平竞争的基础。由于工程量清单作为招标文件的组成部分，包括了拟建工程的分部分项工程项目、措施项目、其他项目名称和相应数量以及规费、税金项目等内容的明细清单，由招标人负责统一提供，从而有效保证了投标单位竞争基础的一致性，减少了由于投标单位编制投标文件时出现的偶然性技术误差而导致投标失败的可能，充分体现了招投标公平竞争的原则。同时，由于工程量清单的统一提供，简化了投标报价的计算过程，节省了时间，减少了不必要的重复工作。

(2)采用工程量清单招标有利于“质”与“量”的结合，体现企业的自主性。质量、造价、工期之间存在着必然联系，投标企业报价时，必须综合考虑招标文件规定完成工程量清单所需要的全部费用，不仅要考虑工程本身的实际情况，还要求企业将进度、质量、工艺及管理技术等方案落实到清单项目报价中，在竞争中真正体现企业的综合实力。

(3)工程量清单计价有利于风险的合理分担。由于建筑工程本身的特性，工程的不确定和变更因素多，工程建设的风险较大。采用工程量清单计价模式后，投标单位只对自己所报的成本、单价等负责，而对工程量的变更或计算错误等不负责任，因此，由这部分引起的风险也由业主承担，这种格局符合风险合理分担与责权利关系对等的原则。

(4)用工程量清单招标，淡化了标底的作用。在传统的招标投标方法中，标底一直是个关键的因素，标底的正确与否、保密程度如何一直是人们关注的焦点。实行工程量清单招标后，当招标人不设标底时，为有利于客观、合理地评审投标报价和避免哄抬标价，造成国有资产流失，招标人应编制招标控制价；当投标人的投标报价高于招标控制价，其投标应予以拒绝。这就从根本上消除了标底泄漏所带来的负面影响。

(5)工程量清单招标有利于企业精心控制成本，促进企业建立自己的定额库。中标后，中标企业可以根据中标价以及投标文件中的承诺，通过对单位工程成本、利润进行分析，统筹考虑，精心选择施工方案，逐步建立企业自己的定额库，通过在施工过程中不断地调整、优化组合、合理控制现场费用和施工技术措施费用等，从而不断地促进企业自身的发展和进步。

(6)工程量清单招标有利于控制工程索赔。在传统的招标方式中，“低价中标、高价索赔”的现象屡见不鲜，其中，设计变更、现场签证、技术措施费用及价格是索赔的主要内容。工程量清单计价招标中，由于单项工程的综合单价不因施工数量变化、施工难易程度、施工技术措施差异、取费等变化而调整，因此大大减少了施工单位不合理索赔的可能。

二、无标底招标的实行

(1)2000 年 1 月 1 日施行的《中华人民共和国招标投标法》关于标底只有一句话：“招标人设有标底的，标底必须保密”。换句话说，招标人也可以不编制标底而进行招标。《建设工程工程量清单计价规范》颁布实施以来，政府有关部门在多个文件中明确提出鼓励实行“无标底招标”，例如国务院办公厅在 2004 年 7 月 12 日在《国务院办公厅关于进一步规范招标投标活动的若干意见》中提出：“鼓励推行合理低价中标和无标底招标”。

(2)标底的消极作用。工程招标项目编制标底，是为了弄清工程投资的数额，是业主的期望购买价。但是，正是由于标底在评标中的重要作用，所以一些投标人为了中标，想方设法套取标底，由此产生的违法腐败问题也屡见不鲜。在综合评标法中，由于规定最接近标底的报价才能得高分，则不利于形成竞争的气氛，企业也不会主动地改进技术和管理，降低成本，提高本身的竞争力。

(3)无标底招标是与国际惯例接轨的要求。业主无标底招标(业主也没有可以用来编制标底的依据)，由承包商根据自己的企业定额自主报价，通过市场竞争形成价格。我们要与国际惯例接轨，也有必要推行无标底招标。

三、工程量清单招标的推行

(一)推行工程量清单招标的准备工作

1. 转变观念

首先，必须正确认识招标投标。在实际工作中，不能把招投标看作工程建设中的一个独立过程，而应该清楚地认识到招投标是在整个工程建设过程中都发挥作用的一个重要环节。这是因为招投标不仅解决了施工单位的选择问题，还明确了工程的价格、工期、质量等问题，因此，招标文件、投标书、施工合同等在工程建设中是“全程有效的”。

其次，在推行工程量清单计价，解决“游戏规则”的市场化之后，有关各方应切实转变观念，接受并适应市场化的转变。一是施工企业应积极面对市场，迎接市场的挑战；二是政府监督管理部门必须从行政管理角色，学会并做好依法监督的新角色，全面引入风险竞争约束机制，通过市场来调节和引导施工企业进行合理有序的竞争；三是招标代理、造价咨询、监理等中介机构必须坚持依法独立执业，为建设各方提供公正、诚信、准确的专业技术服务，共同建立并维护健康有序的有形建筑市场。

2. 做好定额的制定和管理，及时发布市场信息，做好市场导向和服务

定额作为工程造价的计算基础，目前在我国有其不可替代的地位和作用。采用工程量清

单计价后，尤其是消耗量定额的作用依然重要。

(1)消耗量定额是作为编制工程量清单，进行项目划分和组合的基础。

(2)消耗量定额是招标工程招标控制价、企业投标报价的计算基础。就目前我国建筑产业的发展状况来看，大部分企业还不具备建立和拥有自己的报价定额，因此，消耗量定额仍然是企业进行投标报价时不可或缺的计算依据之一。

(3)消耗量定额是调节和处理工程造价纠纷的重要依据。

(4)消耗量定额是衡量投标报价中消耗量合理与否的主要参考，是合理确定行业成本的重要基础。因此，各级造价管理部门应继续做好消耗量定额的制定、补充和管理工作，同时，做好各种价格信息的收集、分析、发布工作，适应市场发展的需要，做好建设市场的导向和调控工作。

3. 加快建立高素质的中介机构，提高计价人员的综合素质

中介机构和计价人员是工程量清单计价最直接也是最重要的执行者，能否顺利推行工程量清单计价，与中介机构和各层次计价人员的综合素质息息相关。从推行清单计价的情况来看，清单编制质量不高，缺项、漏项多是较为突出的问题之一，在一定程度上影响了招标工作的质量。因此，在推行工程量清单计价的同时，应做好宣传工作，加强对不同层次专业技术人员培训，提高中介机构和计价人员的综合素质，以满足清单招标的需要。

4. 加强施工合同的监督管理，做好“事后跟踪”，保证招标工作成果

施工合同的备案和跟踪管理，是建设行政主管部门和造价管理部门对工程招标后进行跟踪管理的最主要措施。采用工程量清单招标后，标有单价的工程量清单作为工程款支付和最终结算的重要依据，其单价在施工过程中往往是固定的。个别企业在中标后，为取得更高的利润，往往会不择手段，投标报价时的承诺是一套，施工现场又是一套，不严格按工程量清单中的描述进行施工，造成招标“市场”与施工“现场”的脱节，严重影响了招投标的工作成果。因此，建设行政主管部门应加强施工合同的备案和跟踪管理工作，严格检查中标后施工企业在工程价款确定和调整、施工的保证措施等是否符合招标文件和工程量清单的要求，切实维护合同当事人双方的合法权益，提高合同的履约率。

5. 加快清单计价、电子评标等相关软件的开发与推广应用

采用清单计价后，清单项目综合单价的分析相比定额计价方法复杂了很多，要实现快速、准确、规范的投标报价，必须加快有关计算机配套软件的开发应用。同时，通过计算机辅助评标系统，可大大缩短评标时间，减少人为因素，提高评标的准确性和合理性。另外，应用计算机建立工程项目信息、主要材料价格信息、工程造价信息、投标单位信息、政策法规信息、评标专家信息等数据库，以及投标企业已完工程质量安全信息档案数据资料等，为招标投标的监督管理提供可靠的依据，提高管理的科学性和权威性。

(二)推行工程量清单招标对建设单位的要求

推行工程量清单招标后，由于提倡无标底招标和合理低价中标的评标方法，减少了合同的纠纷，降低了工程造价，节省了投资成本，因而，大多建设单位都主动要求采用工程量清单招标办法。同时，工程量清单招标也对建设单位提出了更高的要求，具体如下：

(1)建设单位必须认真学习《建设工程工程量清单计价规范》(GB 50500—2013)及《通用安装工程工程量计算规范》(GB 50856—2013)，弄清楚它们与“08 规范”的区别，并努力提高自身的技术业务水平。

(2)认真、负责编制工程量清单，这份清单随招标文件一经公布，不仅要接受投标单位的质疑并指导招标，而且要经受工程竣工后实际工程量结算的检验，建设单位要准备承担相应的风险。

(3)学习施工验收规范，收集、了解、熟悉常用的施工方案。

(4)了解、掌握当前市场价格条件下的分部分项工程综合单价，学习运用合理低价中标评标办法。

(5)加强工程量清单招标下的合同管理。

(三)推行工程量清单招标对施工单位的要求

(1)由于《建设工程工程量清单计价规范》(GB 50500—2013)及《通用安装工程工程量计算规范》(GB 50856—2013)在项目划分、报价组成及工程量计算规则等方面都与"08 规范"有较大的区别，因此，应认真学习《建设工程工程量清单计价规范》(GB 50500—2013)及《通用安装工程工程量计算规范》(GB 50856—2013)，及时转变观念，积极适应新变化。

(2)建立企业的询价体系。施工企业要通过生产厂家调查，市场询价、网站信息等多种手段，建立起企业自己的人工、材料、机械的价格信息库。这个询价体系要动态、灵活、应变，能适应不同工程、不同地区的报价需求，应充分利用当地造价管理部门的价格网站。

(3)优化企业的施工组织设计和施工方案。拟建工程的施工组织设计和施工方案，要精心选择、精心优化，要在先进、合理的施工方案前提下，提高效率，保证质量，节约成本，降低施工措施项目费。这是提高投标中标率的前提，也是提高企业素质的必由之路。

(4)加强清单项目"综合单价"的积累，为快速报价打下基础。企业要适应清单下的计价，必须要认真测算分部分项工程的"综合单价"，并且在中标后与实际施工的分部分项工程成本进行分析对比，积累这些数据，再根据市场竞争情况确定企业不同标准的管理费用和利润等级。为快速报价，确定企业个别成本打下基础。

四、招标控制价编制

1. 招标控制价概念

招标控制价是指招标人根据国家或省级、行业建设主管部门颁发的有关计价依据和办法，以及招标文件和设计图纸计算的，对招标工程限定的最高工程造价。

招标控制价是建筑安装工程造价的表现形式之一，是招标人对招标项目在方案、质量、工期、价格、措施等方面的自我预期控制指标或要求，具有特别重要的作用。它既是核实预期投资的依据，更是衡量投标报价的准绳，是评标的主要尺度之一，特别是国有资金投资的工程建设项目，必须采用工程量清单计价招标，且应编制招标控制价。

招标控制价应由具有编制能力的招标人，或受其委托具有相应资质的工程造价咨询人编制。工程造价咨询人接受招标人委托编制招标控制价，不得再就同一工程接受投标人委托编制投标报价。招标控制价应该编制得符合实际，力求准确、客观，不超出工程投资概算金额。招标控制价超过批准的概算时，招标人应将其报原概算部门审核。

招标控制价应按照《建设工程质量管理条例》第十条规定："建设工程发包单位不得迫使承包方以低于成本的价格竞标"。本条规定不应对所编制的招标控制价进行上浮或下调。当招标控制价超过批准的概算时，招标人应将其报原概算审批部门审核。

招标人应在发布招标文件时公布招标控制价，同时，应将招标控制价及有关资料报送工程所在地，或有该工程管辖权的行业管理部门工程造价管理机构备查。

2. 招标控制价编制与复核依据

(1)《建设工程工程量清单计价规范》(GB 50500—2013)。

(2)国家或省级、行业建设主管部门颁发的计价定额和计价办法。

(3)建设工程设计文件及相关资料。

(4)拟定的招标文件及招标工程量清单。

(5)与建设项目相关的标准、规范、技术资料。

(6)施工现场情况、工程特点及常规施工方案。

(7)工程造价管理机构发布的工程造价信息，当工程造价信息没有发布时，参照市场价。

(8)其他的相关资料。

3. 招标控制价编制与复核

(1)综合单价中包括招标文件中划分的应由投标人承担的风险范围及其费用。招标文件中没有明确的，如是工程造价咨询人编制，应请招标人明确；如是招标人编制，应予以明确。

(2)分部分项工程和措施项目中的单价项目，应根据拟定的招标文件和招标工程量清单项目中的特征描述及有关要求确定综合单价计算：

1)采用的工程量应是招标工程量清单提供的工程量。

2)综合单价应按“2. 招标控制价编制与复核依据”的依据确定。

3)招标文件提供了暂估单价的材料，应按招标文件确定的暂估单价计入综合单价。

4)综合单价应当包括招标文件中招标人要求投标人所承担的风险内容及其范围(幅度)产生的风险费用。

(3)措施项目中的总价项目应根据拟定的招标文件和常规施工方案按规范的规定计价。规费和税金按规范规定计算。

(4)其他项目应按下列规定计价：

1)暂列金额应按招标工程量清单中列出的金额填写；暂列金额由招标人根据工程特点、工期长短，按有关计价规定进行估算确定，一般可以分部分项工程费的10%～15%为参考。

2)暂估价中的材料、工程设备单价应按招标工程量清单中列出的单价计入综合单价；暂估价中的材料单价应按照工程造价管理机构发布的工程造价信息或参考市场价格确定。

3)暂估价中的专业工程金额应按招标工程量清单中列出的金额填写；暂估价中的专业工程暂估价应分不同专业，按有关计价规定估算。

4)计日工应按招标工程量清单中列出的项目根据工程特点和有关计价依据确定综合单价计算；招标人应根据工程特点，按照列出的计日工项目和有关计价依据计算。

5)总承包服务费应根据招标工程量清单列出的内容和要求估算。招标人应根据招标文件中列出的内容和向总承包人提出的要求参照下列标准计算：

①招标人仅要求对分包的专业工程进行总承包管理和协调时，按分包的专业工程估算造价的1.5%计算。

②招标人要求对分包的专业工程进行总承包管理和协调并同时要求提供配合服务时，根据

招标文件中列出的配合服务内容和提出的要求按分包专业工程估算造价的3%～5%计算。

③招标人自行供应材料的，按招标人供应材料价值的1%计算。

(5)规费和税金应按国家或省级、行业建设主管部门规定的标准计算。

4. 招标控制价编制使用表格

(1)使用表格。招标控制价使用表格包括：封-2、扉-2、表-01(见本书第三章第三节相关表格)、表-02、表-03、表-04、表-08(见本书第三章第三节相关表格)、表-09、表-11(见本书第三章第三节相关表格)、表-12(含表-12-1～表-12-5，见本书第三章第三节相关表格)、表-13(见本书第三章第三节相关表格)、表-20(见本书第三章第三节相关表格)、表-21(见本书第三章第三节相关表格)或表-22(见本书第三章第三节相关表格)。

____________________工程

招标控制价

招　标　人：________________

(单位盖章)

造价咨询人：________________

(单位盖章)

年　月　日

封-2

________________工程

招标控制价

招标控制价(小写)：________________

(大写)：________________

招 标 人：________________　　造价咨询人：________________

(单位盖章)　　(单位资质专用章)

法定代表人　　法定代表人

或其授权人：________________　　或其授权人：________________

(签字或盖章)　　(签字或盖章)

编 制 人：________________　　复 核 人：________________

(造价人员签字盖专用章)　　(造价工程师签字盖专用章)

编制时间：　年　月　日　　复核时间：　年　月　日

扉-2

建设项目招标控制价/投标报价汇总表

工程名称：　　　　　　　　　　　　　　　　第　页共　页

序号	单项工程名称	金额/元	其中：/元		
			暂估价	安全文明施工费	规费
合计					

注：本表适用于建设项目招标控制价或投标报价的汇总。

表-02

单项工程招标控制价/投标报价汇总表

工程名称：　　　　　　　　　　　　　　　　第　页共　页

序号	单位工程名称	金额/元	其中：/元		
			暂估价	安全文明施工费	规费
合　计					

注：本表适用于单项工程招标控制价或投标报价的汇总。暂估价包括分部分项工程中的暂估价和专业工程暂估价。

表-03

单位工程招标控制价/投标报价汇总表

工程名称： 标段： 第 页共 页

序号	汇总内容	金额/元	其中：暂估价/元
1	分部分项工程		
1.1			
1.2			
1.3			
1.4			
1.5			
2	措施项目		
2.1	其中：安全文明施工费		
3	其他项目		
3.1	其中：暂列金额		
3.2	其中：专业工程暂估价		
3.3	其中：计日工		
3.4	其中：总承包服务费		
4	规费		
5	税金		
招标控制价合计=1+2+3+4+5			

注：本表适用于单位工程招标控制价或投标报价的汇总，如无单位工程划分，单项工程也使用本表汇总。

表-04

综合单价分析表

工程名称： 标段： 第 页共 页

<table>
<tr><td>项目编码</td><td></td><td colspan="2">项目名称</td><td colspan="2"></td><td colspan="2">计量单位</td><td></td><td colspan="2">工程量</td><td></td></tr>
<tr><td colspan="12">清单综合单价组成明细</td></tr>
<tr><td rowspan="2">定额编号</td><td rowspan="2">定额项目名称</td><td rowspan="2">定额单位</td><td rowspan="2">数量</td><td colspan="4">单 价</td><td colspan="4">合 价</td></tr>
<tr><td>人工费</td><td>材料费</td><td>机械费</td><td>管理费和利润</td><td>人工费</td><td>材料费</td><td>机械费</td><td>管理费和利润</td></tr>
<tr><td></td><td></td><td></td><td></td><td></td><td></td><td></td><td></td><td></td><td></td><td></td><td></td></tr>
<tr><td></td><td></td><td></td><td></td><td></td><td></td><td></td><td></td><td></td><td></td><td></td><td></td></tr>
<tr><td></td><td></td><td></td><td></td><td></td><td></td><td></td><td></td><td></td><td></td><td></td><td></td></tr>
<tr><td></td><td></td><td></td><td></td><td></td><td></td><td></td><td></td><td></td><td></td><td></td><td></td></tr>
<tr><td colspan="2">人工单价</td><td colspan="6">小 计</td><td></td><td></td><td></td><td></td></tr>
<tr><td colspan="2">元/工日</td><td colspan="6">未计价材料费</td><td></td><td></td><td></td><td></td></tr>
<tr><td colspan="8">清单项目综合单价</td><td colspan="4"></td></tr>
<tr><td rowspan="5">材料费明细</td><td colspan="4">主要材料名称、规格、型号</td><td>单位</td><td>数量</td><td>单价/元</td><td>合价/元</td><td>暂估单价/元</td><td colspan="2">暂估合价/元</td></tr>
<tr><td colspan="4"></td><td></td><td></td><td></td><td></td><td></td><td colspan="2"></td></tr>
<tr><td colspan="4"></td><td></td><td></td><td></td><td></td><td></td><td colspan="2"></td></tr>
<tr><td colspan="6">其他材料费</td><td>—</td><td></td><td>—</td><td colspan="2"></td></tr>
<tr><td colspan="6">材料费小计</td><td>—</td><td></td><td>—</td><td colspan="2"></td></tr>
</table>

注：1. 如不使用省级或行业建设主管部门发布的计价依据，可不填定额名称、编号等。

2. 招标文件提供了暂估单价的材料，按暂估的单价填入表内“暂估单价”栏及“暂估合价”栏。

表-09

(2)填写方法。

1)封-2。招标控制价封面应填写招标工程项目的具体名称,招标人应盖单位公章,如委托工程造价咨询人编制,还应加盖工程造价咨询人所在单位公章。

2)扉-2。招标控制价扉页由招标人或招标人委托的工程造价咨询人编制招标控制价时填写。

①招标人自行编制招标控制价的,编制人员必须是在招标人单位注册的造价人员,由招标人盖单位公章,法定代表人或其授权人签字或盖章;当编制人是注册造价工程师时,由其签字盖执业专用章;当编制人是造价员时,由其在编制人栏签字盖专用章,并应由注册造价工程师复核,在复核人栏签字盖执业专用章。

②招标人委托工程造价咨询人编制招标控制价的,编制人员必须是在工程造价咨询人单位注册的造价人员。由工程造价咨询人盖单位资质专用章,法定代表人或其授权人签字或盖章;当编制人是注册造价工程师时,由其签字盖执业专用章;当编制人是造价员时,由其在编制人栏签字盖专用章,并应由注册造价工程师复核,在复核人栏签字盖执业专用章。

3)总说明(表-01)。招标控制价中总说明应包括的内容有:①采用的计价依据;②采用的施工组织设计;③采用的材料价格来源;④综合单价中风险因素、风险范围(幅度);⑤其他等。

4)工程计价汇总表。"13 计价规范"对编制招标控制价和投标价汇总表共设计了三种,包括建设项目招标控制价/投标报价汇总表(表-02)、单项工程招标控制价/投标报价汇总表(表-03)、单位工程招标控制价/投标报价汇总表(表-04)。

由于编制招标控制价和投标价包含的内容相同,只是对价格的处理不同,因此,招标控制价和投标报价汇总表使用同一表格。实践中,对招标控制价或投标报价可分别印制本表格。使用本表格编制投标报价时,汇总表中的投标总价与投标中标函中投标报价金额应当一致。如不一致时以投标中标函中填写的大写金额为准。

5)分部分项工程和单价措施项目计价表(表-08),使用本表"综合单价"、"合计"以及"其中:暂估价"按"13 计价规范"的规定填写。

6)综合单价分析表(表-09),使用本表应填写使用的省级或行业建设主管部门发布的计价定额名称。

7)总价措施项目计价表(表-11)。编制招标控制价时,计费基础、费率应按省级或行业建设主管部门的规定计取。

8)其他项目清单与计价汇总表(表-12)。编制招标控制价,应按有关计价规定估算"计日工"和"总承包服务费"。如招标工程量清单中未列"暂列金额",应按有关规定编列。

9)暂列金额明细表(表-12-1)。暂列金额在实际履约过程中可能发生,也可能不发生。本表要求招标人能将暂列金额与拟用项目列出明细,但如确实不能详列也可只列暂定金额总额,投标人应将上述暂列金额计入投标总价中。

10)材料(工程设备)暂估单价及调整表(表-12-2)。暂估价是在招标阶段预见肯定要发生,只是因为标准不明确或者需要由专业承包人完成,暂时无法确定材料、工程设备的具体价格而采用的一种临时性计价方式。暂估价的材料、工程设备数量应在表内填写,拟用项目应在本表备注栏给予补充说明。

"13 计价规范"要求招标人针对每一类暂估价给出相应的拟用项目,即按照材料、工程设备的名称分别给出,这样的材料、工程设备暂估价能够纳入到清单项目的综合单价中。

11)专业工程暂估价及结算价表(表-12-3)。专业工程暂估价应在表内填写工程名称、工程内容、暂估金额,投标人应将上述金额计入投标总价中,专业工程暂估价项目及其表中列明的专业工程暂估价,是指分包人实施专业工程的含税金后的完整价,除了合同约定的发包人应承担的总包管理、协调、配合和服务责任所对应的总承包服务费以外,承包人为履行其总包管理、配合、协调和服务所需产生的费用应该包括在投标报价中。

12)计日工表(表-12-4)。编制招标控制价时,人工、材料、机械台班单价由招标人按有关计价规定填写并计算合价。

13)总承包服务费计价表(表-12-5)。编制招标控制价时,招标人按有关计价规定计价。

14)规费、税金项目计价表(表-13)。填写方法见本书第三章第三节相关内容。

5. 投诉与处理

(1)投标人经复核认为招标人公布的招标控制价未按照“13 计价规范”的规定进行编制的,应在招标控制价公布后 5d 内向招投标监控机构和工程造价管理机构投诉。

(2)投诉人投诉时,应当提交由单位盖章和法定代表人或其委托人签名或盖章的书面投诉书。投诉书应包括下列内容:

1)投诉人与被投诉人的名称、地址及有效联系方式。

2)投诉的招标工程名称、具体事项及理由。

3)投诉依据及有关证明材料。

4)相关的请求及主张。

(3)投诉人不得进行虚假、恶意投诉,阻碍招投标活动的正常进行。

(4)工程造价管理机构在接到投诉书后应在 2 个工作日内进行审查,对有下列情况之一的,不予受理:

1)投诉人不是所投诉招标工程招标文件的收受人。

2)投诉书提交的时间不符合(1)规定的。

3)投诉书不符合(2)规定的。

4)投诉事项已进入行政复议或行政诉讼程序的。

(5)工程造价管理机构应在不迟于结束审查的次日将是否受理投诉的决定书面通知投诉人、被投诉人以及负责该工程招投标监督的招投标管理机构。

(6)工程造价管理机构受理投诉后,应立即对招标控制价进行复查,组织投诉人、被投诉人或其委托的招标控制价编制人等单位人员对投诉问题逐一核对。有关当事人应当予以配合,并应保证所提供资料的真实性。

(7)工程造价管理机构应当在受理投诉的 10d 内完成复查,特殊情况下可适当延长,并做出书面结论通知投诉人、被投诉人及负责该工程招投标监督的招投标管理机构。

(8)当招标控制价复查结论与原公布的招标控制价误差大于±3%时,应当责成招标人改正。

(9)招标人根据招标控制价复查结论需要重新公布招标控制价的,其最终公布的时间至招标文件要求提交投标文件截止时间不足 15d 的,应相应延长投标文件的截止时间。

《中华人民共和国招标投标法》第二十三条规定:“招标人对已发出的招标文件进行必要的澄清或者修改的,应当在招标文件要求提交投标文件截止时间至少十五日前,以书面形式通知所有招标文件收受人”。

五、招标控制价的审查

1. 招标控制价审查作用

招标控制价编制完成后，需要认真进行审查。加强招标控制价的审查，对于提高工程量清单计价水平，保证招标控制价质量具有重要作用。其主要表现为以下几个方面：

(1)发现错误，修正错误，保证招标控制价的正确率。

(2)促进工程造价人员提高业务素质，成为懂技术、懂造价的复合型人才，以适应市场经济环境下工程建设对工程造价人员的要求。

(3)提供正确的工程造价基准，保证招标投标工作的顺利进行。

2. 招标控制价审查程序

(1)编制人自审。招标控制价初稿完成后，编制人要进行自我审查，检查分部分项工程生产要素消耗水平是否合理，计价过程的计算是否有误。

(2)编制人之间互审。编制人之间互审可以发现不同编制人对工程量清单项目理解的差异，统一认识，准确理解。

(3)审核单位审查。审核单位审查包括对招标文件的符合性审查，计价基础资料的合理性审查，招标控制价整体计价水平的审查，招标控制价单项计价水平的审查，是完成定稿的权威性审查。

3. 招标控制价审查内容

(1)符合性。符合性包括计价价格对招标文件的符合性，对工程量清单项目的符合性，对招标人真实意图的符合性。

(2)计价基础资料合理性。计价基础资料的合理，是招标控制价合理的前提。计价基础资料包括工程施工规范、工程验收规范、企业生产要素消耗水平、工程所在地生产要素价格水平。

(3)招标控制价整体价格水平。审查招标控制价是否大幅度偏离概算价，是否无理由偏离已建同类工程造价，各专业工程造价是否比例失调，实体项目与非实体项目价格比例是否失调。

六、招标控制价的投诉与处理

(1)投标人经复核认为招标人公布的招标控制价未按照规定进行编制的应当在招标控制价公布后5d内向招投标监督机构和工程造价管理机构投诉。

(2)投诉人投诉时，应当提交书面投诉书，包括以下内容：

1)投诉人与被投诉人的名称、地址及有效联系方式。

2)投诉的招标工程名称、具体事项及理由。

3)相关请求和主张及证明材料。

投诉书必须由单位盖章和法定代表人或其委托人的签名或盖章。

(3)投诉人不得进行虚假、恶意投诉，阻碍投标活动的正常进行。

(4)工程造价管理机构在接到投诉书后应在两个工作日内进行审查，对有下列情况之一的，不予受理：

1)投诉人不是所投诉招标工程的投标人。

2)投诉书提交的时间不符合“13计价规范”的规定。

3)投诉书不符合“13计价规范”的规定。

(5)工程造价管理机构决定受理投诉后，应在不迟于次日将受理情况书面通知投诉人、被投诉人以及负责该工程招投标监督的招投标管理机构。

(6)工程造价管理机构受理投诉后，应立即对招标控制价进行复查，组织投诉人、被投诉人或其委托的招标控制价编制人等单位人员对投诉问题逐一核对。有关当事人应当予以配合，并保证所提供资料的真实性。

(7)工程造价管理机构应当在受理投诉的10d内完成复查(特殊情况下可适当延长)，并做出书面结论通知投诉人、被投诉人及负责该工程招投标监督的招投标管理机构。

(8)当招标控制价复查结论与原公布的招标控制价误差＞±3%的，应当责成招标人改正。

(9)招标人根据招标控制价复查结论，需要修改公布的招标控制价的，且最终招标控制价的发布时间至投标截止时间不足15d的，应当延长投标文件的截止时间。

第三节　工程量清单投标报价

一、工程量清单下投标报价的特点

报价是投标的核心。它不仅是能否中标的关键，而且对中标后能否盈利，盈利多少也是主要的决定因素之一。我国为了推动工程造价管理体制改革，与国际惯例接轨，由定额模式计价向清单模式计价过渡，用规范的形式规范了清单计价的强制性、实用性、竞争性和通用性。工程量清单下投标报价的计价特点主要表现在以下几个方面：

(1)量价分离，自主计价。招标人提供清单工程量，投标人除要审核清单工程量外还要计算施工工程量，并要按每一个工程量清单自主计价，计价依据由定额模式的固定化变为多样化。定额由政府法定性变为企业自主维护管理的企业定额及有参考价值的政府消耗量定额；价格由政府指导预算基价及调价系数变为企业自主确定的价格体系，除对外能多方询价外，还要在内建立一整套价格维护系统。

(2)价格来源是多样的，政府不再作任何参与，由企业自主确定。国家采用的是“全部放开、自由询价、预测风险、宏观管理”。“全部放开”就是凡与计价有关的价格全部放开，政府不进行任何限制。“自由询价”是指企业在计价过程中采用什么方式得到的价格都有效，价格来源的途径不作任何限制。“预测风险”是指企业确定的价格必须是完成该清单项的完全价格，由于社会、环境、内部、外部原因造成的风险必须在投标前就预测到，包括在报价内。由于预测不准而造成的风险损失由投标人承担。“宏观管理”是因为建筑业在国民经济中占的比例特别大，国家从总体上还得宏观调控，政府造价管理部门定期或不定期发布价格信息，还得编制反映社会平均水平的消耗量定额，用于指导企业快速计价，并作为确定企业自身的技术水平的依据。

（3）提高企业竞争力，增强风险意识。清单模式下的招投标特点，就是综合评价最优，保证质量、工期的前提下，合理低价中标。最低价中标，体现的是个别成本，企业必须通过合理的市场竞争，提升施工工艺水平，把利润逐步提高。企业不同于其他竞争对手的核心优势除企业本身的因素外，报价是主要的竞争优势。企业要体现自己的竞争优势就得有灵活全面的信息、强大的成本管理能力、先进的施工工艺水平和高效率的软件工具。除此之外企业需要有反映自己施工工艺水平的企业定额作为计价依据，有自己的材料价格系统、施工方案和数据积累体系，并且这些优势都要体现到投标报价中。

实行工程量清单就是风险共担，工程量清单计价无论对招标人还是投标人在工程量变更时都必须承担一定风险，有些风险不是承包人本身造成的，就得由招标人承担。因此，在"13计价规范"中规定了工程量的风险由招标人承担，综合单价的风险由投标人承担。投标报价有风险，但是不应怕风险，而是要采取措施降低风险，避免风险，转移风险。投标人必须采用多种方式规避风险，不平衡报价是最基本的方式，如在保证总价不变的情况下，资金回收早的单价偏高，回收迟的单价偏低。估计此项设计需要变更的，工程量增加的单价偏高，工程量减少的单价偏低等。在清单模式下，索赔已是结算中必不可少的，也是大家会经常提到并要应用自如的工具。

二、推行工程量清单投标报价的前期工作

投标报价的前期主要是指确定投标报价的准备工作，其主要包括取得招标信息、提交资格预审资料、研究招标文件、准备投标资料、分析竞争形势、确定投标策略等。做好前期工作是做出有竞争力的投标报价的必要前提，投标人要高度重视，认真准备。

（1）得到招标信息并参加资格审查。招标信息的主要来源是招投标交易中心。交易中心会定期不定期地发布工程招标信息。有经验的投标人从工程立项甚至从项目可行性研究阶段就开始跟踪，并根据自身的技术优势和施工经验为业主提供合理化建议，配合业主的前期立项工作，从而获得业主的信任。

（2）投标人得到招标信息后，要及时报名参加，并向招标人提交资格审查资料。投标人资料主要包括营业执照、资质证书、企业简历、技术力量、主要的机械设备，近三年内主要施工工程情况，在建工程项目及财务状况。

（3）研究招标文件。

1）认真研究招标文件的每句话，掌握招标范围，工程量清单包括的工程内容，掌握施工图纸及施工验收规范的要求、招标文件规定的工期、投标书的格式、签署方式、密封方法、投标的截止日期要熟悉，并形成备忘录，避免由于失误而造成不必要的损失。

2）研究评标办法。评标办法是招标文件的组成部分，招标文件规定采用综合评估法时，投标人的投标策略就是在投标报价、工期、质量、施工组织设计、企业业绩、信誉和项目经理等规定打分项目中如何提高得分。

招标文件规定采用合理低价中标法时，并不是最低报价人中标，而是"合理低价"，是指投标人报价不能低于企业的个别成本。

3)研究合同条款。①价格条款。主要看清单综合单价的调整,能不能调,如何调。根据工期和工程实际预测价格风险。②分析付款方式。这是投标人能否保质保量按期完工的条件,有好多工程由于招标人不按期付款而造成了停工的现象,给招、投标双方造成了损失。③分析工期及违约责任。根据编制的施工组织设计分析能不能按期完工,如按期未完工会有什么违约责任等。

4)研究工程量清单。必须对工程量清单中的实物工程量在施工过程中是否会变更增减等情况进行分析,特别要弄清工程量清单包括的工程内容。

(4)准备投标资料及确定投标策略。投标前必须准备与报价有关的所有资料,这些资料的质量高低直接影响投标报价成败。投标人要在投标时显示出核心竞争力就必须有一定的策略。所谓投标策略是指承包商在投标竞争中的指导思想和参与投标竞争的方式和手段。要在调查研究、占有资料并分析研究的基础上,制定出切实可行的投标策略,才能提高中标的可能性。

三、投标策略和投标决策

(一)投标决策

1. 投标决策的内容

决策是指为实现一定的目标,运用科学的方法,在若干可行方案中寻找满意的行动方案的过程。

投标决策即是寻找满意的投标方案的过程。其内容主要包括以下三个方面:

(1)针对项目招标决定是投标或是不投标。一定时期内,企业可能同时面临多个项目的投标机会,受施工能力所限,企业不可能实践所有的投标机会,而应在多个项目中进行选择;就某一具体项目而言,从效益的角度看有盈利标、保本标和亏损标,企业需根据项目特点和企业现实状况决定采取何种投标方式,以实现企业的既定目标,诸如:获取盈利,占领市场,树立企业新形象等。

(2)倘若去投标,决定投什么性质的标。按性质划分,投标有风险标和保险标。从经济学的角度看,某项事业的收益水平与其风险程度成正比,企业需在高风险的可能的高收益与低风险的低收益之间进行抉择。

(3)投标中企业需制定如何采取扬长避短的策略与技巧,达到战胜竞争对手的目的。投标决策是投标活动的首要环节,科学的投标决策是承包商战胜竞争对手,并取得较好的经济效益与社会效益的前提。

2. 项目决策分析

投标人要决定是否参加某项目工程的投标,首先要考虑当前经营状况和长远经营目标;其次要明确参加投标的目的;再次分析中标可能性的影响因素。

建筑市场是买方市场,投标报价的竞争异常激烈,投标人选择投标与否的余地非常小,都或多或少地存在着经营状况不饱满的情况。一般情况下,只要接到招标人的投标邀请,承包人都积极响应参加投标。这主要是基于以下考虑:第一,参加投标项目多,中标机会也多;第二,经常参加投标,在公众面前出现的机会也多,能起到广告宣传的作用;第三,通过参加投标,可积累经验,掌握市场行情,收集信息,了解竞争对手的惯用策略;第四,投标人拒绝招标人的投标邀请，可能会破坏自身的信誉，从而失去以后收到投标邀请的机会。

当然，也有一种理论认为有实力的投标人应该从投标邀请中，选择那些中标概率高、风险小的项目投标，即争取"投一个、中一个、顺利履约一个"。这是一种比较理想的投标策略，在激烈的市场竞争中很难实现。

投标人在收到招标人的投标邀请后，一般不采取拒绝投标的态度。但有时投标人同时收到多个投标邀请，而投标报价资源有限，若不分轻重缓急地把投标资源平均分布，则每一个项目中标的概率都很低。这时承包人应针对各个项目的特点进行分析，合理分配投标资源。投标资源一般可以理解为投标编制人员和计算机等工具，以及其他资源。不同项目需要的资源投入量不同；相同资源在不同的时期不同的项目中价值也不同。

(二)投标报价分析决策

初步报价提出后，应当对这个报价进行多方面分析。分析的目的是探讨这个报价的合理性、竞争性、盈利及风险，从而做出最终报价的决策。分析的方法可以从静态分析和动态分析两方面进行。

1. 进行报价的静态分析

先假定初步报价是合理的，分析报价的各项组成及其合理性。静态分析步骤如下：

(1)分析组价计算书中的汇总数字，并计算其比例指标。

1)统计总建筑面积和各单项建筑面积。

2)统计材料费用价及各主要材料数量和分类总价，计算单位面积的总材料费用指标和各主要材料消耗指标及费用指标，计算材料费占报价的比重。

3)统计人工费总价及主要工人、辅助工人和管理人员的数量，按报价、工期、建筑面积及统计的工日总数算出单位面积的用工数，单位面积的人工费，并算出按规定工期完成工程时，生产工人和全员的平均人月产值和人年产值。计算人工费占总报价的比重。

4)统计临时工程费用，机械设备使用费，模板、脚手架和工具等费用，计算它们占总报价的比重，以及分别占购置费的比例，即以摊销形式摊入本工程的费用和工程结束后的残值。

5)统计各类管理费汇总数，计算它们占总报价的比重，计算利润、贷款利息的总数和所占比例。

6)如果报价人有意地分别增加了某些风险系数，可以列为潜在利润或隐匿利润提出，以便研讨。

7)统计分包工程的总价及各分包商的分包价，计算其占总报价和投标人自己施工的直接费用的比例，并计算各分包人分别占分包总价的比例，分析各分包价的直接费、间接费和利润。

(2)从宏观方面分析报价结构的合理性。例如，分析总的人工费、材料费、机械台班费的合计数与总管理费用比例关系，人工费与材料费的比例关系，临时设施费及机械台班费与总人工费、材料费、机械费合计数的比例关系，利润与总报价的比例关系，判断报价的构成是否基本合理。如果发现有不合理的部分，应当初步探明原因。首先是研究本工程与其他类似工程是否存在某些不可比因素；如果扣掉不可比因素的影响后，仍然存在报价结构不合理的情况，就应当深入探索其原因，并考虑适当调整某些人工、材料、机械台班单价、定额含量及分摊系统。

(3)探讨工期与报价的关系。根据进度计划与报价，计算出月产值、年产值。如果从投标人的实践经验角度判断这一指标过高或过低，就应当考虑工期的合理性。

(4)分析单位面积价格和用工量、用料量的合理性。参照同类工程的经验，如果本工程与同类工程有某些不可比因素，可以扣除不可比因素后进行分析比较，还可以收集当地类似工程的资料，排除某些不可比因素后进行分析对比，并探索本报价的合理性。

(5)对明显不合理的报价构成部分进行微观方面的分析检查。重点是从提高工效、改变施工方案、调整工期、压低供货人和分包人的价格、节约管理费用等方面提出可行性措施，并修正初步报价，测算出另一个低报价方案。根据定量分析方法可以测算出基础最优报价。

(6)将原初步报价方案、低报价方案、基础最优报价方案整理成对比分析资料，提交内部的报价决策人或决策小组研讨。

2. 进行报价的动态分析

通过假定某些因素的变化，测算报价的变化幅度，特别是这些变化对报价的影响。对工程中风险较大的工作内容，采用扩大单价，增加风险费用的方法来减少风险。

很多种风险都可能导致工期延误，如：管理不善、材料设备交货延误、质量返工、监理工程师的刁难和其他投标人的干扰等而造成工期延误，不但不能索赔，还可能遭到罚款。由于工期延长可能使占用的流动资金及利息增加，管理费相应增大，工资开支也增多，机具设备使用费用增大。这种增加的开支部分只能用减小利润来弥补，因此，通过多次测算可以得知工期拖延多久利润将全部丧失。

3. 进行报价的决策

(1)报价决策的依据。作为决策的主要资料依据应当是投标人自己的造价人员编制的计算书及分析指标。

(2)报价差异的原因。虽然实行了工程量清单计价，由投标人自由组价。但一般来说，投标人对投标报价的计算方法大同小异，造价工程师的基础价格资料也是相似的。因此，从理论上分析，各投标人的投标报价都应当相差不远。但为什么在实际投标中却出现很大差异呢？除了那些明显的计算失误，如漏算、误解招标文件，有意放弃竞争而报高价者外，出现投标价格差异的基本原因有以下几个方面：

1)追求利润的高低不一。有的投标人急于中标以维持生存局面，不得不降低利润率，甚至不计取利润；也有的投标人机遇较好，并不急切求得中标，因而追求的利润较高。

2)各自拥有不同的优势。有的投标人拥有闲置的机具和材料；有的投标人拥有雄厚的资金；有的投标人拥有众多的优秀管理人才等。

3)选择的施工方案不同。对于大中型项目和一些特殊的工程项目，施工方案的选择对成本的影响较大。优良的施工方案，包括工程进度的合理安排、机械化程度的正确选择、工程管理的优化等，都可以明显降低施工成本，因而降低报价。

4)管理费用的差别。国有企业和集体企业、老企业和新企业、项目所在地企业和外地企业、大型企业和中小型企业之间的管理费用的差别是比较大的。由于在清单计价模式下会显示投标人的个别成本，这种差别会使个别成本的差异更加明显。

(3)在利润和风险之间做出决策。由于投标情况纷繁复杂，计价中碰到的情况并不相同，很难事先预料。一般说来，报价决策并不是干预造价工程师的具体计算，而是应当由决策人与造价工程师一起，对各种影响报价的因素进行恰当的分析，并做出果断的决策。不仅要对计价时提出的各种方案、价格、费用和分摊系数等予以审定和进行必要的修正，决策人还要全面考虑期望的利润和承担风险的能力。风险和利润并存于工程中，投标人应当尽可能避免较大的风险，采取措施转移、防范风险并获得一定的利润策略。降低投标报价有利于中标，但会降低预期利润、增大风险。决策者应当在风险和利润之间进行权衡并做出选择。

(4)根据工程量清单做出决策。招标人在招标文件中提供的工程量清单，是按未进行图纸会审的图纸和规范编制的，投标人中标后随工程的进展常常会发生设计变更，从而发生价格的变更。有时投标人在核对工程量清单时，会发现工程量有漏项和错算的现象，为投标人计算综合单价带来不便，增大投标报价的风险。但是，在投标时，投标人必须严格按照招标人的要求进行。

如果投标人擅自变更，招标人将拒绝接受该投标人的投标书。因此，有经验的投标人即使确认招标人的工程量清单有错项、漏项、施工过程中定会发生变更及招标条件隐藏着的巨大的风险，也不会正面变更或减少条件，而是针对招标人的错误采取不平衡报价等技巧，为中标后的索赔留下伏笔。或者利用详细说明、附加解释等十分谨慎地附加某些条件提示招标人注意，降低投标人的投标风险。

(5)低报价中标的决策。低报价中标是实行清单计价后的重要因素，但低价必须强调“合理”二字。报价并不是越低越好，不能低于投标人的个别成本，不能由于低价中标而造成亏损，这样中标的工程越多亏损就越多。决策者必须是在保证质量、工期的前提下，保证预期的利润并考虑一定风险的基础上确定最低成本价。因此，决策者在决定最终报价时要慎之又慎。低价虽然重要，但不是报价唯一因素，除了低报价之外，决策者可以采取策略或投标技巧战胜对手。投标人可以提出能够让招标人降低投资的合理化建议或对招标人有利的一些优惠条件来弥补报高价的不足。

四、投标报价编制

1. 一般规定

(1)投标价应由投标人或受其委托具有相应资质的工程造价咨询人编制。

(2)投标报价编制和确定的最基本特征是投标人自主报价，它是市场竞争形成价格的体现。但投标人自主决定投标报价必须由投标人或受其委托具有相应资质的工程造价咨询人编制。

(3)投标报价不得低于工程成本。《中华人民共和国招标投标法》第三十二条规定：“投标人不得以低于成本的报价竞标”。与“08规范”相比，“13计价规范”将“投标报价不得低于工程成本”上升为强制性条文，并单列一条，将成本定义为工程成本，而不是企业成本，这就使判定投标报价是否低于成本有了一定的可操作性。因为：

1)工程成本包含在企业成本中，二者的概念不同，涵盖的范围不同，某一单个工程的盈或亏，并不必然表现为整个企业的盈或亏。

2)建设工程施工合同是特殊的加工承揽合同，以施工企业成本来判定单一工程施工成本对发包人也是不公平的。因发包人需要控制和确定的是其发包的工程项目造价，无须考虑承包该工程的施工企业成本。

3)相对于一个地区而言,一定时期范围内,同一结构的工程成本基本上会趋于一个较稳定的值,这就使得对同类型工程成本的判断有了可操作的比较标准。

(4)实行工程量清单招标,招标人在招标文件中提供招标工程量清单,其目的是使各投标人在投标报价中具有共同的竞争平台。因此,投标人必须按招标工程量清单填报价格。项目编码、项目名称、项目特征、计量单位、工程量必须与招标工程量清单一致。

(5)根据《中华人民共和国政府采购法》第二条和第四条的规定,财政性资金投资的工程属政府采购范围,政府采购工程进行招标投标的,适用招标投标法。

《中华人民共和国政府采购法》第三十六条规定:“在招标采购中,出现下列情形之一的,应予废标:……(三)投标人的报价均超过了采购预算,采购人不能支付的”。

《中华人民共和国招标投标法实施条例》第五十一条规定:“有下列情形之一的,评标委员会应当否决其投标:……(五)投标报价低于成本或者高于招标文件设定的最高投标限价”。

国有资金投资的工程,其招标控制价相当于政府采购中的采购预算,且其定义就是最高投标限价。因此本条规定在国有资金投资工程的招投标活动中,投标人的投标报价不能超过招标控制价,否则,应予废标。

2. 编制与复核依据

《建筑工程施工发包与承包计价管理办法》(建设部令第107号)第七条规定摊贩标报价应当依据企业定额和市场价格信息,并按照国务院和省、自治区、直辖市人民政府建设行业主管部门发布的工程造价计价办法进行编制,编制和复核的依据如下:

(1)“13计价规范”。

(2)国家或省级、行业建设主管部门颁发的计价办法。

(3)企业定额,国家或省级、行业建设主管部门颁发的计价定额和计价办法。

(4)招标文件、招标工程量清单及其补充通知、答疑纪要。

(5)建设工程设计文件及相关资料。

(6)施工现场情况、工程特点及投标时拟定的施工组织设计或施工方案。

(7)与建设项目相关的标准、规范等技术资料。

(8)市场价格信息或工程造价管理机构发布的工程造价信息。

(9)其他的相关资料。

3. 投标报价的编制与复核

(1)综合单价中应包括招标文件中划分的应由投标人承担的风险范围及其费用,招标文件中没有明确的,应提请招标人明确。

(2)分部分项工程和措施项目中的单价项目,应根据招标文件和招标工程量清单项目中的特征描述确定综合单价计算。分部分项工程和措施项目中的单价项目最主要的是确定综合单价,包括:

1)确定依据。确定分部分项工程和措施项目中的单价项目综合单价的最重要依据之一是该清单项目的特征描述,投标人投标报价时应依据招标工程量清单项目的特征描述确定清单项目的综合单价。在招投标过程中,当出现招标工程量清单特征描述与设计图纸不符时,投标人应以招标工程量清单的项目特征描述为准,确定投标报价的综合单价。当施工中施工图纸或设计变更与招标工程量清单项目特征描述不一致时,发承包双方应按实际施工的项目特征依据合同约定重新确定综合单价。

2)材料、工程设备暂估价。招标工程量清单中提供了暂估单价的材料、工程设备，按暂估的单价计入综合单价。

3)风险费用。招标文件中要求投标人承担的风险内容和范围，投标人应考虑计入综合单价。在施工过程中，当出现的风险内容及其范围(幅度)在招标文件规定的范围内时，合同价款不作调整。

(3)措施项目中的总价项目金额应根据招标文件及投标时拟定的施工组织设计或施工方案，按规定自主确定。其中安全文明施工费应按规定确定。

1)措施项目的内容应依据招标人提供的措施项目清单和投标人投标时拟定的施工组织设计或施工方案。

2)措施项目费由投标人自主确定，但其中安全文明施工费必须按国家或省级、行业建设主管部门的规定确定。

(4)其他项目应按下列规定报价：

1)暂列金额应按招标工程量清单中列出的金额填写，不得变动。

2)暂估价不得变动和更改材料，工程设备暂估价应按招标工程量清单中列出的单价计入综合单价；专业工程暂估价应按招标工程量清单中列出的金额填写。

3)计日工应按招标工程量清单中列出的项目和数量，自主确定综合单价并计算计日工金额。

4)总承包服务费应依据招标人在招标文件中列出的分包专业工程内容和供应材料、设备情况，按照招标人提出的协调、配合与服务要求和施工现场管理需要自主确定。

(5)规费和税金应按《建设工程工程量清单计价规范》(GB 50500—2013)规定确定。

(6)招标工程量清单与计价表中列明的所有需要填写单价和合价的项目，投标人均应填写且只允许有一个报价。未填写单价和合价的项目，可视为此项费用已包含在已标价工程量清单中其他项目的单价和合价之中。当竣工结算时，此项目不得重新组价予以调整。

(7)投标总价应当与分部分项工程费、措施项目费、其他项目费和规费、税金的合计金额一致。即投标人在进行工程量清单招标的投标报价时，不能进行投标总价优惠(或降价、让利)，投标人对投标报价的任何优惠(或降价、让利)均应反映在相应清单项目的综合单价中。

4. 投标报价编制使用表格

(1)使用表格。投标报价使用的表格包括：封-3、扉-3、表-01(见本书第三章第三节相关表格)、表-02(见本章第二节相关表格)、表-03(见本章第二节相关表格)、表-04(见本章第二节相关表格)、表-08(见本书第三章第三节相关表格)、表-09(见本章第二节相关表格)、表-11(见本书第三章第三节相关表格)、表-12 (含表-12-1～表-12-5，见本书第三章第三节相关表格)、表-13(见本书第三章第三节相关表格)、表-16、招标文件提供的表-20(见本书第三章第三节相关表格)、表-21(见本书第三章第三节相关表格)或表-22(见本书第三章第三节相关表格)。

________________工程

投标总价

投　标　人：________________

（单位盖章）

年　月　日

投 标 总 价

招 标 人：________________

工程名称：________________

投标总价（小写）：________________

（大写）：________________

投 标 人：________________
（单位盖章）

法定代表人
或其授权人：________________
（签字或盖章）

编 制 人：________________
（造价人员签字盖专用章）

时 间：　　年　　月　　日

总价项目进度款支付分解表

工程名称：　　　　　　　　　　　　标段：　　　　　　　　　　　　单位：元

序号	项目名称	总价金额	首次支付	二次支付	三次支付	四次支付	五次支付	
	安全文明施工费							
	夜间施工增加费							
	二次搬运费							
	社会保险费							
	住房公积金							
合　计								

编制人（造价人员）：　　　　　　　　　　　　复核人（造价工程师）：

注：1. 本表应由承包人在投标报价时根据发包人在招标文件明确的进度款支付周期与报价填写，签订合同时，发承包双方可就支付分解协商调整后作为合同附件。

2. 单价合同使用本表，“支付”栏时间应与单价项目进度款支付周期相同。

3. 总价合同使用本表，“支付”栏时间应与约定的工程计量周期相同。

表-16

(2)填写方法。

1)封-3。投标总价封面应填写投标工程项目的具体名称，投标人应盖单位公章。

2)扉-3。投标总价扉页由投标人编制投标报价时填写。投标人编制投标报价时，编制人员必须是在投标人单位注册的造价人员。由投标人盖单位公章，法定代表人或其授权签字或盖章；编制的造价人员(造价工程师或造价员)签字盖执业专用章。

3)总说明。投标报价总说明应包括的内容有：①采用的计价依据；②采用的施工组织设计；③综合单价中包含的风险因素，风险范围(幅度)；④措施项目的依据；⑤其他有关内容的说明等。

4)工程计价汇总表。填写方法见本章第二节相关内容。

5)分部分项工程和单价措施项目计价表(表-08)。投标人对表中的“项目编码”、“项目名称”、“项目特征”、“计量单位”、“工程量”均不应做改动。“综合单价”、“合价”自主决定填写，对其中的“暂估价”栏，投标人应将招标文件中提供了暂估材料单价的暂估价计入综合单价，并应计算出暂估单价的材料在“综合单价”及其“合价”中的具体数额，因此，为更详细反应暂估价情况，也可在表中增设一栏“综合单价”其中的“暂估价”。

6)综合单价分析表(表-09)。使用本表可填写使用的企业定额名称，也可填写省级或行业建设主管部门发布的计价定额，如不使用则不填写。

7)总价措施项目计价表(表-11)。编制投标报价时，除“安全文明施工费”必须按“13计价规范”的强制性规定，按省级、行业建设主管部门的规定计取外，其他措施项目均可根据投标施工组织设计自主报价。

8)其他项目清单与计价汇总表(表-12)。编制投标报价，应按招标文件工程量清单提供的“暂列金额”和“专业工程暂估价”填写金额，不得变动，“计日工”、“总承包服务费”自主确定报价。

9)暂列金额明细表(表-12-1)。填写方法见本章第二节相关内容。

10)材料(工程设备)暂估单价及调整表(表-12-2)。填写方法见本章第二节相关内容。

11)专业工程暂估价及结算价表(表-12-3)。填写方法见本章第二节相关内容。

12)计日工表(表-12-4)。编制投标报价时，人工、材料、机械台班单价由投标人自主确定，按已给暂估数量计算合价计入投标总价中。

13)总承包服务费计价表(表-12-5)。编制投标报价时，由投标人根据工程量清单中的总承包服务内容，自主决定报价。

14)规费、税金项目计价表(表-13)。填写方法见本书第三章第三节相关内容。

15)总价项目进度款支付分解表(表-16)。由承包人代表在每个计量周期结束后，向发包人提出，由发包人授权的现场代表复核工程量，由发包人授权的造价工程师复核应付款项，经发包人批准实施。

5. 投标报价编制注意问题

(1)掌握“13计价规范”的各项规定，明确各清单项目所含的工作内容和要求、各项费用的组成等。投标时仔细研究清单项目的描述，真正把自身的管理优势、技术优势、资源优势等落实到清单项目报价中。

(2)注意建立企业内部定额，提高自主报价能力。企业定额是指根据本企业施工技术和管理水平以及有关工程造价资料制定的，供本企业使用的人工、材料和机械台班的消耗量标准。通过制定企业定额，施工企业可以准确地计算出完成项目所需耗费的成本与工期，从而可以在投标报价时做到心中有数，避免盲目报价导致最终亏损现象的发生。

(3)在投标报价书中，没有填写单价和合价的项目将不予支付，因此，投标企业应仔细填写每一单项的单价和合价，做到报价时不漏项不缺项。

(4)若需编制技术标及相应报价，应避免技术标报价与商务标报价出现重复现象，尤其是技术标中已经包括的措施项目，投标时应正确区分。

(5)掌握一定的投标策略和技巧。根据各种影响因素和工程具体情况，灵活机动地调整报价，提高企业的市场竞争力。

第四节　工程施工合同与价款规定

一、合同签订

合同签订的过程，是当事人双方互相协商并最后就各方的权利、义务达成一致意见的过程。签约是双方意志统一的表现。

1. 合同签订形式

合同形式，是指当事人同意的外在表现形式，是合同内容的载体。当事人订立合同，有书面形式、口头形式和其他形式。

(1)书面形式。书面形式是指当事人双方用书面方式表达相互之间通过协商一致而达成的协议。

1)法律、行政法规规定采用书面形式的，应当采用书面形式。

2)当事人约定采用书面形式的，应当采用书面形式。

(2)口头形式。口头形式是指当事人双方用对话方式表达相互之间达成的协议。当事人在使用口头形式时，应注意只能是及时履行的经济合同，才能使用口头形式，否则不宜采用这种形式。

2. 合同签订原则

(1)依法签订原则。

(2)平等互利协商一致原则。

(3)等价有偿原则。

(4)严密完备原则。

(5)履行法律程序原则。

3. 合同签订程序

(1)市场调查建立联系。

(2)表明合作意愿投标报价。

(3)协商谈判。

(4)签署书面合同。

(5)签证与公证。

4. 合同签订注意事项

(1)符合承包商的基本目标。承包商的基本目标是取得工程利润,合同的签订应服从企业的整体经营战略,为承包商创造工程利润及更长远利益。承包商在签订合同时,经常会因各种原因而犯如下错误,为自身带来损失:

1)由于长期承接不到工程而急于求成,急于使工程成交,而盲目签订合同。

2)初到一个地方,急于打开局面、承接工程,而草率签订合同。

3)由于竞争激烈,怕丧失承包资格而接受条件苛刻的合同。

4)由于许多企业盲目追求高的合同额,而忽视对工程利润的考察,所以,希望并要求多承接工程,而忽视承接到工程的后果。

(2)招标争取自己的正当权益。承包商在合同谈判中应积极地争取自己的正当权益,争取主动。在可能的条件下,应争取合同文本的拟稿权。并应对业主提出的合同文本进行全面的分析研究。在合同谈判中,双方应对每个条款作具体的商讨,争取修改对自己不利的苛刻条款,增加承包商权益的保护条款。

(3)重视合同的法律性质。合同一经签订,即具有法律效力,合同中的每一项条款都与双方有利害关系。合同的签订是法律行为,双方签订合同应注意以下几点:

1)一切问题,必须"先小人,后君子","丑话说在前"。

2)一切都应明确地、具体地、详细地规定。

3)在合同的签订和实施过程中,不要轻易相信任何口头承诺和保证,少说多写。

4)对在标前会议上和合同签订前的澄清会议上的说明、允诺、解释和一些合同外要求,都应以书面的形式确认,如签署附加协议、会谈纪要、备忘录,或直接写入合同中。

(4)防止欺诈。在合同的签订和执行过程中,既要讲究诚实信用,又要在合作中有所戒备,防止被欺诈。在工程中,许多欺诈行为属于对手钻空子、设圈套,而自己疏忽大意,盲目相信对方或对方提供的信息造成的,这些都无法责难对方。

(5)重视合同审查的风险分析。在合同签订前,承包商应委派有丰富合同工作经验和经历的专家认真地、全面地进行合同审查和风险分析,弄清楚自己的权益和责任,完不成合同责任的法律后果等,对每一条款的利弊得失都应了解清楚。

在谈判结束,合同签约前,还必须对合同作再一次的全面分析和审查。其重点如下:

1)前面合同审查所发现的问题是否都有了落实,得到了解决,或都已处理过;不利的、苛刻的、风险型条款,是否都已作了修改。

2)新确定的,经过修改或补充的合同条文还可能带来新的问题和风险,与原来合同条款之间可能有矛盾或不致欠妥可能存在漏洞和不确定性。在合同谈判中,投标及合同条件的任何修改,签署任何新的附加协议、补充协议,都必须经过合同审查,并备案。

3)对仍然存在的问题和风险,是否都已分析出来,承包商是否都十分明了或已认可,已有精神准备或有相应的对策。

4)合同双方是否对合同条款的理解有一致性。业主是否认可承包商对合同的分析和解释。

合同风险分析和对策一定要在报价和合同谈判前进行,以作为投标报价和合同谈判的依据。在合同谈判中,双方应对各合同条款和分析出来的风险进行认真商讨。

(6)加强沟通和了解。在招标投标阶段,双方应本着真诚合作的精神多沟通,达到互相了解和理解。实践证明，双方理解越正确、越全面、越深刻，合同执行中对抗越少，合同越顺利，项目越容易成功。

二、合同条款及格式

招标人可以采用《房屋建筑和市政工程标准施工招标、资格预审文件》(2010 年版)，或者结合行业合同示范文本的合同条款及格式编制招标项目的合同条款。

合同格式是招标人在招标文件中拟定好的具体格式，在定标后由招标人与中标人达成一致协议后签署。投标人投标时不填写。

招标文件中的合同格式，主要有合同协议书、承包人提供的材料和工程设备一览表、发包人提供的材料和工程设备一览表、预付款担保格式、履约担保格式、支付担保格式、质量保修书格式、廉政责任书格式等。《中华人民共和国房屋建筑和市政工程标准施工招标文件》中推荐使用的合同格式如下：

(1)合同协议书。

合同协议书

编号：______

发包人(全称)：________________________

法定代表人：________________________

法定注册地址：________________________

承包人(全称)：________________________

法定代表人：________________________

法定注册地址：________________________

发包人为建设______________(以下简称“本工程”)，已接受承包人提出的承担本工程的施工、竣工、交付并维修其任何缺陷的投标。依照《中华人民共和国招标投标法》、《中华人民共和国合同法》、《中华人民共和国建筑法》及其他有关法律、行政法规，遵循平等、自愿、公平和诚实信用的原则，双方共同达成并订立如下协议。

一、工程概况

工程名称：______________(项目名称)______________标段

工程地点：________________________

工程内容：________________________

群体工程应附“承包人承揽工程项目一览表”(附件 1)

工程立项批准文号：________________________

资金来源：________________________

二、工程承包范围

承包范围：________________________

详细承包范围见第七章“技术标准和要求”。

三、合同工期

计划开工日期：______年____月____日

计划竣工日期：______年____月____日

工期总日历天数______天，自监理人发出的开工通知中载明的开工日期起算。

四、质量标准

工程质量标准：____________________

五、合同形式

本合同采用________________合同形式。

六、签约合同价

金额（大写）：____________元（人民币）

（小写）￥：__________元

其中：安全文明施工费：____________元

暂列金额：____________元（其中计日工金额____________元）

材料和工程设备暂估价：________________元

专业工程暂估价：________________元

七、承包人项目经理

姓名：________________________________；职称：_______________________________；

身份证号：____________________________；建造师执业资格证书号：_______________；

建造师注册证书号：________________________。

建造师执业印章号：________________________。

安全生产考核合格证书号：__________________。

八、合同文件的组成

下列文件共同构成合同文件：

1. 本协议书；
2. 中标通知书；
3. 投标函及投标函附录；
4. 专用合同条款；
5. 通用合同条款；
6. 技术标准和要求；
7. 图纸；
8. 已标价工程量清单；
9. 其他合同文件。

上述文件互相补充和解释，如有不明确或不一致之处，以合同约定次序在先者为准。

九、本协议书中有关词语定义与合同条款中的定义相同。

十、承包人承诺按照合同约定进行施工、竣工、交付并在缺陷责任期内对工程缺陷承担维修责任。

十一、发包人承诺按照合同约定的条件、期限和方式向承包人支付合同价款。

十二、本协议书连同其他合同文件正本一式两份，合同双方各执一份；副本一式__________份，其中一份在合同报送建设行政主管部门备案时留存。

十三、合同未尽事宜，双方另行签订补充协议，但不得背离本协议第八条所约定的合同文件的实质性内容。补充协议是合同文件的组成部分。

发包人：________（盖单位章）　　　　承包人：________（盖单位章）

法定代表人或
其委托代理人：________（签字）　　　　法定代表人或
其委托代理人：________（签字）

____年____月____日　　　　____年____月____日

签约地点：________________

(2)预付款担保格式。

预付款担保

保函编号：________

________（发包人名称）：

鉴于你方作为发包人已经与________（承包人名称）（以下称"承包人"）于____年____月____日签订了________（工程名称）施工承包合同（以下称"主合同"）。

鉴于该主合同规定，你方将支付承包人一笔金额为________（大写：________）的预付款（以下称"预付款"），而承包人须向你方提供与预付款等额的不可撤销和无条件兑现的预付款保函。

我方受承包人委托，为承包人履行主合同规定的义务做出如下不可撤销的保证：

我方将在收到你方提出要求收回上述预付款金额的部分或全部的索偿通知时，无须你方提出任何证明或证据，立即无条件地向你方支付不超过________（大写：________）或根据本保函约定递减后的其他金额的任何你方要求的金额，并放弃向你方追索的权力。

我方特此确认并同意：我方受本保函制约的责任是连续的，主合同的任何修改、变更、中止、终止或失效都不能削弱或影响我方受本保函制约的责任。

在收到你方的书面通知后，本保函的担保金额将根据你方依主合同签认的进度付款证书中累计扣回的预付款金额作等额调减。

本保函自预付款支付给承包人起生效，至你方签发的进度付款证书说明已抵扣完毕止。

除非你方提前终止或解除本保函。本保函失效后请将本保函退回我方注销。

本保函项下所有权利和义务均受中华人民共和国法律管辖和制约。

担保人：________________（盖单位章）
法定代表人或其委托代理人：________（签字）
地　　址：________________
邮政编码：________________
电　　话：________________
传　　真：________________

____年____月____日

备注：本预付款担保格式可采用经发包人认可的其他格式，但相关内容不得违背合同文件约定的实质性内容。

(3)履约担保格式。

承包人履约保函

__________(发包人名称):

鉴于你方作为发包人已经与__________(承包人名称)(以下称“承包人”)于______年____月____日签订了______________(工程名称)施工承包合同(以下称“主合同”),应承包人申请,我方愿就承包人履行主合同约定的义务以保证的方式向你方提供如下担保:

一、保证的范围及保证金额

我方的保证范围是承包人未按照主合同的约定履行义务,给你方造成的实际损失。

我方保证的金额是主合同约定的合同总价款____%,数额最高不超过人民币______元(大写__________)。

二、保证的方式及保证期间

我方保证的方式为:连带责任保证。

我方保证的期间为:自本合同生效之日起至主合同约定的工程竣工日期后______日内。

你方与承包人协议变更工程竣工日期的,经我方书面同意后,保证期间按照变更后的竣工日期做相应调整。

三、承担保证责任的形式

我方按照你方的要求以下列方式之一承担保证责任:

(1)由我方提供资金及技术援助,使承包人继续履行主合同义务,支付金额不超过本保函第一条规定的保证金额。

(2)由我方在本保函第一条规定的保证金额内赔偿你方的损失。

四、代偿的安排

你方要求我方承担保证责任的,应向我方发出书面索赔通知及承包人未履行主合同约定义务的证明材料。索赔通知应写明要求索赔的金额,支付款项应到达的账号,并附有说明承包人违反主合同造成你方损失情况的证明材料。

你方以工程质量不符合主合同约定标准为由,向我方提出违约索赔的,还需同时提供符合相应条件要求的工程质量检测部门出具的质量说明材料。

我方收到你方的书面索赔通知及相应证明材料后,在______工作日内进行核定后按照本保函的承诺承担保证责任。

五、保证责任的解除

1、在本保函承诺的保证期间内,你方未书面向我方主张保证责任的,自保证期间届满次日起,我方保证责任解除。

2、承包人按主合同约定履行了义务的,自本保函承诺的保证期间届满次日起,我方保证责任解除。

3、我方按照本保函向你方履行保证责任所支付的金额达到本保函保证金额时,自我方向你方支付(支付款项从我方账户划出)之日起,保证责任即解除。

4、按照法律法规的规定或出现应解除我方保证责任的其他情形的,我方在本保函项下的保证责任亦解除。

我方解除保证责任后，你方应自我方保证责任解除之日起______个工作日内，将本保函原件返还我方。

六、免责条款

1、因你方违约致使承包人不能履行义务的，我方不承担保证责任。

2、依照法律法规的规定或你方与承包人的另行约定，免除承包人部分或全部义务的，我方亦免除其相应的保证责任。

3、你方与承包人协议变更主合同（符合主合同合同条款第15条约定的变更除外），如加重承包人责任致使我方保证责任加重的，需征得我方书面同意，否则我方不再承担因此而加重部分的保证责任。

4、因不可抗力造成承包人不能履行义务的，我方不承担保证责任。

七、争议的解决

因本保函发生的纠纷，由贵我双方协商解决，协商不成的，任何一方均可提请__________仲裁委员会仲裁。

八、保函的生效

本保函自我方法定代表人（或其授权代理人）签字或加盖公章并交付你方之日起生效。

本条所称交付是指：____。

担保人：________________________（盖单位章）

法定代表人或其委托代理人：__________（签字）

地　　址：______________________________

邮政编码：______________________________

电　　话：______________________________

传　　真：______________________________

______年____月____日

备注：本履约担保格式可以采用经发包人同意的其他格式，但相关内容不得违背合同约定的实质性内容。

（4）支付担保格式。

发包人支付保函

__________（承包人）：

鉴于你方作为承包人已经与______________________（发包人名称）（以下称“发包人”）于______年_____月____日签订了__________________（工程名称）施工承包合同（以下称“主合同”），应发包人的申请，我方愿就发包人履行主合同约定的工程款支付义务以保证的方式向你方提供如下担保：

一、保证的范围及保证金额

我方的保证范围是主合同约定的工程款。

本保函所称主合同约定的工程款是指主合同约定的除工程质量保证金以外的合同价款。

我方保证的金额是主合同约定的工程款的______%，数额最高不超过人民币_________元（大写：__________________）。

二、保证的方式及保证期间

我方保证的方式为：连带责任保证。

我方保证的期间为：自本合同生效之日起至主合同约定的工程款支付之日后_____日内。

你方与发包人协议变更工程款支付日期的，经我方书面同意后，保证期间按照变更后的支付日期做相应调整。

三、承担保证责任的形式

我方承担保证责任的形式是代为支付。发包人未按主合同约定向你方支付工程款的，由我方在保证金额内代为支付。

四、代偿的安排

你方要求我方承担保证责任的，应向我方发出书面索赔通知及发包人未支付主合同约定工程款的证明材料。索赔通知应写明要求索赔的金额，支付款项应到达的账号。

在出现你方与发包人因工程质量发生争议，发包人拒绝向你方支付工程款的情形时，你方要求我方履行保证责任代为支付的，还需提供项目总监理工程师、监理人或符合相应条件要求的工程质量检测机构出具的质量说明材料。

我方收到你方的书面索赔通知及相应证明材料后，在______个工作日内进行核定后按照本保函的承诺承担保证责任。

五、保证责任的解除

1. 在本保函承诺的保证期间内，你方未书面向我方主张保证责任的，自保证期间届满次日起，我方保证责任解除。

2. 发包人按主合同约定履行了工程款的全部支付义务的，自本保函承诺的保证期间届满次日起，我方保证责任解除。

3. 我方按照本保函向你方履行保证责任所支付金额达到本保函保证金额时，自我方向你方支付（支付款项从我方账户划出）之日起，保证责任即解除。

4. 按照法律法规的规定或出现应解除我方保证责任的其他情形的，我方在本保函项下的保证责任亦解除。

我方解除保证责任后，你方应自我方保证责任解除之日起______个工作日内，将本保函原件返还我方。

六、免责条款

1. 因你方违约致使发包人不能履行义务的，我方不承担保证责任。

2. 依照法律法规的规定或你方与发包人的另行约定，免除发包人部分或全部义务的，我方亦免除其相应的保证责任。

3. 你方与发包人协议变更主合同的（符合主合同合同条款第15条约定的变更除外），如加重发包人责任致使我方保证责任加重的，需征得我方书面同意，否则我方不再承担因此而加重部分的保证责任。

4. 因不可抗力造成发包人不能履行义务的，我方不承担保证责任。

七、争议的解决

因本保函发生的纠纷，由贵我双方协商解决，协商不成的，任何一方均可提请__________仲裁委员会仲裁。

八、保函的生效

本保函自我方法定代表人(或其授权代理人)签字或加盖公章并交付你方之日起生效。

本条所称交付是指:________________________________。

担保人:________________________(盖单位章)

法定代表人或其委托代理人:__________(签字)

地　　址:________________________________

邮政编码:________________________________

电　　话:________________________________

传　　真:________________________________

_____年____月____日

备注:本支付担保格式可采用经承包人同意的其他格式,但相关约定应当与履约担保对等。

三、合同价款约定

1. 一般规定

(1)实行招标的工程合同价款应在中标通知书发出之日起30d内,由发承包双方依据招标文件和中标人的投标文件在书面合同中约定。

合同约定不得违背招标投标文件中关于工期、造价、质量等方面的实质性内容。招标文件与中标人投标文件不一致的地方,应以投标文件为准。

工程合同价款的约定是建设工程合同的主要内容,根据有关法律条款的规定,工程合同价款的约定应满足以下几个方面要求:

1)约定的依据要求:招标人向中标的投标人发出的中标通知书。

2)约定的时间要求:自招标人发出中标通知书之日起30d内。

3)约定的内容要求:招标文件和中标人的投标文件。

4)合同的形式要求:书面合同。

在工程招投标及建设工程合同签订过程中,招标文件应视为要约邀请,投标文件为要约,中标通知书为承诺。因此,在签订建设工程合同时,若招标文件与中标人的投标文件有不一致的地方,应以投标文件为准。

(2)不实行招标的工程合同价款,应在发承包双方认可的工程价款基础上,由发承包双方在合同中约定。

(3)实行工程量清单计价的工程,应采用单价合同;建设规模较小,技术难度较低,工期较短,且施工图设计已审查批准的建设工程可采用总价合同;紧急抢险、救灾以及施工技术特别复杂的建设工程可采用成本加酬金合同。以下为三种不同合同形式的适用对象:

1)实行工程量清单计价的工程应采用单价合同方式。即合同约定的工程价款中包含的工程量清单项目综合单价在约定条件内是固定的,不予调整,工程量允许调整。工程量清单项目综合单价在约定的条件外,允许调整。调整方式、方法应在合同中约定。

2)建设规模较小、技术难度较低、施工工期较短,并且施工图设计审查已经完备的工程,可以采用总价合同。采用总价合同,除工程变更外,其工程量不予调整。

3)成本加酬金合同是承包人不承担任何价格变化风险的合同。这种合同形式适用于时间特别紧迫,来不及进行详细的计划和商谈,如紧急抢险、救灾以及施工技术特别复杂的建设工程。

2. 合同价款约定内容

《中华人民共和国建筑法》第十八条规定:“建筑工程造价应当按照国家有关规定,由发包单位与承包单位在合同中约定。公开招标发包的,其造价的约定,须遵守招标投标法律的规定”。依据财政部、原建设部印发的《建设工程价款结算暂行办法》(财建[2004]369号)第七条规定,发承包双方应在合同中对工程价款进行约定的基本事项如下:

1)预付工程款的数额、支付时间及抵扣方式。预付工程款是发包人为解决承包人在施工准备阶段资金周转问题提供的协助。如使用的水泥、钢材等大宗材料,可根据工程具体情况设置工程材料预付款。应在合同中约定预付款数额:可以是绝对数,如50万、100万,也可以是额度,如合同金额的10%、15%等;约定支付时间:如合同签订后一个月支付、开工日前7d支付等;约定抵扣方式:如在工程进度款中按比例抵扣;约定违约责任:如不按合同约定支付预付款的利息计算,违约责任等。

2)安全文明施工措施的支付计划、使用要求等。

3)工程计量与进度款支付。应在合同中约定计量时间和方式:可按月计量,如每月30d,可按工程形象部位(目标)划分分段计量,如±0以下基础及地下室、主体结构1～3层、4～6层等。进度款支付周期与计量周期保持一致,约定支付时间:如计量后7d、10d支付;约定支付数额:如已完工作量的70%、80%等;约定违约责任:如不按合同约定支付进度款的利率,违约责任等。

4)合同价款的调整。约定调整因素:如工程变更后综合单价调整,钢材价格上涨超过投标报价时的3%,工程造价管理机构发布的人工费调整等;约定调整方法:如结算时一次调整,材料采购时报发包人调整等;约定调整程序:承包人提交调整报告交发包人,由发包人现场代表审核签字等;约定支付时间与工程进度款支付同时进行等。

5)索赔与现场签证。约定索赔与现场签证的程序:如由承包人提出、发包人现场代表或授权的监理工程师核对等;约定索赔提出时间:如知道索赔事件发生后的28d内等;约定核对时间:收到索赔报告后7d以内、10d以内等;约定支付时间:原则上与工程进度款同期支付等。

6)承担风险。约定风险的内容范围:如全部材料、主要材料等;约定物价变化调整幅度:如钢材、水泥价格涨幅超过投标报价的3%,其他材料超过投标报价的5%等。

7)工程竣工结算。约定承包人在什么时间提交竣工结算书,发包人或其委托的工程造价咨询企业,在什么时间内核对,核对完毕后,什么时间内支付等。

8)工程质量保证金。在合同中约定数额:如合同价款的3%等;约定预付方式:竣工结算一次扣清等;约定归还时间:如质量缺陷期退还等。

9)合同价款争议。约定解决价款争议的办法:是协商还是调解,如调解由哪个机构调解;如在合同中约定仲裁,应标明具体的仲裁机关名称,以免仲裁条款无效,约定诉讼等。

10)与履行合同、支付价款有关的其他事项等。需要说明的是,合同中涉及价款的事项较多,能够详细约定的事项应尽可能具体约定,约定的用词应尽可能唯一,如有几种解释,最好对用词进行定义,尽量避免因理解上的歧义造成合同纠纷。

(2)合同中没有按照“(1)”的要求约定或约定不明的,若发承包双方在合同履行中发生争议由双方协商确定；当协商不能达成一致时，应按规定执行。

《中华人民共和国合同法》第六十一条规定："合同生效后，当事人就质量、价款或者报酬、履行地点等内容没有约定或者约定不明确的，可以协议补充；不能达成补充协议的，按照合同有关条款或交易习惯确定"。

《最高人民法院关于审理建设工程施工合同纠纷案件适用法律问题的解释》第十六条第二款规定："因设计变更导致建设工程的工程量或者质量标准发生变化，当事人对该部分工程价款不能协商一致的，可以参照签订建设工程施工合同时当地建设行政主管部门发布的计价方式或者计价标准结算工程价款"。

四、工程计量

1. 一般规定

(1)工程量必须按照相关工程现行国家计量规范规定的工程量计算规则计算。

(2)工程量可选择按月或按工程形象进度分段计量，具体计量周期应在合同中约定。

工程量的正确计算是合同价款支付的前提和依据，而选择恰当的计量方式对于正确计量也十分必要。由于工程建设具有投资大、周期长等特点，因此，工程计量以及价款支付是通过"阶段小结、最终结清"来体现的。所谓阶段小结可以时间节点来划分，即按月计量；也可以形象节点来划分，即按工程形象进度分段计量。按工程形象进度分段计量与按月计量相比，其计量结果更具稳定性，可以简化竣工结算。但应注意工程形象进度分段的时间应与按月计量保持一定的关系，不应过长。

(3)因承包人原因造成的超出合同工程范围施工或返工的工程量，发包人不予计量。

(4)成本加酬金合同应按规定计量。

2. 单价合同的计量

(1)工程量必须以承包人完成合同工程应予计量的工程量确定。

(2)施工中进行工程计量，当发现招标工程量清单中出现缺项、工程量偏差，或因工程变更引起工程量增减时，应按承包人在履行合同义务中完成的工程量计算。

(3)承包人应当按照合同约定的计量周期和时间向发包人提交当期已完工程量报告。发包人应在收到报告后7d内核实，并将核实计量结果通知承包人。发包人未在约定时间内进行核实的，承包人提交的计量报告中所列的工程量应视为承包人实际完成的工程量。

(4)发包人认为需要进行现场计量核实时，应在计量前24h通知承包人，承包人应为计量提供便利条件并派人参加。当双方均同意核实结果时，双方应在上述记录上签字确认。承包人收到通知后不派人参加计量，视为认可发包人的计量核实结果。发包人不按照约定时间通知承包人，致使承包人未能派人参加计量，计量核实结果无效。

(5)当承包人认为发包人核实后的计量结果有误时，应在收到计量结果通知后的7d内向发包人提出书面意见，并应附上其认为正确的计量结果和详细的计算资料。发包人收到书面意见后，应在7d内对承包人的计量结果进行复核后通知承包人。承包人对复核计量结果仍有异议的，按照合同约定的争议解决办法处理。

(6)承包人完成已标价工程量清单中每个项目的工程量并经发包人核实无误后，发承包双方应对每个项目的历次计量报表进行汇总，以核实最终结算工程量，并应在汇总表上签字确认。

3. 总价合同的计量

(1)采用工程量清单方式招标形成的总价合同,其工程量应按规定计算。

(2)采用经审定批准的施工图纸及其预算方式发包形成的总价合同,除按照工程变更规定的工程量增减外,总价合同各项目的工程量应为承包人用于结算的最终工程量。

(3)总价合同约定的项目计量应以合同工程经审定批准的施工图纸为依据,发承包双方应在合同中约定工程计量的形象目标或时间节点进行计量。

(4)承包人应在合同约定的每个计量周期内对已完成的工程进行计量,并向发包人提交达到工程形象目标完成的工程量和有关计量资料的报告。

(5)发包人应在收到报告后7d内对承包人提交的上述资料进行复核,以确定实际完成的工程量和工程形象目标。对其有异议的,应通知承包人进行共同复核。

五、合同价款支付

(一)合同价款期中支付

1. 预付款支付

(1)承包人应将预付款专用于合同工程。当发包人要求承包人采购价值较高的工程设备时,应按商业惯例向承包人支付工程设备预付款。

(2)包工包料工程的预付款的支付比例不得低于签约合同价(扣除暂列金额)的10%,不宜高于签约合同价(扣除暂列金额)的30%。预付款的总金额,分期拨付次数,每次付款金额、付款时间等应根据工程规模、工期长短等具体情况,在合同中约定。

(3)承包人应在签订合同或向发包人提供与预付款等额的预付款保函后向发包人提交预付款支付申请。

(4)发包人应在收到支付申请的7d内进行核实,向承包人发出预付款支付证书,并在签发支付证书后的7d内向承包人支付预付款。

(5)发包人没有按合同约定按时支付预付款的,承包人可催告发包人支付;发包人在预付款期满后的7d内仍未支付的,承包人可在付款期满后的第8d起暂停施工。发包人应承担由此增加的费用和延误的工期,并应向承包人支付合理利润。

(6)预付款应从每一个支付期应支付给承包人的工程进度款中扣回,直到扣回的金额达到合同约定的预付款金额为止。

工程预付款是发包人因承包人为准备施工而履行的协助义务。当承包人取得相应的合同价款时,发包人往往会要求承包人予以返还。具体发包人从支付的工程进度款中按约定的比例逐渐扣回,通常约定承包人完成签约合同价款的比例在20%～30%时,开始从进度款中按一定比例扣还。

(7)承包人的预付款保函的担保金额根据预付款扣回的数额相应递减,但在预付款全部扣回之前一直保持有效。发包人应在预付款扣完后的14d内将预付款保函退还给承包人。

2. 安全文明施工费支付

(1)安全文明施工费包括的内容和使用范围,应符合国家有关文件和计量规范的规定。

安全文明施工费的内容以财政部、安全监管总局印发的《企业安全生产费用提取和使用管理办法》和相关工程现行国家计量规范的规定为准。

财政部、国家安全生产监督管理总局印发的《企业安全生产费用提取和使用管理办法》(财企[2012]16号)第十九条规定:“建设工程施工企业安全费用应当按照以下范围使用:

(一)完善、改造和维护安全防护设施设备支出(不含‘三同时’要求初期投入的安全设施),包括施工现场临时用电系统、洞口、临边、机械设备、高处作业防护、交叉作业防护、防火、防爆、防尘、防毒、防雷、防台风、防地质灾害、地下工程有害气体监测、通风、临时安全防护等设施设备支出;

(二)配备、维护、保养应急救援器材、设备支出和应急演练支出;

(三)开展重大危险源和事故隐患评估、监控和整改支出;

(四)安全生产检查、评价(不包括新建、改建、扩建项目安全评价)、咨询和标准化建设支出;

(五)配备和更新现场作业人员安全防护用品支出;

(六)安全生产宣传、教育、培训支出;

(七)安全生产适用的新技术、新标准、新工艺、新装备的推广应用支出;

(八)安全设施及特种设备检测检验支出;

(九)其他与安全生产直接相关的支出。”

(2)发包人应在工程开工后的28d内预付不低于当年施工进度计划的安全文明施工费总额的60%,其余部分应按照提前安排的原则进行分解,并应与进度款同期支付。

(3)发包人没有按时支付安全文明施工费的,承包人可催告发包人支付;发包人在付款期满后的7d内仍未支付的,若发生安全事故,发包人应承担相应责任。

(4)承包人对安全文明施工费应专款专用,在财务账目中应单独列项备查,不得挪作他用,否则发包人有权要求其限期改正;逾期未改正的,造成的损失和延误的工期应由承包人承担。

3. 进度款支付

(1)发承包双方应按照合同约定的时间、程序和方法,根据工程计量结果,办理期中价款结算,支付进度款。

(2)进度款支付周期应与合同约定的工程计量周期一致。

工程量的正确计量是发包人向承包人支付工程进度款的前提和依据。计量和付款周期可采用分段或按月结算的方式,按财政部、原建设部印发的《建设工程价款结算暂行办法》(财建[2004]369号)的规定:

1)按月结算与支付:即实行按月支付进度款,竣工后结算的办法。合同工期在两个年度以上的工程,在年终进行工程盘点,办理年度结算。

2)分段结算与支付:即当年开工、当年不能竣工的工程按照工程形象进度,划分不同阶段支付工程进度款。

当采用分段结算方式时,应在合同中约定具体的工程分段划分,付款周期应与计量周期一致。

(3)已标价工程量清单中的单价项目,承包人应按工程计量确认的工程量与综合单价计算;综合单价发生调整的,以发承包双方确认调整的综合单价计算进度款。

(4)已标价工程量清单中的总价项目和按前述“二、3.”规定形成的总价合同，应由承包人根据施工进度计划和总价构成、费用性质、计划发生时间和相应的工程量等因素按计量周期进行分解，形成进度款支付分解表，在投标时提交，非招标工程在合同洽商时提交。在施工过程中，由于进度计划的调整，发承包双方应对支付分解进行调整。

1)已标价工程量清单中的总价项目进度款支付分解方法可选择以下之一(但不限于)：

①将各个总价项目的总金额按合同约定的计量周期平均支付。

②按照各个总价项目的总金额占签约合同价的百分比，以及各个计量支付周期内所完成的单价项目的总金额，以百分比方式均摊支付。

③按照各个总价项目组成的性质(如时间、与单价项目的关联性等)分解到形象进度计划或计量周期中，与单价项目一起支付。

2)按总价合同，除由于工程变更形成的工程量增减予以调整外，其工程量不予调整。因此，总价合同的进度款支付应按照计量周期进行支付分解，以便进度款有序支付。

(5)发包人提供的甲供材料金额，应按照发包人签约提供的单价和数量从进度款支付中扣除，列入本周期应扣减的金额中。

(6)承包人现场签证和得到发包人确认的索赔金额应列入本周期应增加的金额中。

(7)进度款的支付比例按照合同约定，按期中结算价款总额计，不低于60%，不高于90%。

(8)承包人应在每个计量周期到期后的7d内向发包人提交已完工程进度款支付申请一式四份，详细说明此周期认为有权得到的款额，包括分包人已完工程的价款。支付申请应包括下列内容：

1)累计已完成的合同价款；

2)累计已实际支付的合同价款；

3)本周期合计完成的合同价款：

①本周期已完成单价项目的金额；

②本周期应支付的总价项目的金额；

③本周期已完成的计日工价款；

④本周期应支付的安全文明施工费；

⑤本周期应增加的金额。

4)本周期合计应扣减的金额：

①本周期应扣回的预付款；

②本周期应扣减的金额。

5)本周期实际应支付的合同价款。

(9)发包人应在收到承包人进度款支付申请后的14d内，根据计量结果和合同约定对申请内容予以核实，确认后向承包人出具进度款支付证书。若发承包双方对部分清单项目的计量结果出现争议，发包人应对无争议部分的工程计量结果向承包人出具进度款支付证书。

(10)发包人应在签发进度款支付证书后的14d内，按照支付证书列明的金额向承包人支付进度款。

(11)若发包人逾期未签发进度款支付证书，则视为承包人提交的进度款支付申请已被发包人认可，承包人可向发包人发出催告付款的通知。发包人应在收到通知后的14d内，按照承包人支付申请的金额向承包人支付进度款。

(12)发包人未按照“(9)、(10)、(11)”的规定支付进度款的，承包人可催告发包人支付，并有权获得延迟支付的利息；发包人在付款期满后的7d内仍未支付的，承包人可在付款期满后的第8d起暂停施工。发包人应承担由此增加的费用和延误的工期，向承包人支付合理利润，并应承担违约责任。

(13)发现已签发的任何支付证书有错、漏或重复的数额，发包人有权予以修正，承包人也有权提出修正申请。经发承包双方复核同意修正的，应在本次到期的进度款中支付或扣除。

(二)合同解除的价款结算与支付

合同解除是合同非常态的终止，为了限制合同的解除，法律规定了合同解除制度。根据解除权来源划分，可分为协议解除和法定解除。鉴于建设工程施工合同的特性，为了防止社会资源浪费，法律不赋予发承包人享有任意单方解除权，因此，除了协议解除，按照《最高人民法院关于审理建设工程施工合同纠纷案件适用法律问题的解释》第八条、第九条的规定，施工合同的解除有承包人根本违约的解除和发包人根本违约的解除两种。

(1)发承包双方协商一致解除合同的，应按照达成的协议办理结算和支付合同价款。

(2)由于不可抗力致使合同无法履行解除合同的，发包人应向承包人支付合同解除之日前已完成工程但尚未支付的合同价款，此外，还应支付下列金额：

1)招标文件中明示应由发包人承担的赶工费用。

2)已实施或部分实施的措施项目应付价款。

3)承包人为合同工程合理订购且已交付的材料和工程设备货款。

4)承包人撤离现场所需的合理费用，包括员工遣送费和临时工程拆除、施工设备运离现场的费用。

5)承包人为完成合同工程而预期开支的任何合理费用，且该项费用未包括在本款其他各项支付之内。

发承包双方办理结算合同价款时，应扣除合同解除之日前发包人应向承包人收回的价款。当发包人应扣除的金额超过了应支付的金额，承包人应在合同解除后的86d内将其差额退还给发包人。

(3)由于承包人违约解除合同的，对于价款结算与支付应按以下规定处理：

1)发包人应暂停向承包人支付任何价款。

2)发包人应在合同解除后28d内核实合同解除时承包人已完成的全部合同价款以及按施工进度计划已运至现场的材料和工程设备货款，按合同约定核算承包人应支付的违约金以及造成损失的索赔金额，并将结果通知承包人。发承包双方应在28d内予以确认或提出意见，并办理结算合同价款。如果发包人应扣除的金额超过了应支付的金额，则承包人应在合同解除后的56d内将其差额退还给发包人。

3)发承包双方不能就解除合同后的结算达成一致的，按照合同约定的争议解决方式处理。

(4)由于发包人违约解除合同的，对于价款结算与支付应按以下规定处理：

1)发包人除应按照上述“(2)”条的有关规定向承包人支付各项价款外，还应按合同约定核算发包人应支付的违约金以及给承包人造成损失或损害的索赔金额费用。该笔费用由承包人提出，发包人核实后与承包人协商确定后的7d内向承包人签发支付证书。

2)发承包双方协商不能达成一致的，按照合同约定的争议解决方式处理。

BENZHANG SIKAOZHONGDIAN

本章思考重点

1. 建设工程招标的方式有哪几种?
2. 资格预审包括哪几个程序?
3. 与现行的招投标方法相比，在招标中采用工程量清单计价有哪些优点?
4. 推行工程量清单招标对建设单位有何要求?
5. 招标控制价的编制依据是什么?
6. 如何计算总承包服务费?
7. 编制招标控制价应使用到哪些表格?
8. 工程量清单下的投标报价有何特点?
9. 如何编制投标报价?
10. 工程合同价款的约定应满足哪几个方面的要求?
11. 发承包双方应在合同中对工程价款进行约定，约定的基本事项有哪些?
12. 单价合同与总价合同的计量有何不同?
13. 合同履行期间，实际工程量与招标工程量清单出现偏差，应如何及时调整合同价款?
14. 合同价款期中支付应符合哪些要求?
15. 不同情况下施工合同的解除，对于价款结算与支付应如何处理?

第六章　工程合同价款调整与索赔

第一节　工程合同价款调整

一、工程合同价款调整的原因

下列事项(但不限于)发生,发承包双方应当按照合同约定调整合同价款:

(1)法律法规变化。

(2)工程变更。

(3)项目特征不符。

(4)工程量清单缺项。

(5)工程量偏差。

(6)计日工。

(7)物价变化。

(8)暂估价。

(9)不可抗力。

(10)提前竣工(赶工补偿)。

(11)误期赔偿。

(12)索赔。

(13)现场签证。

(14)暂列金额。

(15)发承包双方约定的其他调整事项。

二、工程合同价款调整一般规定

(1)出现合同价款调增事项(不含工程量偏差、计日工、现场签证、索赔)后的14d内,承包人应向发包人提交合同价款调增报告并附上相关资料;承包人在14d内未提交合同价款调增报告的,应视为承包人对该事项不存在调整价款请求。

(2)出现合同价款调减事项(不含工程量偏差、索赔)后的14d内,发包人应向承包人提交合同价款调减报告并附相关资料;发包人在14d内未提交合同价款调减报告的,应视为发包人对该事项不存在调整价款请求。

(3)发(承)包人应在收到承(发)包人合同价款调增(减)报告及相关资料之日起14d内对其核实,予以确认的应书面通知承(发)包人。当有疑问时,应向承(发)包人提出协商意见。

发(承)包人在收到合同价款调增(减)报告之日起14d内未确认也未提出协商意见的,应视为承(发)包人提交的合同价款调增(减)报告已被发(承)包人认可。发(承)包人提出协商意见的,承(发)包人应在收到协商意见后的14d内对其核实,予以确认的应书面通知发(承)包人。承(发)包人在收到发(承)包人的协商意见后14d内既不确认也未提出不同意见的,应视为发(承)包人提出的意见已被承(发)包人认可。

(4)发包人与承包人对合同价款调整的不同意见不能达成一致的,只要对发承包双方履约不产生实质影响,双方应继续履行合同义务,直到其按照合同约定的争议解决方式得到处理。

(5)经发承包双方确认调整的合同价款,作为追加(减)合同价款,应与工程进度款或结算款同期支付。

由于索赔和现场签证的费用经发承包确认后,其实质是导致签约合同价发生变化,按照财政部、原建设部印发的《建设工程价款结算暂行办法》(财建[2004]369号)的相关规定,经发承包双方确定调整的合同价款的支付方法,即作为追加(减)合同价款与工程进度款同期支付。

按照财政部、建设部印发的《建设工程价款结算暂行办法》(财建[2004]369号)第十五条的规定:"发包人和承包人要加强施工现场的造价控制,及时对工程合同外的事项如实纪录并履行书面手续。凡由发、承包双方授权的现场代表签字的现场签证以及发、承包双方协商确定的索赔等费用,应在工程竣工结算中如实办理,不得因发、承包双方现场代表的中途变更改变其有效性"。

三、不同原因下合同价款调整的方法

1. 法律法规变化

(1)招标工程以投标截止日前28d、非招标工程以合同签订前28d为基准日,其后因国家的法律、法规、规章和政策发生变化引起工程造价增减变化的,发承包双方应按照省级或行业建设主管部门或其授权的工程造价管理机构据此发布的规定调整合同价款。

(2)因承包人原因导致工期延误的,按"(1)"规定的调整时间。在合同工程原定竣工时间之后,合同价款调增的不予调整,合同价款调减的予以调整。

2. 工程变更

(1)因工程变更引起已标价工程量清单项目或其工程数量发生变化时,应按照下列规定调整:

1)已标价工程量清单中有适用于变更工程项目的,应采用该项目的单价;但当工程变更导致该清单项目的工程数量发生变化,且工程量偏差超过15%时,按下述"5. 工程量偏差"的规定调整。

2)已标价工程量清单中没有适用但有类似于变更工程项目的,可在合理范围内参照类似项目的单价。

3)已标价工程量清单中没有适用也没有类似于变更工程项目的,应由承包人根据变更工程资料、计算规则和计价办法、工程造价管理机构发布的信息价格和承包人报价浮动率提出变更工程项目的单价，并应报发包人确认后调整。承包人报价浮动率可按下列公式计算：

招标工程：

承包人报价浮动率 L=(1－中标价/招标控制价)×100%

非招标工程：

承包人报价浮动率 L=(1－报价/施工图预算)×100%

4)已标价工程量清单中没有适用也没有类似于变更工程项目，且工程造价管理机构发布的信息价格缺价的，应由承包人根据变更工程资料、计量规则、计价办法和通过市场调查等取得有合法依据的市场价格提出变更工程项目的单价，并应报发包人确认后调整。

(2)工程变更引起施工方案改变并使措施项目发生变化时，承包人提出调整措施项目费的，应事先将拟实施的方案提交发包人确认，并应详细说明与原方案措施项目相比的变化情况。拟实施的方案经发承包双方确认后执行，并应按照下列规定调整措施项目费：

1)安全文明施工费应按照实际发生变化的措施项目依据规定计算。

2)采用单价计算的措施项目费，应按照实际发生变化的措施项目，按"(1)"中的规定确定单价。

3)按总价(或系数)计算的措施项目费，按照实际发生变化的措施项目调整，但应考虑承包人报价浮动因素，即调整金额按照实际调整金额乘以"(1)"中规定的承包人报价浮动率计算。

如果承包人未事先将拟实施的方案提交给发包人确认，则应视为工程变更不引起措施项目费的调整或承包人放弃调整措施项目费的权利。

(3)当发包人提出的工程变更因非承包人原因删减了合同中的某项原定工作或工程，致使承包人发生的费用或(和)得到的收益不能被包括在其他已支付或应支付的项目中，也未被包含在任何替代的工作或工程中时，承包人有权提出并应得到合理的费用及利润补偿。

3. 项目特征不符

(1)发包人在招标工程量清单中对项目特征的描述，应被认为是准确的和全面的，并且与实际施工要求相符合。承包人应按照发包人提供的招标工程量清单，根据项目特征描述的内容及有关要求实施合同工程，直到项目被改变为止。

(2)承包人应按照发包人提供的设计图纸实施合同工程，若在合同履行期间出现设计图纸(含设计变更)与招标工程量清单任一项目的特征描述不符，且该变化引起该项目工程造价增减变化的，应按照实际施工的项目特征，按上述"2. 工程变更"中相关条款的规定重新确定相应工程量清单项目的综合单价，并调整合同价款。

4. 工程量清单缺项

(1)合同履行期间，由于招标工程量清单中缺项，新增分部分项工程清单项目的，应按规定确定单价，并调整合同价款。

(2)新增分部分项工程清单项目后引起措施项目发生变化的，应按规定，在承包人提交的实施方案被发包人批准后调整合同价款。

(3)由于招标工程量清单中措施项目缺项，承包人应将新增措施项目实施方案提交发包人批准后，按上述“2. 工程变更”中的规定调整合同价款。

5. 工程量偏差

(1)合同履行期间，当应予计算的实际工程量与招标工程量清单出现偏差，且符合(2)、(3)规定时，发承包双方应调整合同价款。

(2)施工过程中，由于施工条件、地质水文和工程变更等变化以及招标工程量清单编制人专业水平的差异，往往会造成实际工程量与招标工程量清单出现偏差，工程量偏差过大，对综合成本的分摊带来影响。如突然增加太多，仍按原综合单价计价，对发包人不公平；如突然减少太多，仍按原综合单价计价，对承包人不公平。并且，这给有经验的承包人的不平衡报价打开了大门。对于任一招标工程量清单项目，当因本点规定的工程量偏差和上述“2. 工程变更”规定的工程变更等原因导致工程量偏差超过15%时，可进行调整。当工程量增加15%以上时，增加部分的工程量的综合单价应予调低；当工程量减少15%以上时，减少后剩余部分的工程量的综合单价应予调高。可按下列公式调整：

1)当 $Q_1>1.15Q_0$ 时：

$$S=1.15Q_0\times P_0+(Q_1-1.15Q_0)\times P_1$$

2)当 $Q_1<0.85Q_0$ 时：

$$S=Q_1\times P_1$$

式中 S——调整后的某一分部分项工程费结算价；

Q_1——最终完成的工程量；

Q_0——招标工程量清单中列出的工程量；

P_1——按照最终完成工程量重新调整后的综合单价；

P_0——承包人在工程量清单中填报的综合单价。

由上述两式可以看出，计算调整后的某一分部分项工程费结算价的关键是确定新的综合单价 P_1。确定的方法，一是发承包双方协商确定，二是与招标控制价相联系，当工程量偏差项目出现承包人在工程量清单中填报的综合单价与发包人招标控制价相应清单项目的综合单价偏差超过15%时，工程量偏差项目综合单价的调整可参考以下公式确定：

1)当 $P_0<P_2\times(1-L)\times(1-15\%)$ 时，该类项目的综合单价 P_1 按 $P_2\times(1-L)\times(1-15\%)$ 进行调整；

2)当 $P_0>P_2\times(1+15\%)$ 时，该类项目的综合单价 P_1 按 $P_2\times(1+15\%)$ 进行调整；

3)当 $P_0>P_2\times(1-L)\times(1-15\%)$ 或 $P_0<P_2\times(1+15\%)$ 时，可不进行调整。

以上各式中 P_0——承包人在工程量清单中填报的综合单价；

P_2——发包人招标控制价相应项目的综合单价；

L——承包人报价浮动率。

【例 6-1】 某工程项目投标报价浮动率为8%，各项目招标控制价及投标报价的综合单价见表6-1，试确定当招标工程量清单中工程量偏差超过15%时，其综合单价是否应进行调整？应怎样调整。

【解】 该工程综合单价调整情况见表6-1。

表 6-1　工程量偏差项目综合单价调整

项目	综合单价/元		投标报价浮动率 L	综合单价偏差	$P_2\times(1-L)\times(1-15\%)$	$P_2\times(1+15\%)$	结　论
	招标控制价 P_2	投标报价 P_0					
1	540	432	8%	20%	422.28	—	由于 $P_0>422.28$ 元，故当该项目工程量偏差超过15%时，其综合单价不予调整
2	450	531	8%	18%	—	517.5	由于 $P_0>517.5$，故当该项目工程量偏差超过15%时，其综合单价应调整为517.5元

(3)当工程量出现“(2)”的变化，且该变化引起相关措施项目相应发生变化时，按系数或单一总价方式计价的，工程量增加的措施项目费调增，工程量减少的措施项目费调减。

6. 计日工

(1)发包人通知承包人以计日工方式实施的零星工作，承包人应予执行。

(2)采用计日工计价的任何一项变更工作，在该项变更的实施过程中，承包人应按合同约定提交下列报表和有关凭证送发包人复核：

1)工作名称、内容和数量。

2)投入该工作所有人员的姓名、工种、级别和耗用工时。

3)投入该工作的材料名称、类别和数量。

4)投入该工作的施工设备型号、台数和耗用台时。

5)发包人要求提交的其他资料和凭证。

(3)任一计日工项目持续进行时，承包人应在该项工作实施结束后的 24h 内向发包人提交有计日工记录汇总的现场签证报告一式三份。发包人在收到承包人提交现场签证报告后的 2d 内予以确认并将其中一份返还给承包人，作为计日工计价和支付的依据。发包人逾期未确认也未提出修改意见的，应视为承包人提交的现场签证报告已被发包人认可。

(4)任一计日工项目实施结束后，承包人应按照确认的计日工现场签证报告核实该类项目的工程数量，并应根据核实的工程数量和承包人已标价工程量清单中的计日工单价计算，提出应付价款；已标价工程量清单中没有该类计日工单价的，由发承包双方按规定商定计日工单价计算。

(5)每个支付期末，承包人应按照规定向发包人提交本期间所有计日工记录的签证汇总表，并应说明本期间自己认为有权得到的计日工金额，调整合同价款，列入进度款支付。

7. 物价变化

(1)合同履行期间，因人工、材料、工程设备、机械台班价格波动影响合同价款时，应根据合同约定，按以下调整合同价款：

1)价格指数调整价格差额。

①价格调整公式。因人工、材料和工程设备、施工机械台班等价格波动影响合同价格时，根据招标人提供的表-22，并由投标人在投标函附录中的价格指数和权重表约定的数据，应按下式计算差额并调整合同价款：

$$\Delta P=P_0\left[A+\left(B_1\times\frac{F_{t1}}{F_{01}}+B_2\times\frac{F_{t2}}{F_{02}}+B_3\times\frac{F_{t3}}{F_{03}}+\cdots+B_n\times\frac{F_{tn}}{F_{0n}}\right)-1\right]$$

式中　P——需调整的价格差额；

P_0——约定的付款证书中承包人应得到的已完成工程量的金额。此项金额应不包括价格调整、不计质量保证金的扣留和支付、预付款的支付和扣回。约定的变更及其他金额已按现行价格计价的，也不计在内；

A——定值权重（即不调部分的权重）；

B_1、B_2、B_3、…、B_n——各可调因子的变值权重（即可调部分的权重），为各可调因子在投标函投标总报价中所占的比例；

F_{t1}、F_{t2}、F_{t3}、…、F_{tn}——各可调因子的现行价格指数，指约定的付款证书相关周期最后一天的前42d的各可调因子的价格指数；

F_{01}、F_{02}、F_{03}、…、F_{0n}——各可调因子的基本价格指数，指基准日期的各可调因子的价格指数。

以上价格调整公式中的各可调因子、定值和变值权重，以及基本价格指数及其来源在投标函附录价格指数和权重表中约定。价格指数应首先采用工程造价管理机构提供的价格指数，缺乏上述价格指数时，可采用工程造价管理机构提供的价格代替。

②暂时确定调整差额。在计算调整差额时得不到现行价格指数的，可暂用上一次价格指数计算，并在以后的付款中再按实际价格指数进行调整。

③权重的调整。约定的变更导致原定合同中的权重不合理时，由承包人和发包人协商后进行调整。

④承包人工期延误后的价格调整。由于承包人原因未在约定的工期内竣工的，对原约定竣工日期后继续施工的工程，在使用价格调整公式时，应采用原约定竣工日期与实际竣工日期的两个价格指数中较低的一个作为现行价格指数。

⑤若可调因子包括了人工在内，则不适用由发包人承担的规定。

2）造价信息调整价格差额。

①施工期内，因人工、材料和工程设备、施工机械台班价格波动影响合同价格时，人工、机械使用费按照国家或省、自治区、直辖市建设行政管理部门、行业建设管理部门或其授权的工程造价管理机构发布的人工成本信息、机械台班单价或机械使用费系数进行调整；需要进行价格调整的材料，其单价和采购数应由发包人复核，发包人确认需调整的材料单价及数量，作为调整合同价款差额的依据。

②人工单价发生变化且该变化因省级或行业建设主管部门发布的人工费调整文件所致时，承包双方应按省级或行业建设主管部门或其授权的工程造价管理机构发布的人工成本文件调整合同价款。人工费调整时应以调整文件的时间为界限进行。

③材料、工程设备价格变化按照发包人提供的《承包人提供主要材料和工程设备一览表（适用于造价信息差额调整法）》，由发承包双方约定的风险范围按下列规定调整合同价款：

a. 承包人投标报价中材料单价低于基准单价：施工期间材料单价涨幅以基准单价为基础超过合同约定的风险幅度值，或材料单价跌幅以投标报价为基础超过合同约定的风险幅度值时，其超过部分按实调整。

b. 承包人投标报价中材料单价高于基准单价：施工期间材料单价跌幅以基准单价为基础超过合同约定的风险幅度值，或材料单价涨幅以投标报价为基础超过合同约定的风险幅度值时，其超过部分按实调整。

c. 承包人投标报价中材料单价等于基准单价：施工期间材料单价涨、跌幅以基准单价为基础超过合同约定的风险幅度值时，其超过部分按实调整。

d. 承包人应在采购材料前将采购数量和新的材料单价报送发包人核对，确认用于本合同工程时，发包人应确认采购材料的数量和单价。发包人在收到承包人报送的确认资料后3个工作日不予答复的视为已经认可，作为调整合同价款的依据。如果承包人未报经发包人核对即自行采购材料，再报发包人确认调整合同价款的，如发包人不同意，则不作调整。

④施工机械台班单价或施工机械使用费发生变化超过省级或行业建设主管部门或其授权的工程造价管理机构规定的范围时，按其规定调整合同价款。

(2)承包人采购材料和工程设备的，应在合同中约定主要材料、工程设备价格变化的范围或幅度；当没有约定，且材料、工程设备单价变化超过5%时，超过部分的价格应计算调整材料、工程设备费。

(3)发生合同工程工期延误的，应按照下列规定确定合同履行期的价格调整：

1)因非承包人原因导致工期延误的，计划进度日期后续工程的价格，应采用计划进度日期与实际进度日期两者的较高者。

2)因承包人原因导致工期延误的，计划进度日期后续工程的价格，应采用计划进度日期与实际进度日期两者的较低者。

8. 暂估价

(1)按照《工程建设项目货物招标投标办法》(国家发改委、建设部等七部委27号令)第五条规定：“以暂估价形式包括在总承包范围内的货物达到国家规定规模标准的，应当由总承包中标人和工程建设项目招标人共同依法组织招标”。在工程招标阶段已经确认的材料、工程设备或专业工程项目，由于标准不明确，无法在当时确定准确价格，为了不影响招标效果，由发包人在招标工程量清单中给定一个暂估价。确定暂估价实际价格的情形有四种：

一是材料、工程设备属于依法必须招标的，由发承包双方以招标的方式选择供应商，确定其价格并以此为依据取代暂估价，调整合同价款。

二是材料和工程设备不属于依法必须招标的，由承包人按照合同约定采购，经发包人确认后以此为依据取代暂估价，调整合同价款。

三是专业工程不属于依法必须招标的，应按照上述“2. 工程变更”的规定确定专业工程价款，并以此为依据取代专业工程暂估价，调整合同价款。

四是专业工程依法必须招标的，应当由发承包双方依法组织招标选择专业分包人，其中：

1)承包人不参加投标的专业工程分包招标，应由承包人作为招标人，但拟定的招标文件、评标工作、评标结果应报送发包人批准。与组织招标工作有关的费用应当被认为已经包括在承包人的签约合同价(投标总报价)中。

2)承包人参加投标的专业工程分包招标，应由发包人作为招标人，与组织招标工作有关的费用由发包人承担。同等条件下，应优先选择承包人中标。

3)以专业工程分包中标价为依据取代专业工程暂估价，调整合同价款。

(2)发包人在招标工程量清单中给定暂估价的材料、工程设备不属于依法必须招标的，应由承包人按照合同约定采购，经发包人确认单价后取代暂估价，调整合同价款。

(3)发包人在工程量清单中给定暂估价的专业工程不属于依法必须招标的，应按照规定确定专业工程价款，并应以此为依据取代专业工程暂估价，调整合同价款。

(4)发包人在招标工程量清单中给定暂估价的专业工程，依法必须招标的，应当由发承包双方依法组织招标选择专业分包人，并接受有管辖权的建设工程招标投标管理机构的监督，还应符合下列要求：

1)除合同另有约定外，承包人不参加投标的专业工程发包招标，应由承包人作为招标人，但拟定的招标文件、评标工作、评标结果应报送发包人批准。与组织招标工作有关的费用应当被认为已经包括在承包人的签约合同价(投标总报价)中。

2)承包人参加投标的专业工程发包招标，应由发包人作为招标人，与组织招标工作有关的费用由发包人承担。同等条件下，应优先选择承包人中标。

3)应以专业工程发包中标价为依据取代专业工程暂估价，调整合同价款。

9. 不可抗力

(1)因不可抗力事件导致的人员伤亡、财产损失及其费用增加，发承包双方应按下列原则分别承担并调整合同价款和工期：

1)合同工程本身的损害、因工程损害导致第三方人员伤亡和财产损失以及运至施工场地用于施工的材料和待安装的设备的损害，应由发包人承担。

2)发包人、承包人人员伤亡应由其所在单位负责，并应承担相应费用。

3)承包人的施工机械设备损坏及停工损失，应由承包人承担。

4)停工期间，承包人应发包人要求留在施工场地的必要的管理人员及保卫人员的费用应由发包人承担。

5)工程所需清理、修复费用，应由发包人承担。

(2)不可抗力解除后复工的，若不能按期竣工，应合理延长工期。发包人要求赶工的，赶工费用应由发包人承担。

(3)因不可抗力解除合同的，应按合同解除规定办理。

10. 提前竣工(赶工补偿)

《建设工程质量管理条例》第十条规定："建设工程发包单位不得迫使承包方以低于成本的价格竞标，不得任意压缩合理工期"。因此为了保证工程质量，承包人除了根据标准规范、施工图纸进行施工外，还应当按照科学合理的施工组织设计，按部就班地进行施工作业。

(1)招标人应依据相关工程的工期定额合理计算工期，压缩的工期天数不得超过定额工期的20%，超过者，应在招标文件中明示增加赶工费用。

(2)发包人要求合同工程提前竣工的，应征得承包人同意后与承包人商定采取加快工程进度的措施，并应修订合同工程进度计划。发包人应承担承包人由此增加的提前竣工(赶工补偿)费用。

(3)发承包双方应在合同中约定提前竣工每日历天应补偿额度，此项费用应作为增加合同价款列入竣工结算文件中，应与结算款一并支付。

11. 误期赔偿

(1)承包人未按照合同约定施工，导致实际进度迟于计划进度的，承包人应加快进度，实现合同工期。

合同工程发生误期，承包人应赔偿发包人由此造成的损失，并应按照合同约定向发包人支付误期赔偿费。即使承包人支付误期赔偿费，也不能免除承包人按照合同约定应承担的任何责任和应履行的任何义务。

(2)发承包双方应在合同中约定误期赔偿费，并应明确每日历天应赔额度。误期赔偿费应列入竣工结算文件中，并应在结算款中扣除。

(3)在工程竣工之前，合同工程内的某单项(位)工程已通过了竣工验收，且该单项(位)工程接收证书中表明的竣工日期并未延误，而是合同工程的其他部分产生了工期延误时，误期赔偿费应按照已颁发工程接收证书的单项(位)工程造价占合同价款的比例幅度予以扣减。

12. 索赔

(1)若承包人认为非承包人原因发生的事件造成了承包人的损失，承包人应在确认该事件发生后，持证明索赔事件发生的有效证据和依据正当的索赔理由，按合同约定的时间向发包人发出索赔通知。发包人应按合同约定的时间对承包人提出的索赔进行答复和确认。发包人在收到最终索赔报告后并在合同约定时间内，未向承包人做出答复，视为该项索赔已经认可。这种索赔方式称之为单项索赔，即在每一件索赔事项发生后，递交索赔通知书，编报索赔报告书，要求单项解决支付，不与其他的索赔事项混在一起。单项索赔是施工索赔通常采用的方式。它避免了多项索赔的相互影响制约，所以解决起来比较容易。

当施工过程中受到非常严重的干扰，以致承包人的全部施工活动与原来的计划不大相同，原合同规定的工作与变更后的工作相互混淆，承包人无法为索赔保持准确而详细的成本记录资料，无法采用单项索赔的方式，而只能采用综合索赔。综合索赔俗称一揽子索赔。即对整个工程(或某项工程)中所发生的数起索赔事项，综合在一起进行索赔。采取这种方式进行索赔，是在特定的情况下被迫采用的一种索赔方法。

采取综合索赔时，承包人必须提出以下证明：①承包商的投标报价是合理的；②实际发生的总成本是合理的；③承包商对成本增加没有任何责任；④不可能采用其他方法准确地计算出实际发生的损失数额。

根据合同约定，承包人应按下列程序向发包人提出索赔：

1)承包人应在知道或应当知道索赔事件发生后 28d 内，向发包人提交索赔意向通知书，说明发生索赔事件的事由。承包人逾期未发出索赔意向通知书的，丧失索赔的权利。

2)承包人应在发出索赔意向通知书后 28d 内，向发包人正式提交索赔通知书。索赔通知书应详细说明索赔理由和要求，并应附必要的记录和证明材料。

3)索赔事件具有连续影响的，承包人应继续提交延续索赔通知，说明连续影响的实际情况和记录。

4)在索赔事件影响结束后的 28d 内，承包人应向发包人提交最终索赔通知书，说明最终索赔要求，并应附必要的记录和证明材料。

(2)承包人索赔应按下列程序处理：

1)发包人收到承包人的索赔通知书后，应及时查验承包人的记录和证明材料。

2)发包人应在收到索赔通知书或有关索赔的进一步证明材料后的 28d 内，将索赔处理结果答复承包人，如果发包人逾期未做出答复，视为承包人索赔要求已被发包人认可。

3)承包人接受索赔处理结果的，索赔款项应作为增加合同价款，在当期进度款中进行支付；承包人不接受索赔处理结果的，应按合同约定的争议解决方式办理。

(3)承包人要求赔偿时，可以选择下列一项或几项方式获得赔偿：

1)延长工期。

2)要求发包人支付实际发生的额外费用。

3)要求发包人支付合理的预期利润。

4)要求发包人按合同的约定支付违约金。

(4)索赔事件发生后，在造成费用损失时，往往会造成工期的变动。当索赔事件造成的费用损失与工期相关联时，承包人应根据发生的索赔事件向发包人提出费用索赔要求的同时，提出工期延长的要求。发包人在批准承包人的索赔报告时，应将索赔事件造成的费用损失和工期延长联系起来，综合做出批准费用索赔和工期延长的决定。

(5)发承包双方在按合同约定办理了竣工结算后，应被认为承包人已无权再提出竣工结算前所发生的任何索赔。承包人在提交的最终结清申请中，只限于提出竣工结算后的索赔，提出索赔的期限应自发承包双方最终结清时终止。

(6)根据合同约定，发包人认为由于承包人的原因造成发包人的损失，宜按承包人索赔的程序进行索赔。当合同中未就发包人的索赔事项作具体约定，按以下规定处理：

1)发包人应在确认引起索赔的事件发生后28d内向承包人发出索赔通知，否则，承包人免除该索赔的全部责任。

2)承包人在收到发包人索赔报告后的28d内，应做出回应，表示同意或不同意并附具体意见，如在收到索赔报告后的28d内，未向发包人做出答复，视为该项索赔报告已经认可。

(7)发包人要求赔偿时，可以选择下列一项或几项方式获得赔偿：

1)延长质量缺陷修复期限。

2)要求承包人支付实际发生的额外费用。

3)要求承包人按合同的约定支付违约金。

(8)承包人应付给发包人的索赔金额可从拟支付给承包人的合同价款中扣除，或由承包人以其他方式支付给发包人。

有关索赔与反索赔的详细内容见本章第二节及第三节。

13. 现场签证

由于施工生产的特殊性，施工过程中往往会出现一些与合同工程或合同约定不一致或未约定的事项，这时就需要发承包双方用书面形式记录下来，这就是现场签证。签证有多种情形，一是发包人的口头指令，需要承包人将其提出，由发包人转换成书面签证；二是发包人的书面通知如涉及工程实施，需要承包人就完成此通知需要的人工、材料、机械设备等内容向发包人提出，取得发包人的签证确认；三是合同工程招标工程量清单中已有，但施工中发现与其不符，需承包人及时向发包人提出签证确认，以便调整合同价款；四是由于发包人原因未按合同约定提供场地、材料、设备或停水、停电等造成承包人停工，需承包人及时向发包人提出签证确认，以便计算索赔费用；五是合同中约定材料、设备等价格，由于市场发生变化，需承包人向发包人提出采纳数量及其单价，以便发包人核对后取得发包人的签证确认；六是其他由于施工条件、合同条件变化需现场签证的事项等。

(1)承包人应发包人要求完成合同以外的零星项目、非承包人责任事件等工作的，发包人应及时以书面形式向承包人发出指令，并应提供所需的相关资料；承包人在收到指令后，应及时向发包人提出现场签证要求。

(2)承包人应在收到发包人指令后的7d内向发包人提交现场签证报告，发包人应在收到现场签证报告后的48h内对报告内容进行核实，予以确认或提出修改意见。发包人在收到承包人现场签证报告后的48h内未确认也未提出修改意见的，应视为承包人提交的现场签证报告已被发包人认可。

(3)现场签证的工作如已有相应的计日工单价，现场签证中应列明完成该类项目所需的人工、材料、工程设备和施工机械台班的数量。

如现场签证的工作没有相应的计日工单价，应在现场签证报告中列明完成该签证工作所需的人工、材料设备和施工机械台班的数量及单价。

(4)合同工程发生现场签证事项，未经发包人签证确认，承包人便擅自施工的，除非征得发包人书面同意，否则发生的费用应由承包人承担。

(5)现场签证工作完成后的7d内，承包人应按照现场签证内容计算价款，报送发包人确认后，作为增加合同价款，与进度款同期支付。

(6)在施工过程中，当发现合同工程内容因场地条件、地质水文、发包人要求等不一致时，承包人应提供所需的相关资料，并提交发包人签证认可，作为合同价款调整的依据。

14. 暂列金额

(1)已签约合同价中的暂列金额应由发包人掌握使用。

(2)暂列金额虽然列入合同价款，但并不属于承包人所有，也并不必然发生。只有按照合同约定实际发生后，才能成为承包人的应得金额，纳入工程合同结算价款中，发包人按照前述相关规定与要求进行支付后，暂列金额余额仍归发包人所有。

第二节　索　　赔

建设工程施工中的索赔是发承包双方行使正当权利的行为，承包人可向发包人索赔，发包人也可向承包人索赔。它的性质属于经济补偿行为，而非惩罚。

一、索赔概念与特点

1. 索赔概念

索赔是当事人在合同实施过程中，根据法律、合同规定及惯例，对不应由自己承担责任的情况造成的损失，向合同的另一方当事人提出给予赔偿或补偿要求的行为。

工程索赔通常是指在工程合同履行过程中，合同当事人一方因非自身因素或对方不履行或未能正确履行合同而受到经济损失或权利损害时，通过一定的合法程序向对方提出经济或时间补偿的要求。索赔是一种正当的权利要求，它是发包方、监理工程师和承包方之间一项正常的、大量发生而且普遍存在的合同管理业务，是一种以法律和合同为依据的、合情合理的行为。

2. 索赔条件

当合同一方向另一方提出索赔时，应有正当的索赔理由和有效证据，并应符合合同的相关约定。任何索赔事件的确立，其前提条件是必须有正当的索赔理由。对正当索赔理由的说明必须具有证据，因为进行索赔主要是靠证据说话。没有证据或证据不足，索赔是难以成功的。

3. 索赔特点

(1)索赔是双向的，不仅承包人可以向发包人索赔，发包人同样也可以向承包人索赔。

(2)索赔是要求给予补偿(赔偿)的一种权利、主张。

(3)索赔的依据是法律法规、合同文件及工程建设惯例，但主要是合同文件。

(4)索赔是因非自身原因导致的，要求索赔一方没有过错。只有实际发生了经济损失或权利损害，一方才能向对方索赔。

(5)索赔是一种未经对方确认的单方行为。它与我们通常所说的工程签证不同。在施工过程中签证是承发包双方就额外费用补偿或工期延长等达成一致的书面证明材料和补充协议，它可以直接作为工程款结算或最终增减工程造价的依据。而索赔则是单方面行为，对对方尚未形成约束力，这种索赔要求能否得到最终实现，必须要通过确认(如双方协商、谈判、调解或仲裁、诉讼)后才能得知。

(6)与合同相比较，已经发生了额外的经济损失或工期损害。

(7)索赔必须有切实有效的证据。

二、索赔分类与作用

1. 索赔分类

(1)按索赔目的分类。按索赔目的不同可分为工期索赔和费用索赔两类。

1)工期索赔。由于非承包人责任的原因而导致施工进程延误，要求批准顺延合同工期的索赔，称之为工期索赔。工期索赔形式上是对权利的要求，以避免在原定合同竣工日不能完工时，被发包人追究拖期违约责任。一旦获得批准合同工期顺延后，承包人不仅免除了承担拖期违约赔偿费的严重风险，而且可能提前工期得到奖励，最终仍反映在经济收益上。

2)费用索赔。费用索赔的目的是要求经济补偿。当施工的客观条件改变导致承包人增加开支，要求对超出计划成本的附加开支给予补偿，以挽回不应由其承担的经济损失。

(2)按索赔当事人分类。按索赔当事人分类，可分为承包商与发包人间索赔、承包商与分包商间索赔、承包商与供货商间索赔三类。

1)承包商与发包人间索赔。这类索赔大都是有关工程量计算、变更、工期、质量和价格方面的争议，也有中断或终止合同等其他违约行为的索赔。

2)承包商与分包商间索赔。其内容与前一种大致相似，但大多数是分包商向总包商索要付款和赔偿及承包商向分包商罚款或扣留支付款等。

3)承包商与供货商间索赔。其内容多是商贸方面的争议，如货品质量不符合技术要求、数量短缺、交货拖延、运输损坏等。

(3)按索赔原因分类。按索赔原因分类，可分为工程延误索赔、工程范围变更索赔、施工加速索赔和不利现场条件索赔四类。

1)工程延误索赔。因发包人未按合同要求提供施工条件,如未及时交付设计图纸、施工现场、道路等,或因发包人指令工程暂停或不可抗力事件等原因造成工期拖延的,承包商对此提出索赔。

2)工程范围变更索赔。工作范围的索赔是指发包人和承包商对合同中规定工作理解的不同而引起的索赔。

3)施工加速索赔。施工加速索赔经常是延期或工作范围索赔的结果,有时也被称为"赶工索赔"。而加速施工索赔与劳动生产率的降低关系极大,因此,又可称为劳动生产率损失索赔。

4)不利现场条件索赔。不利现场条件索赔近似于工作范围索赔,然而又不像大多数工作范围索赔。不利现场条件索赔应归咎于确实不易预知的某个事实。如现场的水文、地质条件在设计时全部弄得一清二楚几乎是不可能的,只能根据某些地质钻孔和土样试验资料来分析和判断。要对现场进行彻底全面的调查将会耗费大量的成本和时间,一般发包人不会这样做,承包商在短短的投标报价时间内更不可能做这种现场调查工作。这种不利现场条件的风险由发包人来承担是合理的。

(4)按索赔合同依据分类。按索赔合同依据分类,可分为合同内索赔、合同外索赔和道义索赔三类。

1)合同内索赔。合同内索赔是以合同条款为依据,在合同中有明文规定的索赔,如工期延误、工程变更、工程师提供的放线数据有误、发包人不按合同规定支付进度款等。这种索赔由于在合同中有明文规定,往往容易成功。

2)合同外索赔。合同外索赔在合同文件中没有明确的叙述,但可以根据合同文件的某些内容合理推断出可以进行此类索赔,而且此索赔并不违反合同文件的其他任何内容。

3)道义索赔。道义索赔也称为额外支付,是指承包商在合同内或合同外都找不到可以索赔的合同依据或法律根据,因而,没有提出索赔的条件和理由,但承包商认为自己有要求补偿的道义基础,而对其遭受的损失提出具有优惠性质的补偿要求。

(5)按索赔处理方式分类。按索赔处理方式分类,可分为单项索赔和综合索赔两类。

1)单项索赔。单项索赔是针对某一干扰事件提出的,在影响原合同正常运行的干扰事件发生时或发生后,由合同管理人员立即处理,并在合同规定的索赔有效期内向发包人或监理工程师提交索赔要求和报告。单项索赔通常原因单一,责任单一,分析起来相对容易,由于涉及的金额一般较小,双方容易达成协议,处理起来也比较简单。因此,合同双方应尽可能地用此种方式来处理索赔。

2)综合索赔。综合索赔又称为一揽子索赔,一般在工程竣工前和工程移交前,承包商将工程实施过程中因各种原因未能及时解决的单项索赔集中起来进行综合考虑,提出一份综合索赔报告,由合同双方在工程交付前后进行最终谈判,以一揽子方案解决索赔问题。

2. 索赔作用

索赔与项目合同同时存在,它的作用主要体现在以下几个方面:

(1)索赔是合同和法律赋予正确履行合同者免受意外损失的权利,索赔是当事人一种保护自己、避免损失、增加利润、提高效益的重要手段。

(2)索赔是落实和调整合同双方责、权、利关系的手段,也是合同双方风险分担的又一次合理再分配,离开了索赔,合同责任就不能全面体现,合同双方的责、权、利关系就难以平衡。

(3)索赔是合同实施的保证。索赔是合同法律效力的具体体现,对合同双方形成约束条件,特别能对违约者起到警诫作用,违约方必须考虑违约的后果,从而尽量减少其违约行为的发生。

(4)索赔对提高企业和工程项目管理水平起着重要的促进作用。我国承包商在许多项目上提不出或提不好索赔,与其企业管理松散混乱、计划实施不严、成本控制不力等有着直接关系。没有正确的工程进度,网络计划就难以证明延误的发生及天数;没有完整翔实的记录,就缺乏索赔定量要求的基础。

三、索赔原则

在工程承包中,索赔应遵循下列原则:

(1)以工程承包合同为依据。工程索赔涉及面广,法律程序严格,参与索赔的人员应熟悉施工的各个环节,通晓建筑合同和法律,并具有一定的财会知识。索赔工作人员必须对合同条件、协议条款有深刻的理解,以合同为依据做好索赔的各项工作。

(2)以索赔证据为准则。索赔工作的关键是证明承包商提出的索赔要求是正确的,还要准确地计算出要求索赔的数额,并证明该数额是合情合理的,而这一切都必须基于索赔证据。索赔证据必须是实施合同过程中存在和发生的;索赔证据应当能够相互关联、相互说明,不能相互矛盾;索赔证据应当具有可靠性,一般应是书面内容,有关的协议、记录均应有当事人的签字认可;索赔证据的取得和提出都必须及时。

(3)及时、合理地处理索赔。索赔发生后,承发包双方应依据合同及时、合理地处理索赔。若多项索赔累积,可能影响承包商资金周转和施工进度,甚至增加双方矛盾。此外,拖到后期综合索赔,往往还牵涉到利息、预期利润补偿等问题,从而使矛盾进一步复杂化,增加了处理索赔的困难。

四、索赔任务与工作内容

1. 索赔任务

索赔的作用是对自己已经受到的损失进行追索,其任务有下列内容:

(1)预测索赔机会。虽然干扰事件产生于工程施工中,但它的根由却在招标文件、合同、设计、计划中,所以,在招标文件分析、合同谈判(包括在工程实施中双方召开变更会议、签署补充协议等)中,承包商应对干扰事件有充分的考虑和防范,预测索赔的可能。

(2)在合同实施中寻找和发现索赔机会。在任何工程中,干扰事件是不可避免的,问题是承包商能否及时发现并抓住索赔机会。承包商应对索赔机会有敏锐的感觉,可以通过对合同实施过程进行监督、跟踪、分析和诊断,以寻找和发现索赔机会。

(3)处理索赔事件,解决索赔争执。一经发现索赔机会,则应迅速做出反应,进入索赔处理过程。在这个过程中有大量的、具体的、细致的索赔管理工作和业务,包括下列内容:

1)向工程师和发包人提出索赔意向。

2)进行事态调查、寻找索赔理由和证据、分析干扰事件的影响、计算索赔值和起草索赔报告。

3)向发包人提出索赔报告,通过谈判、调解或仲裁最终解决索赔争执,使自己的损失得到合理补偿。

2. 索赔工作内容

承包人对发包人、分包人、供应商之间的索赔管理工作应包括下列内容：

(1)预测、寻找和发现索赔机会。

(2)收集索赔的证据和理由，调查和分析干扰事件的影响，计算索赔值。

(3)提出索赔意向和报告。

五、索赔原因与证据

1. 索赔原因

在现代承包工程中，特别在国际承包工程中，索赔经常发生，而且索赔额很大。这主要是由以下几个方面原因造成的：

(1)施工延期。施工延期是指由于非承包商的各种原因而造成工程的进度推迟，施工不能按原计划时间进行。施工延期的原因有时是单一的，有时又是多种因素综合交错形成的。

施工延期的事件发生后，会给承包商造成两个方面的损失：一方面是时间上的损失，另一方面是经济方面的损失。因此，当出现施工延期的索赔事件时，往往在分清责任和损失补偿方面，合同双方易发生争端。常见的施工延期索赔多由于发包人未能及时提交施工场地，以及气候条件恶劣，如连降暴雨，使大部分的工程无法开展等。

(2)合同变更。对于工程项目实施过程来说，变更是客观存在的，只是这种变更必须是指在原合同工程范围内的变更，若属超出工程范围的变更，承包商有权予以拒绝。特别是当工程量变化超出招标工程量清单的20%以上时，可能会导致承包商的施工现场人员不足，需要另雇工人；也可能会导致承包商的施工机械设备失调，工程量的增加，往往要求承包商增加新型号的施工机械设备，或增加施工机械设备数量等。

(3)合同中存在的矛盾和缺陷。合同矛盾和缺陷常表现为合同文件规定不严谨，合同中有遗漏或错误，这些矛盾常反映为设计与施工规定相矛盾，技术规范和设计图纸不符合或相矛盾，以及一些商务和法律条款规定有缺陷等。

(4)恶劣的现场自然条件。恶劣的现场自然条件是一般有经验的承包商事先无法合理预料的，这需要承包商花费更多的时间和金钱去克服和除掉这些障碍与干扰。因此，承包商有权向发包人提出索赔要求。

(5)参与工程建设主体的多元性。由于工程参与单位多，一个工程项目往往会有发包人、总包商、监理工程师、分包商、指定分包商、材料设备供应商等众多参加单位，各方面的技术、经济关系错综复杂，相互联系又相互影响，只要一方失误，不仅会造成自己的损失，而且会影响其他合作者，造成他人损失，从而导致索赔和争执。

2. 索赔证据

(1)索赔证据的特征。一般有效的索赔证据都具有以下几个特征：

1)及时性：既然干扰事件已发生，又意识到需要索赔，就应该在有效时间内提出索赔意向。在规定的时间内报告事件的发展影响情况，在规定时间内提交索赔的详细额外费用计算账单，对发包人或工程师提出的疑问及时补充有关材料。如果拖延太久，将增加索赔工作的难度。

2)真实性:索赔证据必须是在实际过程中产生,完全反映实际情况,能经得住对方的推敲。由于在工程过程中合同双方都在进行合同管理,收集工程资料,所以,双方应有相同的证据。使用不实的、虚假的证据是违反商业道德甚至法律的。

3)全面性:所提供的证据应能说明事件的全过程。索赔报告中所涉及的干扰事件、索赔理由、索赔值等都应有相应的证据,不能凌乱和支离破碎,否则发包人将退回索赔报告,要求重新补充证据。这会拖延索赔的解决,损害承包商在索赔中的有利地位。

4)关联性:索赔的证据应当能互相说明,相互具有关联性,不能互相矛盾。

5)法律证明效力:索赔证据必须有法律证明效力,特别对准备递交仲裁的索赔报告更要注意这一点。

①证据必须是当时的书面文件,一切口头承诺、口头协议不算。

②合同变更协议必须由双方签署,或以会谈纪要的形式确定,且为决定性决议。一切商讨性、意向性的意见或建议都不算。

③工程中的重大事件、特殊情况的记录、统计应由工程师签署认可。

(2)索赔证据的种类。索赔证据的种类有以下几种:

1)招标文件、工程合同、发包人认可的施工组织设计、工程图纸、技术规范等。

2)工程各项有关的设计交底记录、变更图纸、变更施工指令等。

3)工程各项经发包人或合同中约定的发包人现场代表或监理工程师签认的签证。

4)工程各项往来信件、指令、信函、通知、答复等。

5)工程各项会议纪要。

6)施工计划及现场实施情况记录。

7)施工日报及工长工作日志、备忘录。

8)工程送电、送水、道路开通、封闭的日期及数量记录。

9)工程停电、停水和干扰事件影响的日期及恢复施工的日期记录。

10)工程预付款、进度款拨付的数额及日期记录。

11)工程图纸、图纸变更、交底记录的送达份数及日期记录。

12)工程有关施工部位的照片及录像等。

13)工程现场气候记录,如有关天气的温度、风力、雨雪等。

14)工程验收报告及各项技术鉴定报告等。

15)工程材料采购、订货、运输、进场、验收和使用等方面的凭据。

16)国家和省级或行业建设主管部门有关影响工程造价、工期的文件、规定等。

(3)索赔时效的功能。合同履行过程中,索赔方在索赔事件发生后的约定期限内不行使索赔权即视为放弃索赔权利,其索赔权归于消灭的制度。

1)促使索赔权利人行使权利。"法律不保护躺在权利上睡觉的人",索赔时效是时效制度中的一种,类似于民法中的诉讼时效,即超过法定时间,权利人不主张自己的权利,则诉讼权消灭,人民法院不再对该实体权利强制进行保护。

2)平衡发包人与承包人的利益。有的索赔事件持续时间短暂,事后难以复原(如异常的地下水位、隐蔽工程等),发包人在时过境迁后难以查找到有力证据来确认责任归属或准确评估所需金额。如果不对时效加以限制,允许承包人隐瞒索赔意图,将置发包人于不利状况。而索赔时效则平衡了发承包双方利益。一方面,索赔时效届满,即视为承包人放弃索赔权利,发包人可以此作为证据的代用，避免举证的困难；另一方面，只有促使承包人及时提出索赔要求，才能警示发包人充分履行合同义务，避免类似索赔事件的再次发生。

六、项目索赔处理程序

1. 发出索赔意向通知

索赔事件发生后，承包商应在合同规定的时间内，及时向发包人或工程师书面提出索赔意向通知，亦即向发包人或工程师就某一个或若干个索赔事件表示索赔愿望、要求或声明保留索赔的权利。

我国建设工程施工合同条件规定：承包商应在索赔事件发生后的28d内，将其索赔意向通知工程师；反之，如果承包商没有在合同规定的期限内提出索赔意向或通知，承包商则会丧失在索赔中的主动和有利地位，发包人和工程师也有权拒绝承包商的索赔要求，这是索赔成立的有效和必备条件之一。

一般索赔意向通知仅仅是表明意向，应写得简明扼要，涉及索赔内容但不涉及索赔数额。通常包括以下几个方面的内容：

(1)事件发生的时间和情况的简单描述。

(2)合同依据的条款和理由。

(3)有关后续资料的提供，包括及时记录和提供事件发展的动态。

(4)对工程成本和工期产生的不利影响的严重程度，以期引起工程师(发包人)的注意。

2. 索赔资料准备

监理工程师和发包人一般都会对承包商的索赔提出一些质疑，要求承包商做出解释或出具有力的证明资料。资料主要有以下几种：

(1)施工日志。应指定有关人员现场记录施工中发生的各种情况，包括天气、出工人数、设备数量及使用情况、进度情况、质量情况、安全情况、监理工程师在现场有什么指示、进行了什么试验、有无特殊干扰施工的情况、遇到了什么不利的现场条件、多少人员参观了现场等。这种现场记录和日志有利于及时发现和正确分析索赔，可能成为索赔的重要证明资料。

(2)来往信件。对与监理工程师、发包人和有关政府部门、银行、保险公司的来往信函，必须认真保存，并注明发送和收到的详细时间。

(3)气象资料。在分析进度安排和施工条件时，天气是应考虑的重要因素之一，因此，要保存一份真实、完整、详细的天气情况记录，包括气温、风力、湿度、降雨量、暴风雪、冰雹等。

(4)备忘录。承包商对监理工程师和发包人的口头指示和电话应随时用书面记录，并签字给予书面确认。事件发生和持续过程中的重要情况也都应有记录。

(5)会议纪要。承包商、发包人和监理工程师举行会议时要做好详细记录，对其主要问题形成会议纪要，并由会议各方签字确认。

(6)工程照片和工程声像资料。这些资料都是反映工程客观情况的真实写照，也是法律承认的有效证据，对重要工程部位应拍摄有关资料并妥善保存。

(7)工程进度计划。承包人编制的经监理工程师或发包人批准同意的所有工程总进度、年进度、季进度、月进度计划都必须妥善保管，任何有关工期延误的索赔中，进度计划都是非常重要的证据。

(8)工程核算资料。所有人工、材料、机械设备使用台账、工程成本分析资料、会计报表、财务报表、货币汇率、现金流量、物价指数、收付款票据,都应分类装订成册,这些都是进行索赔费用计算的基础。

(9)工程报告。包括工程试验报告、检查报告、施工报告、进度报告和特别事件报告等。

(10)工程图纸。工程师和发包人签发的各种图纸,包括设计图、施工图、竣工图及其相应的修改图,承包商应注意对照检查和妥善保存。对于设计变更索赔,原设计图和修改图的差异是索赔最有力的证据。

(11)招投标阶段有关现场考察资料、各种原始单据(工资单、材料设备采购单)、各种法规文件、证书证明等,都应积累保存,它们都有可能是某项索赔的有力证据。

3. 编写索赔报告

索赔报告是承包商在合同规定的时间内向监理工程师提交的要求发包人给予一定经济补偿和延长工期的正式书面报告。索赔报告的水平与质量如何,直接关系到索赔的成败与否。

编写索赔报告时,应注意以下几个问题:

(1)索赔报告的基本要求。

1)说明索赔的合同依据。即基于何种理由有资格提出索赔要求。

2)索赔报告中必须有详细准确的损失金额及时间的计算。

3)要证明客观事实与损失之间的因果关系,说明索赔事件前因后果的关联性,要以合同为依据,说明发包人违约或合同变更与引起索赔的必然性联系。如果不能有理有据说明因果关系,而仅在事件的严重性和损失的巨大上花费过多的笔墨,对索赔的成功都无济于事。

(2)索赔报告必须准确。编写索赔报告是一项比较复杂的工作,须有一个专门的小组和各方的大力协助才能完成。索赔报告应有理有据,准确可靠,应注意以下几点:

1)责任分析应清楚、准确。

2)索赔值的计算依据要正确,计算结果应准确。

3)用词应委婉、恰当。

(3)索赔报告的内容。在实际承包工程中,索赔报告通常包括三个部分:

第一部分:承包商或其授权人致发包人或工程师的信。信中简要介绍索赔的事项、理由和要求,说明随函所附的索赔报告正文及证明材料情况等。

第二部分:索赔报告正文。针对不同格式的索赔报告,其形式可能不同,但实质性的内容相似,一般主要包括:

1)题目。简要地说明针对什么提出索赔。

2)索赔事件陈述。叙述事件的起因、事件经过、事件过程中双方的活动、事件的结果,重点叙述我方按合同所采取的行为,对方不符合合同的行为。

3)理由。总结上述事件,同时,引用合同条文或合同变更和补充协议条文,证明对方行为违反合同或对方的要求超过合同规定,造成了该项事件,有责任对此造成的损失做出赔偿。

4)影响。简要说明事件对承包商施工过程的影响,而这些影响与上述事件有直接的因果关系。重点围绕由于上述事件原因造成的成本增加和工期延长。

5)结论。对上述事件的索赔问题做出最后总结,提出具体索赔要求,包括工期索赔和费用索赔。

第三部分:附件。该报告中所列举事实、理由、影响的证明文件和各种计算基础、计算依据的证明文件。

4. 递交索赔报告

索赔意向通知提交后的28d内,或工程师可能同意的其他合理时间,承包人应递送正式的索赔报告。

如果索赔事件的影响持续存在,28d内还不能算出索赔额和工期展延天数时,承包人应按工程师合理要求的时间间隔(一般为28d),定期陆续报出每一个时间段内的索赔证据资料和索赔要求。在该项索赔事件的影响结束后的28d内,报出最终详细报告,提出索赔论证资料和累计索赔额。

5. 索赔审查

索赔的审查,是当事双方在承包合同基础上,逐步分清在某些索赔事件中的权利和责任,以使其数量化的过程。

(1)工程师审核承包人的索赔申请。接到承包人的索赔意向通知后,工程师应建立自己的索赔档案,密切关注事件的影响,检查承包人的同期纪录时,随时就记录内容提出不同意见或希望应予以增加的记录项目。

在接到正式索赔报告之后,认真研究承包人报送的索赔资料。

1)在不确认责任归属的情况下,客观分析事件发生的原因,重温合同的有关条款,研究承包人的索赔证据,并检查其同期纪录。

2)通过对事件的分析,工程师再依据合同条款划清责任界限,必要时还可以要求承包人进一步提供补充资料。

3)再审查承包人提出的索赔补偿要求,剔除其中的不合理部分,拟定自己计算的合理索赔数额和工期顺延天数。

(2)判定索赔成立的原则。工程师判定承包人索赔成立的条件为:

1)与合同相对照,事件已造成了承包人施工成本的额外支出或总工期延误。

2)造成费用增加或工期延误的原因,按合同约定不属于承包人应承担的责任,包括行为责任和风险责任。

3)承包人按合同规定的程序提交了索赔意向通知和索赔报告。

上述三个条件没有先后主次之分,应当同时具备。只有工程师认定索赔成立后,才处理应给予承包人的补偿额。

(3)审查索赔报告。

1)事态调查。通过对合同实施的跟踪、分析,了解事件经过、前因后果,掌握事件详细情况。

2)损害事件原因分析。即分析索赔事件是由何种原因引起,责任应由谁来承担。在实际工作中,损害事件的责任有时是多方面原因造成,故必须进行责任分解,划分责任范围,按责任大小承担损失。

3)分析索赔理由。主要依据合同文件判明索赔事件是否属于未履行合同规定义务或未正确履行合同义务导致,是否在合同规定的赔偿范围之内。只有符合合同规定的索赔要求才有合法性,才能成立。

4)实际损失分析。即分析索赔事件的影响，主要表现为工期的延长和费用的增加。如果索赔事件不造成损失，则无索赔可言。损失调查的重点是分析、对比实际和计划的施工进度，工程成本和费用方面的资料，在此基础上核算索赔值。

5)证据资料分析。主要分析证据资料的有效性、合理性、正确性，这也是索赔要求有效的前提条件。如果在索赔报告中提不出证明其索赔理由、索赔事件的影响、索赔值的计算等方面的详细资料，索赔要求是不能成立的。如果工程师认为承包人提出的证据不能足以说明其要求的合理性时，可以要求承包人进一步提交索赔的证据资料。

(4)工程师可根据自己掌握的资料和处理索赔的工作经验就以下问题提出质疑：

1)索赔事件不属于发包人和监理工程师的责任，而是第三方的责任。

2)事实和合同依据不足。

3)承包商未能遵守意向通知的要求。

4)合同中的开脱责任条款已经免除了发包人补偿的责任。

5)索赔是由不可抗力引起的，承包商没有划分和证明双方责任的大小。

6)承包商没有采取适当措施避免或减少损失。

7)承包商必须提供进一步的证据。

8)损失计算夸大。

9)承包商以前已明示或暗示放弃了此次索赔的要求等。

6. 索赔的解决

从递交索赔文件到索赔结束是索赔解决的过程。工程师经过对索赔文件的评审，与承包商进行较充分的讨论后，应提出对索赔处理决定的初步意见，并参加发包人和承包商之间的索赔谈判，根据谈判达成索赔最后处理的一致意见。

如果索赔在发包人和承包商之间未能通过谈判得以解决，可将有争议的问题进一步提交工程师决定。如果一方对工程师的决定不满意，双方可寻求其他友好解决方式，如中间人调解、争议评审团评议等。友好解决无效，一方可将争端提交仲裁或诉讼。

一般合同条件规定争端的解决程序如下：

(1)合同的一方就其争端的问题书面通知工程师，并将一份副本提交对方。

(2)工程师应在收到有关争端的通知后，在合同规定的时间内做出决定，并通知发包人和承包商。

(3)发包人和承包商在收到工程师决定的通知后，均未在合同规定的时间内发出要将该争端提交仲裁的通知，则该决定视为最后决定，对发包人和承包商均有约束力。若一方不执行此决定，另一方可按对方违约提出仲裁通知，并开始仲裁。

(4)如果发包人或承包商对工程师的决定不同意，或在要求工程师作决定的书面通知发出后，未在合同规定的时间内得到工程师决定的通知，任何一方可在其后按合同规定的时间内就其所争端的问题向对方提出仲裁意向通知，将一份副本送交工程师。在仲裁开始前应设法友好协商解决双方的争端。

七、索赔策略与技巧

1. 索赔策略

(1)确定索赔目标，防范索赔风险。

1)承包商的索赔目标是指承包商对索赔的基本要求,可对要达到的目标进行分解,按难易程度排队,并大致分析它们各自实现的可能性,从而确定最低、最高目标。

2)分析实现目标的风险状况,如能否在索赔有效期内及时提出索赔,能否按期完成合同规定的工程量,按期交付工程,能否保证工程质量等。总之,要注意对索赔风险的防范,否则会影响索赔目标的实现。

(2)分析承包商的经营战略。承包商的经营战略直接制约着索赔的策略和计划。在分析发包人情况和工程所在地情况以后,承包商应考虑有无可能与发包人继续进行新的合作,是否在当地继续扩展业务,承包商与发包人之间的关系对在当地开展业务有何影响等。

这些问题决定着承包商的整个索赔要求和解决的方法。

(3)分析被索赔方的兴趣与利益。分析被索赔方的兴趣和利益所在,要让索赔在友好和谐的气氛中进行。处理好单项索赔和一揽子索赔的关系,对于理由充分而重要的单项索赔应力争尽早解决,对于发包人坚持后未解决的索赔,要按发包人意见认真积累有关资料,为一揽子解决准备充分的材料。要根据对方的利益所在,对双方感兴趣的地方,承包商就在不过多损害自己利益的情况下作适当让步,打破问题的僵局。在责任分析和法律分析方面要适当,在对方愿意接受索赔的情况下,就不要得理不让人,否则反而达不到索赔目的。

(4)分析谈判过程。索赔谈判是承包商要求业主承认自己的索赔,承包商处于很不利的地位,如果谈判一开始就气氛紧张,情绪对立,有可能导致发包人拒绝谈判,使谈判旷日持久,这是最不利于解决索赔问题的。谈判应从发包人关心的议题入手,从发包人感兴趣的问题开谈,稳扎稳打,并始终注意保持友好和谐的谈判气氛。

(5)分析对外关系。利用同监理工程师、设计单位、发包人的上级主管部门对发包人施加影响,往往比同发包人直接谈判更有效。承包商要同这些单位搞好关系,取得他们的同情和支持,并与发包人沟通。这就要求承包商对这些单位的关键人物进行分析,同他们搞好关系,利用他们同发包人的微妙关系从中斡旋、调停,使索赔达到十分理想的效果。

2. 索赔技巧

(1)及早发现索赔机会。作为一个有经验的承包商,在投标报价时就应考虑到将来可能要发生索赔的问题,要仔细研究招标文件中的合同条款和规范,仔细勘察施工现场,探索可能索赔的机会,在报价时要考虑索赔的需要。在进行单价分析时,应列入生产效率,把工程成本与投入资源的效率结合起来。这样,在施工过程中论证索赔原因时,可引用效率降低来论证索赔的根据。

(2)商签好合同协议。在商签合同过程中,承包商应对明显把重大风险转嫁给自己的合同条件提出修改的要求,对其达成修改的协议应以"谈判纪要"的形式写出,作为该合同文件的有效组成部分。

(3)对口头变更指令要得到确认。工程师常常乐于用口头形式指令工程变更,如果承包商不对工程师的口头指令予以书面确认,就进行变更工程的施工,一旦有的工程师矢口否认,拒绝承包商的索赔要求,承包商就会有苦难言。

(4)及时发出"索赔通知书"。一般合同都规定,索赔事件发生后的一定时间内,承包商必须送出"索赔通知书",过期无效。

(5)索赔事由论证要充足。承包合同通常规定,承包商在发出"索赔通知书"后,每隔一定时间,应报送一次证据资料,在索赔事件结束后的28d内报送总结性的索赔计算及索赔论证,提交索赔报告。索赔报告一定要令人信服，经得起推敲。

(6)索赔计价方法和款额要适当。索赔计算时采用“附加成本法”容易被对方接受，因为这种方法只计算索赔事件引起的计划外的附加开支，计价项目具体，使经济索赔能较快得到解决。另外索赔计价不能过高，要价过高容易让对方发生反感，使索赔报告束之高阁，长期得不到解决。另外还有可能让发包人准备周密的反索赔计价，以高额的反索赔对付高额的索赔，使索赔工作更加复杂化。

(7)力争单项索赔，避免一揽子索赔。单项索赔事件简单，容易解决，而且能及时得到支付。一揽子索赔，问题复杂，金额大，不易解决，往往到工程结束后还得不到付款。

(8)坚持采用“清理账目法”。承包商往往只注意接受发包人按月结算索赔款，而忽略了索赔款的不足部分，没有以文字的形式保留自己今后应获得不足部分款额的权利，等于同意并承认了发包人对该项索赔的付款，以后再无权追索。

(9)力争友好解决，防止对立情绪。索赔争端是难免的，如果遇到争端不能理智地协商讨论问题，就会使一些本来可以解决的问题悬而未决。承包商尤其要头脑冷静，防止对立情绪，力争友好解决索赔争端。

(10)注意同工程师搞好关系。工程师是处理解决索赔问题的公正的第三方，注意同工程师搞好关系，争取工程师的公正裁决，竭力避免仲裁或诉讼。

第三节　反索赔

一、反索赔概念与特点

1. 反索赔概念

反索赔是对索赔而言的，是指业主向承包商提出的索赔要求。反索赔与索赔一样，反映了国际工程合同条件中的维护合同双方合理利益的原则，使受损害的一方有权得到应有的补偿。

反索赔是被要求索赔一方向要求索赔一方提出的索赔要求。它是对要求索赔者的反措施，也是变被动为主动的一个策略性行动。当然，无论是索赔或反索赔，都应以该工程项目的合同条款为依据，绝不是无根据的讨价还价，更不是无理取闹。例如，承包商向业主提出施工索赔时，业主同时也向承包商提出了反索赔要求；分包商向总包商提出索赔时，总包商也向分包商提出了反索赔；建筑承包商向供货商提出索赔时，供货商也可以向建筑承包商提出反索赔。

2. 反索赔特点

发包人的反索赔或向承包商的索赔具有以下特点：首先是发包人反过来向承包商的索赔发生频率要低得多，原因是工程发包人在工程建设期间，本身的责任重大，除了要向承包商按期付款，提供施工现场用地和协调管理工程的责任外，还要承担许多社会环境、自然条件等方面的风险，且这些风险是发包人所不能主观控制的，因而，发包人要扣留承包商在现场的材料设备;承包商违约时提取履约保证金额等发生的概率很小。其次是在反索赔时,发包人处于主动的有利地位,发包人在经工程师证明承包商违约后,可以直接从应付工程款中扣回款额,或从银行保函中得以补偿。一般从理论上讲,反索赔和索赔是对立统一,是相辅相成的。有了承包商的索赔要求,发包人也会提出一些反索赔要求,这是很常见的情况。

二、反索赔分类与作用

1. 反索赔分类

(1)工程质量缺陷反索赔。在工程施工过程中,若承包商所使用的材料或设备不符合合同规定或工程质量不符合施工技术规范和验收规范的要求,或出现缺陷而未在缺陷责任期满之前完成修复工作,发包人均有权追究承包商的责任,并提出由承包商所造成的工程质量缺陷所带来的经济损失的反索赔。另外,发包人向承包商提出工程质量缺陷的反索赔要求时,往往不仅仅包括工程缺陷所产生的直接经济损失,也包括该缺陷带来的间接经济损失。

(2)工期延误反索赔。如果由于承包商的原因造成不可原谅的完工日期拖延,则影响到发包人对该工程的使用和运营生产计划,从而给发包人带来经济损失。此项发包人的索赔,并不是发包人对承包商的违约罚款,而只是发包人要求承包商补偿拖期完工给发包人造成的经济损失。

(3)经济担保反索赔。常见的经济担保反索赔可分为预付款担保反索赔、履约担保反索赔和保留金反索赔。

(4)其他损失反索赔。依据合同规定,除了上述发包人的反索赔外,当发包人在受到其他由于承包商原因造成的经济损失时,发包人仍可提出反索赔要求。

2. 反索赔作用

反索赔对合同双方具有同等重要的作用,主要表现如下:

(1)成功的反索赔能防止或减少经济损失。如果不能进行有效的反索赔,不能推卸自己对干扰事件的合同责任,则必须满足对方的索赔要求,支付赔偿费用,致使自己蒙受损失。

对合同双方来说,反索赔同样直接关系到工程经济效益的高低,反映着工程管理水平。

(2)成功的反索赔能增长管理人员士气,促进工作的开展。在国际工程中通常有以下情况:由于企业管理人员不熟悉工程索赔业务,不敢大胆地提出索赔,又不能进行有效的反索赔,在施工干扰事件处理中,总是处于被动地位,工作中丧失了主动权。常处于被动挨打局面的管理人员必然受到心理上的挫折,进而影响整体工作。

(3)成功的反索赔必然促进有效的索赔。能够成功有效地进行反索赔的管理者必然熟知合同条款内涵,掌握干扰事件产生的原因,占有全面的资料。具有丰富的施工经验,工作精细,能言善辩的管理者在进行索赔时,往往能抓住要害,击中对方弱点,使对方无法反驳。

三、反索赔任务与工作内容

1. 反索赔任务

(1)反驳对方不合理的索赔要求。对对方(发包人、总包或分包)已提出的索赔要求进行反驳,推卸自己对已产生的干扰事件的合同责任,否定或部分否定对方的索赔要求,使自己不受或少受损失。

(2)防止对方提出索赔。通过有效的合同管理,使自己完全按合同办事,处于不被索赔的地位,即着眼于避免损失和争执的发生。

在工程实施过程中,合同双方都在进行合同管理,都在寻找索赔机会。所以,如果承包商不能进行有效的索赔管理,不仅容易丧失索赔机会,使自己的损失得不到补偿,而且可能反被对方索赔,蒙受更大的损失,这样的经验教训是很多的。

2. 反索赔工作内容

承包人对发包人、分包人、供应商之间的反索赔管理工作应包括下列内容:

(1)对收到的索赔报告进行审查分析,收集反驳理由和证据,复核索赔值,并提出反索赔报告。

(2)通过合同管理,防止反索赔事件的发生。

四、项目反索赔处理程序

1. 合同总体分析

(1)合同总体分析的目的。反索赔同样是以合同作为法律依据,作为反驳的理由和根据。合同分析的目的是分析、评价对方索赔要求的理由和依据。在合同中找出对对方不利,对己方有利的合同条文,以构成对对方索赔要求否定的理由。

(2)合同总体分析的内容。合同总体分析的重点是,与对方索赔报告中提出的问题有关的合同条款,通常有以下几种:

1)合同的法律基础。

2)合同的组成及合同变更情况。

3)合同规定的工程范围和承包商责任。

4)工程变更的补偿条件、范围和方法。

5)合同价格,工期的调整条件、范围和方法,以及对方应承担的风险。

6)违约责任。

7)争执的解决方法。

2. 事态调查分析

收集整理所有与反索赔相关的工程资料,在此基础上进行合同状态、可能状态、实际状态分析,通过三种状态的分析可以达到:

(1)全面地评价合同、合同实际状况,评价双方合同责任的完成情况。

(2)对对方有理由提出索赔的部分进行总概括,分析出对方有理由提出索赔的干扰事件有哪些,以及索赔的大约值或最高值。

(3)对对方的失误和风险范围进行具体指认,这样在谈判中有攻击点。

(4)针对对方的失误作进一步分析,以准备向对方提出索赔。这样可以在反索赔中同时使用索赔手段。国外的承包商和发包人在进行反索赔时,特别注意寻找向对方索赔的机会。

3. 分析评价索赔报告

分析评价索赔报告,可以通过索赔分析评价表进行。其中,分别列出对方索赔报告中的干扰事件、索赔理由、索赔要求,提出己方的反驳理由、证据、处理意见或对策等。

4. 起草并递交反索赔报告

反索赔报告也是正规的法律文件。在调解或仲裁中，对方的索赔报告和己方的反索赔报告应一起递交调解人或仲裁人。反索赔报告的基本要求与索赔报告相似。通常反索赔报告的主要内容如下：

(1)合同总体分析简述。

(2)合同实施情况简述和评价。这里重点针对对方索赔报告中的问题和干扰事件，叙述事实情况，应包括前述三种状态的分析结果，对双方合同责任完成情况和工程施工情况作评价。目标是，推卸自己对对方索赔报告中提出的干扰事件的合同责任。

(3)反驳对方索赔要求。按具体的干扰事件，逐条反驳对方的索赔要求，详细叙述自己的反索赔理由和证据，全部或部分地否定对方的索赔要求。

(4)提出索赔。对经合同分析和三种状态分析得出的对方违约责任，提出己方的索赔要求。对此，有不同的处理方法。通常，可以在反索赔报告中提出索赔，也可另外出具己方的索赔报告。

(5)总结。对反索赔作全面总结，通常包括如下内容：

1)对合同总体分析作简要概括。

2)对合同实施情况作简要概括。

3)对对方索赔报告作总评价。

4)对己方提出的索赔做概括。

5)双方要求，即索赔和反索赔最终分析结果比较。

6)提出解决意见。

7)附各种证据，即本反索赔报告中所述的事件经过、理由、计算基础、计算过程和计算结果等证明材料。

五、索赔事件分析

对于对方提出的索赔事件，应从两方面核实其真实性：一是对方的证据。如果对方提出的证据不充分，可要求其补充证据，或否定这一索赔事件。二是己方的记录。如果索赔报告中的论述与己方关于工程记录不符，可向其提出质疑，或否定索赔报告。

1. 索赔事件责任分析

认真分析索赔事件的起因，澄清责任。以下五种情况可构成对索赔报告的反驳：

(1)索赔事件是由索赔方责任造成的，如管理不善，疏忽大意，未正确理解合同文件内容等。

(2)索赔事件应视作合同风险，且合同中未规定此风险由己方承担。

(3)索赔事件责任在第三方，不应由己方负责赔偿。

(4)双方都有责任，应按责任大小分摊损失。

(5)索赔事件发生后，对方未采取积极有效的措施以降低损失。

2. 索赔事件影响分析

分析索赔事件对工期和费用是否产生影响以及影响的程度，这直接决定着索赔值的计算。对于工期的影响，可分析网络计划图，通过每一工作的时差分析来确定是否存在工期索赔。通过分析施工状态，可以得出索赔事件对费用的影响。例如，业主未按时交付图纸，造成工程拖期，而承包商并未按合同规定的时间安排人员和机械，因此工期应予顺延，但不存在相应的各种闲置费。

六、索赔值审核

索赔值的审核工作量大，涉及的资料和证据多，需要花费许多时间和精力。审核的重点如下：

（1）数据的准确性。对索赔报告中的各种计算基础数据均须进行核对，如工程量增加的实际的量、人员出勤情况、机械台班使用量、各种价格指数等。

（2）计算方法的合理性。不同的计算方法得出的结果会有很大出入。应尽可能选择最科学、最精确的计算方法。对某些重大索赔事件的计算，其方法往往需双方协商确定。

（3）是否有重复计算。索赔的重复计算可能存在于单项索赔与一揽子索赔之间，相关的索赔报告之间，以及各费用项目的计算中。索赔的重复计算包括工期和费用两方面，应认真比较核对，剔除重复索赔。

BENZHANG SIKAOZHONGDIAN

本章思考重点

1. 工程合同价款调整的原因有哪些，如何处理?
2. 工程索赔的基本原则是什么?
3. 工程索赔的证据有哪些?
4. 如何进行索赔处理?
5. 什么是反索赔?
6. 反索赔的任务是什么?
7. 如何进行反索赔处理?

第七章　通风空调工程竣工结算与决算

第一节　工程价款结算

一、工程价款结算方式

根据不同情况，我国现行工程价款结算可采取多种方式。

1. 按月结算

按月结算即旬末或月中预支，月终结算，竣工后清算的方法。跨年度竣工的工程，在年终进行工程盘点，办理年度结算。我国现行建筑安装工程价款结算中，相当一部分是实行按月结算。

2. 竣工后一次结算

建设项目或单项工程全部建筑安装工程建设期在12个月以内，或者工程承包合同价值在100万元以下的，可以实行工程价款每月月中预支，竣工后一次结算。

3. 分段结算

即当年开工，当年不能竣工的单项工程或单位工程按照工程形象进度，划分不同阶段进行结算。分段结算可以按月预支工程款。分段的划分标准，由各部门、自治区、直辖市、计划单列市规定。

4. 目标结款方式

即在工程合同中，将承包工程的内容分解成不同的控制界面，以业主验收控制界面作为支付工程价款的前提条件。也就是说，将合同中的工程内容分解成不同的验收单元，当承包商完成单元工程内容并经业主（或其委托人）验收后，业主支付构成单元工程内容的工程价款。

目标结款方式下，承包商要想获得工程价款，必须按照合同约定的质量标准完成界面内的工程内容；要想尽早获得工程价款，承包商必须充分发挥自己组织实施能力，在保证质量前提下，加快施工进度。这意味着承包商拖延工期时，则业主推迟付款，增加承包商的财务费用、运营成本，降低承包商的收益，客观上使承包商因延迟工期而遭受损失。同样，当承包商积极组织施工，提前完成控制界面内的工程内容，则承包商可提前获得工程价款，增加承包收益，客观上承包商因提前工期而增加了有效利润。同时，因承包商在界面内质量达不到合同约定的标准而业主不预验收，承包商也会因此而遭受损失。可见，目标结款方式实质上是运用合同手段、财务手段对工程的完成进行主动控制。

目标结款方式中，对控制界面的设定应明确描述，便于量化和质量控制，同时，要适应项目资金的供应周期和支付频率。

二、工程价款结算方法

施工企业在采用按月结算工程价款方式时，要先取得各月实际完成的工程数量，并按照工程预算定额中的工程直接费预算单价、间接费用定额和合同中采用的利税率，计算出已完工程造价。实际完成的工程数量，由施工单位根据有关资料计算，并编制“已完工程月报表”，将各个发包单位的本月已完工程造价汇总反映。再根据“已完工程月报表”编制“工程价款结算账单”，与“已完工程月报表”一起，分送发包单位和经办银行，据以办理结算。

施工企业在采用分段结算工程价款方式时，要在合同中规定工程部位完工的月份，根据已完工程部位的工程数量计算已完工程造价，按发包单位编制“已完工程月报表”和“工程价款结算账单”。

对于工期较短、能在年度内竣工的单项工程或小型建设项目，可在工程竣工后编制“工程价款结算账单”，按合同中工程造价一次结算。

“工程价款结算账单”是办理工程价款结算的依据。工程价款结算账单中所列应收工程款应与随同附送的“已完工程月报表”中的工程造价相符，“工程价款结算账单”除了列明应收工程款外，还应列明应扣预收工程款、预收备料款、发包单位供给材料价款等应扣款项，算出本月实收工程款。

为了保证工程按期收尾竣工，工程在施工期间，不论工程长短，其结算工程款一般不得超过承包工程价值的95%，结算双方可以在5%的幅度内协商确定尾款比例，并在工程承包合同中订明。施工企业如已向发包单位出具履约保函或有其他保证的，可以不留工程尾款。

“已完工程月报表”和“工程价款结算账单”的格式见表7-1、表7-2。

表7-1　　已完工程月报表

发包单位名称：　　　　年　月　日　　　　单位：元

单项工程和单位工程名称	合同造价	建筑面积	开竣工日期		实际完成数		备　注
			开工日期	竣工日期	至上月(期)止已完工程累计	本月(期)已完工程	

施工企业：　　　　　　　　编制日期：　年　月　日

表 7-2　　**工程价款结算账单**

发包单位名称：　　　　年　月　日　　　　单位：元

<table>
<tr><th rowspan="2">单项工程和单位工程名称</th><th rowspan="2">合同造价</th><th rowspan="2">本月(期)应收工程款</th><th colspan="3">应　扣　款　项</th><th rowspan="2">本月(期)实收工程款</th><th rowspan="2">尚未归还</th><th rowspan="2">累计已收工程款</th><th rowspan="2">备　注</th></tr>
<tr><th>合　计</th><th>预　收工程款</th><th>预　收备料款</th></tr>
<tr><td></td><td></td><td></td><td></td><td></td><td></td><td></td><td></td><td></td><td></td></tr>
</table>

施工企业：　　　　编制日期：　年　月　日

第二节　工程竣工结算

一、工程竣工结算概念及作用

工程竣工结算是指一个单位或单项建筑安装工程完工，并经发包人及有关部门验收移交后办理的工程财务结算。它是工程的最终造价、实际造价。

工程完工后，发承包双方应在合同约定时间内办理工程竣工结算。工程竣工结算由承包人或受其委托具有相应资质的工程造价咨询人编制，由发包人或受其委托具有相应资质的工程造价咨询人核对。

工程竣工验收后，由施工企业及时整理交工技术资料。主要工程应绘制竣工图和编制结算以及施工合同、补充协议、设计变更洽商等资料，送建设单位或业主审查，经承发包双方达成一致意见后办理结算。但属于中央和地方财政投资工程的结算，需经财政主管部门委托的专业银行或中介机构审查，有的工程还需经过审计部门审计。

工程竣工结算的作用主要表现为以下几个方面：

(1)竣工结算是确定工程最终造价、完结发包人与承包人合同关系的经济责任的依据。

(2)竣工结算为承包人确定工程的最终收入，是承包人经济核算和考核工程成本的依据。

(3)竣工结算反映建筑安装工程工作量和实物量的实际完成情况，是发包人编报竣工决算的依据。

(4)竣工结算反映建筑安装工程实际造价，是编制概算定额、概算指标的基础资料。

二、工程竣工结算一般规定

(1)工程完工后，发承包双方必须在合同约定时间内办理工程竣工结算。

(2)工程竣工结算应由承包人或受其委托具有相应资质的工程造价咨询人编制，并应由发包人或受其委托具有相应资质的工程造价咨询人核对。

(3)工程完工后的竣工结算，是建设工程施工合同签约双方的共同权利和责任。由于社会分工的日益精细化，由发包人委托工程造价咨询人进行竣工结算审核已是现阶段办理竣工结算的主要方式。这一方式对建设单位有效控制投资，加快结算进度，提高社会效益等方面发挥了积极作用，但也存在个别工程造价咨询人不讲质量、不顾发承包双方或一方的反对，单方面出具竣工结算文件的现象。由于施工合同签约中的一方或双方不签字盖章认可，从而也不具有法律效力，但却形成了合同价款争议，影响结算的办理。因此，当发承包双方或一方对工程造价咨询人出具的竣工结算文件有异议时，可向工程造价管理机构投诉，申请对其进行执业质量鉴定。

(4)工程造价管理机构对投诉的竣工结算文件进行质量鉴定，宜按工程造价鉴定相关规定进行。

(5)竣工结算办理完毕，发包人应将竣工结算文件报送工程所在地或有该工程管辖权的行业管理部门的工程造价管理机构备案，竣工结算文件应作为工程竣工验收备案、交付使用的必备文件。

三、工程竣工结算编制依据

(1)“13计价规范”。

(2)工程合同。

(3)发承包双方实施过程中已确认的工程量及其结算的合同价款。

(4)发承包双方实施过程中已确认调整后追加(减)的合同价款。

(5)建设工程设计文件及相关资料。

(6)投标文件。

(7)其他依据。

四、工程竣工结算编制方法

1. 工程竣工结算编制要求

(1)分部分项工程和措施项目中的单价项目应依据发承包双方确认的工程量与已标价工程量清单的综合单价计算;发生调整的,应以发承包双方确认调整的综合单价计算。

(2)措施项目中的总价项目应依据已标价工程量清单的项目和金额计算;发生调整的,应以发承包双方确认调整的金额计算,其中安全文明施工费应按照国家或省级、行业建设主管部门的规定计算。施工过程中,国家或省级、行业建设主管部门对安全文明施工费进行了调整的,措施项目费中和安全文明施工费应作相应调整。

(3)其他项目应按下列规定计价:

1)计日工的费用应按发包人实际签证确认的数量和合同约定的相应单价计算。

2)暂估价中的材料是招标采购的,其单价按中标价在综合单价中调整;暂估价中的材料为非招标采购的,其单价按发承包双方最终确认的单价在综合单价中调整。

暂估价中的专业工程是招标采购的,其金额按中标价计算;暂估价中的专业工程为非招标采购的,其金额按发、承包双方与分包人最终确认的金额计算。

3)总承包服务费应依据已标价工程量清单金额计算;发生调整的,应以发承包双方确认调整的金额计算。

4)索赔事件产生的费用在办理竣工结算时应在其他项目中反映。索赔金额应依据发承包双方确认的索赔项目和金额计算。

5)现场签证发生的费用在办理竣工结算时应在其他项目中反映。现场签证金额依据发承包双方签证确认的金额计算。

6)合同价款中的暂列金额在用于各项价款调整、索赔与现场签证后,若有余额,则余额归发包人,若出现差额,则由发包人补足并反映在相应工程的合同价款中。

(4)规费和税金应按规定计算。规费中的工程排污费应按工程所在地环境保护部门规定的标准缴纳后按实列入。

(5)由于竣工结算与合同工程实施过程中的工程计量及其价款结算、进度款支付、合同价款调整等具有内在联系,因此发承包双方在合同工程实施过程中已经确认的工程计量结果和合同价款,在竣工结算办理中应直接进入结算,从而简化结算流程。

2. 工程竣工结算编制使用表格

(1)使用表格。竣工结算使用的表格包括:封-4、扉-4、表-01(见本书第三章第三节中相关表格)、表-05、表-06、表-07、表-08(见本书第三章第三节中相关表格)、表-09(见本书第五章第二、三节中相关表格)、表-10、表-11(见本书第三章第三节中相关表格)、表-12(其中表-12-1～表-12-5,见本书第三章第三节中相关表格)、表-13(见本书第三章第三节中相关表格)、表-14、表-15、表-16(见本书第五章第三节中相关表格)、表-17、表-18、表-19、表-20(见本书第三章第三节中相关表格)、表-21(见本书第三章第三节中相关表格)或表-22(见本书第三章第三节中相关表格)。

____________________工程

竣工结算书

发　包　人：________________
（单位盖章）

承　包　人：________________
（单位盖章）

造价咨询人：________________
（单位盖章）

年　月　日

封-4

______________工程

竣工结算总价

签约合同价(小写)：__________　(大写)：______________

竣工结算价(小写)：__________　(大写)：______________

发　包　人：________　承　包　人：________　造价咨询人：____________
(单位盖章)　(单位盖章)　(单位资质专用章)

法定代表人　法定代表人　法定代表人
或其授权人：________　或其授权人：________　或其授权人：____________
(签字或盖章)　(签字或盖章)　(签字或盖章)

编　制　人：______________　核　对　人：______________
(造价人员签字盖专用章)　(造价工程师签字盖专用章)

编制时间：　年　月　日　核对时间：　年　月　日

建设项目竣工结算汇总表

工程名称：　　　　　　　　　　　　　　　　　　第　页共　页

序号	单项工程名称	金额/元	其　中:/元	
			安全文明施工费	规费
合　计				

表-05

单项工程竣工结算汇总表

工程名称：　　　　　　　　　　　　　　　　　　第　页共　页

序号	单位工程名称	金额/元	其　中:/元	
			安全文明施工费	规费
合　计				

表-06

单位工程竣工结算汇总表

工程名称：　　　　　　　　　　　　　　标段：　　　　　　　　　　　　　　第　页共　页

序号	汇总内容	金额/元
1	分部分项工程	
1.1		
1.2		
1.3		
1.4		
1.5		
2	措施项目	
2.1	其中：安全文明施工费	
3	其他项目	
3.1	其中：专业工程结算价	
3.2	其中：计日工	
3.3	其中：总承包服务费	
3.4	其中：索赔与现场签证	
4	规费	
5	税金	
竣工结算总价合计=1+2+3+4+5		

注：如无单位工程划分，单项工程也使用本表汇总。

表-07

综合单价调整表

工程名称：　　　　　　　　　　　　　　标段：　　　　　　　　　　　　　　第　页共　页

序号	项目编码	项目名称	已标价清单综合单价/元					调整后综合单价/元				
			综合单价	其中				综合单价	其中			
				人工费	材料费	机械费	管理费和利润		人工费	材料费	机械费	管理费和利润
造价工程师（签章）：　发包人代表（签章）： 日期：								造价人员（签章）：　承包人代表（签章）： 日期：				

注：综合单价调整应附调整依据。

表-10

索赔与现场签证计价汇总表

工程名称：　　　　　　　　　　　　　　标段：　　　　　　　　　　　　　　第　页共　页

序号	签证及索赔项目名称	计量单位	数量	单价/元	合价/元	索赔及签证依据
—	本页小计	—	—	—		—
—	合计	—	—	—		—

注：签证及索赔依据是指经双方认可的签证单和索赔依据的编号。

表-12-6

费用索赔申请（核准）表

工程名称：　　　　　　　　　　　　　　标段：　　　　　　　　　　　　　　编号：

致：________________________________（发包人全称）

根据施工合同条款____条的约定，由于__________________原因，我方要求索赔金额（大写）__________（小写________），请予核准。

附：1. 费用索赔的详细理由和依据：

2. 索赔金额的计算：

3. 证明材料：

承包人（章）

造价人员__________　　　承包人代表__________　　　日　　期__________

复核意见：

根据施工合同条款____条的约定，你方提出的费用索赔申请经复核：

□不同意此项索赔，具体意见见附件。

□同意此项索赔，索赔金额的计算，由造价工程师复核。

监理工程师________

日　　期________

复核意见：

根据施工合同条款____条的约定，你方提出的费用索赔申请经复核，索赔金额为（大写）____（小写____）。

造价工程师________

日　　期________

审核意见：

□不同意此项索赔。

□同意此项索赔，与本期进度款同期支付。

发包人（章）

发包人代表________

日　　期________

注：1. 在选择栏中的“□”内做标识“√”。

2. 本表一式四份，由承包人填报，发包人、监理人、造价咨询人、承包人各存一份。

表-12-7

现场签证表

工程名称：　　　　　　　　标段：　　　　　　　　编号：

<table>
<tr><td>施工部位</td><td></td><td>日期</td><td></td></tr>
<tr><td colspan="4">致：________________________________（发包人全称）
根据________（指令人姓名）　年　月　日的口头指令或你方________（或监理人）　年　月　日的书面通知，我方要求完成此项工作应支付价款金额为（大写）________（小写______），请予核准。
附：1. 签证事由及原因：
2. 附图及计算式：
承包人（章）
造价人员________　承包人代表________　日　期________</td></tr>
<tr><td colspan="2">复核意见：
你方提出的此项签证申请经复核：
□不同意此项签证，具体意见见附件。
□同意此项签证，签证金额的计算，由造价工程师复核。
监理工程师________
日　期________</td><td colspan="2">复核意见：
□此项签证按承包人中标的计日工单价计算，金额为（大写）____元，（小写____元）。
□此项签证因无计日工单价，金额为（大写）____元，（小写____）。
造价工程师________
日　期________</td></tr>
<tr><td colspan="4">审核意见：
□不同意此项签证。
□同意此项签证，价款与本期进度款同期支付。
发包人（章）
发包人代表________
日　期________</td></tr>
</table>

注：1. 在选择栏中的“□”内做标识“√”。
2. 本表一式四份，由承包人在收到发包人（监理人）的口头或书面通知后填写，发包人、监理人、造价咨询人、承包人各存一份。

表-12-8

工程计量申请（核准）表

工程名称：　　　　　　　　标段：　　　　　　　　第　页共　页

序号	项目编码	项目名称	计量单位	承包人申请数量	发包人核实数量	发承包人确认数量	备注

承包人代表：	监理工程师：	造价工程师：	发包人代表：
日期：	日期：	日期：	日期：

表-14

预付款支付申请(核准)表

工程名称：　　　　　　　　　　　　标段：　　　　　　　　　　　　编号：

致：＿＿＿＿＿＿＿＿＿＿＿＿＿＿＿＿＿＿＿＿＿＿＿＿＿＿（发包人全称）

我方根据施工合同的约定，现申请支付工程预付款额为（大写）＿＿＿＿＿＿（小写＿＿＿＿＿＿），请予核准。

序号	名　称	申请金额/元	复核金额/元	备　注
1	已签约合同价款金额			
2	其中：安全文明施工费			
3	应支付的预付款			
4	应支付的安全文明施工费			
5	合计应支付的预付款			

承包人（章）

造价人员＿＿＿＿＿＿　　承包人代表＿＿＿＿＿＿　　日　　期＿＿＿＿＿＿

复核意见：

□与合同约定不相符，修改意见见附件。

□与合同约定相符，具体金额由造价工程师复核。

监理工程师＿＿＿＿＿＿

日　　期＿＿＿＿＿＿

复核意见：

你方提出的支付申请经复核，应支付预付款金额为（大写）＿＿＿＿＿＿（小写＿＿＿＿＿＿）。

造价工程师＿＿＿＿＿＿

日　　期＿＿＿＿＿＿

审核意见：

□不同意。

□同意，支付时间为本表签发后的 15 天内。

发包人（章）

发包人代表＿＿＿＿＿＿

日　　期＿＿＿＿＿＿

注：1. 在选择栏上的“□”内做标识“√”。

2. 本表一式四份，由承包人填报，发包人、监理人、造价咨询人、承包人各存一份。

表-15

进度款支付申请(核准)表

工程名称：　　　　　　　　　　　　标段：　　　　　　　　　　　　编号：

致：____（发包人全称）

我方于________至________期间已完成了________工作，根据施工合同的约定，现申请支付本周期的合同款额为（大写）________（小写________），请予核准。

序号	名　称	实际金额/元	申请金额/元	复核金额/元	备　注
1	累计已完成的合同价款		—		
2	累计已实际支付的合同价款		—		
3	本周期合计完成的合同价款				
3.1	本周期已完成单价项目的金额				
3.2	本周期应支付的总价项目的金额				
3.3	本周期已完成的计日工价款				
3.4	本周期应支付的安全文明施工费				
3.5	本周期应增加的合同价款				
4	本周期合计应扣减的金额				
4.1	本周期应抵扣的预付款				
4.2	本周期应扣减的金额				
5	本周期应支付的合同价款				

附：上述3、4详见附件清单。

承包人（章）

造价人员__________　　　　承包人代表__________　　　　日　　期__________

复核意见：

□与实际施工情况不相符，修改意见见附件。

□与实际施工情况相符，具体金额由造价工程师复核。

监理工程师__________

日　　期__________

复核意见：

你方提出的支付申请经复核，本周期已完成合同款额为（大写）________（小写________），本周期应支付金额为（大写）________（小写）________。

造价工程师__________

日　　期__________

审核意见：

□不同意。

□同意，支付时间为本表签发后的15天内。

发包人（章）

发包人代表__________

日　　期__________

注：1. 在选择栏中的“□”内做标识“√”。

2. 本表一式四份，由承包人填报，发包人、监理人、造价咨询人、承包人各存一份。

表-17

竣工结算款支付申请(核准)表

工程名称：　　　　　　　　　　　　　　　　标段：　　　　　　　　　　　　　　　　编号：

致：____（发包人全称）

我方于________至________期间已完成合同约定的工作，工程已经完工，根据施工合同的约定，现申请支付竣工结算合同款额为(大写)________（小写________），请予核准。

序号	名　称	申请金额/元	复核金额/元	备　注
1	竣工结算合同价款总额			
2	累计已实际支付的合同价款			
3	应预留的质量保证金			
4	应支付的竣工结算款金额			

承包人(章)

造价人员__________　　　　承包人代表__________　　　　日　　期__________

复核意见：

□与实际施工情况不相符，修改意见见附件。

□与实际施工情况相符，具体金额由造价工程师复核。

监理工程师__________

日　　期__________

复核意见：

你方提出的竣工结算款支付申请经复核，竣工结算款总额为(大写)________（小写________），扣除前期支付以及质量保证金后应支付金额为(大写)________（小写________）。

造价工程师__________

日　　期__________

审核意见：

□不同意。

□同意，支付时间为本表签发后的15天内。

发包人(章)

发包人代表__________

日　　期__________

注：1. 在选择栏中的“□”内做标识“√”。

2. 本表一式四份，由承包人填报，发包人、监理人、造价咨询人、承包人各存一份。

表-18

最终结清支付申请(核准)表

工程名称: 标段: 编号:

致:______________________________(发包人全称)

我方于________至________期间已完成了缺陷修复工作,根据施工合同的约定,现申请支付最终结清合同款额为(大写)________(小写________),请予核准。

序号	名　　称	申请金额/元	复核金额/元	备　注
1	已预留的质量保证金			
2	应增加因发包人原因造成缺陷的修复金额			
3	应扣减承包人不修复缺陷、发包人组织修复的金额			
4	最终应支付的合同价款			

上述3、4详见附件清单。

承包人(章)

造价人员__________ 承包人代表__________ 日　　期__________

复核意见:

□与实际施工情况不相符,修改意见见附件。

□与实际施工情况相符,具体金额由造价工程师复核。

监理工程师__________

日　　期__________

复核意见:

你方提出的支付申请经复核,最终应支付金额为(大写)______________(小写______________)。

造价工程师__________

日　　期__________

审核意见:

□不同意。

□同意,支付时间为本表签发后的15天内。

发包人(章)

发包人代表__________

日　　期__________

注:1. 在选择栏中的"□"内做标识"√"。如监理人已退场,监理工程师栏可空缺。

2. 本表一式四份,由承包人填报,发包人、监理人、造价咨询人、承包人各存一份。

表-19

(2)填写方法。

1)封-4。竣工结算书封面应填写竣工工程的具体名称,发承包双方应盖单位公章,如委托工程造价咨询人办理的,还应加盖工程造价咨询人所在单位公章。

2)扉-4。

①承包人自行编制竣工结算总价,编制人员必须是承包人单位注册的造价人员。由承包人盖单位公章,法定代表人或其授权人签字或盖章;编制的造价人员(造价工程师或造价员)签字盖执业专用章。

②发包人自行核对竣工结算时,核对人员必须是在发包人单位注册的造价工程师。由发包人盖单位公章,法定代表人或其授权人签字或盖章,核对的造价工程师签字盖执业专用章。

③发包人委托工程造价咨询人核对竣工结算时,核对人员必须是在工程造价咨询人单位注册的造价工程师。由发包人盖单位公章,法定代表人或其授权人签字或盖章;工程造价咨询人盖单位资质专用章,法定代表人或其授权人签字或盖章,核对的造价工程师签字盖执业专用章。

④除非出现发包人拒绝或不答复承包人竣工结算书的特殊情况,竣工结算办理完毕后,竣工结算总价封面发承包双方的签字、盖章应当齐全。

3)总说明(表-01)。竣工结算中总说明应包括的内容:①工程概况;②编制依据;③工程变更;④工程价款调整;⑤索赔;⑥其他等。

4)分部分项工程和单价措施项目计价表(表-08)。使用本表可取消"暂估价"。

5)综合单价分析表(表-09)。应在已标价工程量清单中的综合单价分析表中将确定的调整过后的人工单价、材料单价等进行置换,形成调整后的综合单价。

6)综合单价调整表(表-10)。综合单价调整表适用于各种合同约定调整因素出现时调整综合单价,各种调整依据应附于表后。填写时应注意,项目编码和项目名称必须与已标价工程量清单操持一致,不得发生错漏,以免发生争议。

7)其他项目清单与计价汇总表(表-12)。编制或核对竣工结算,"专业工程暂估价"按实际分包结算价填写,"计日工"、"总承包服务费"按双方认可的费用填写,如发生"索赔"或"现场签证"费用,按双方认可的金额计入本表。

8)暂列金额明细表(表-12-1)。填写方法见上述"1."相关内容。

9)材料(工程设备)暂估单价及调整表(表-12-2)。填写方法见上述"1."相关内容。

10)专业工程暂估价及结算价表(表-12-3)。填写方法见上述"1."相关内容。

11)总承包服务费计价表(表-12-5)。办理竣工结算时,发承包双方应按承包人已标价工程量清单中的报价计算,如发承包双方确定调整的,按调整后的金额计算。

12)规费、税金项目计价表(表-13)。填写方法见上述"1."相关内容。

13)工程计量申请(核准)表(表-14)。本表填写的"项目编码"、"项目名称"、"计量单位"应与已标价工程量清单中一致,承包人应在合同约定的计量周期结束时,将申报数量填写在申报数量栏,发包人核对后如与承包人填写的数量不一致,则在核实数量栏填上核实数量,经发承包双方共同核对确认的计量结果填在确认数量栏。

14)合同价款支付申请(复核)表。合同价款支付申请(复核)表是合同履行、价款支付的重要凭证。"13计价规范"对此类表格共设计了5种,包括专用于预付款支付的《预付款支付申请(核准)表》(表-15)、用于施工过程中无法计量的总价项目及总价合同进度款支付的《总价项目进度款支付分解表》(表-16)、专用于进度款支付的《进度款支付申请(核准)表》(表-17)、专用于竣工结算价款支付的《竣工结算款支付申请(核准)表》(表-18)和用于缺陷责任期到期,承包人履行了工程缺陷修复责任后,对其预留的质量保证金最终结算的《最终结清支付申请(核准)表》(表-19)。

合同价款支付申请(复核)表包括的5种表格,均由承包人代表在每个计量周期结束后向发包人提出,由发包人授权的现场代表复核工程量,由发包人授权的造价工程师复核应付款项,经发包人批准实施。

第三节　竣工结算、支付与审查

一、竣工结算

竣工结算的核对是工程造价计价中发承包双方应共同完成的重要工作。按照交易的一般原则,任何交易结束,都应做到钱、货两清,工程建设也不例外。工程施工的发承包活动作为期货交易行为,当工程竣工验收合格后,承包人将工程移交给发包人时,发承包双方应将工程价款结算清楚,即竣工结算办理完毕。

(1)合同工程完工后,承包人应在经发承包双方确认的合同工程期中价款结算的基础上汇总编制完成竣工结算文件,应在提交竣工验收申请的同时向发包人提交竣工结算文件。

承包人未在合同约定的时间内提交竣工结算文件,经发包人催告后14d内仍未提交或没有明确答复的,发包人有权根据已有资料编制竣工结算文件,作为办理竣工结算和支付结算款的依据,承包人应予以认可。

(2)发包人应在收到承包人提交的竣工结算文件后的28d内核对。发包人经核实,认为承包人还应进一步补充资料和修改结算文件,应在上述时限内向承包人提出核实意见,承包人在收到核实意见后的28d内应按照发包人提出的合理要求补充资料,修改竣工结算文件,并应再次提交给发包人复核后批准。

(3)发包人应在收到承包人再次提交的竣工结算文件后的28d内予以复核,将复核结果通知承包人,并应遵守下列规定:

1)发包人、承包人对复核结果无异议的,应在7d内在竣工结算文件上签字确认,竣工结算办理完毕。

2)发包人或承包人对复核结果认为有误的,无异议部分按照1)规定办理不完全竣工结算;有异议部分由发承包双方协商解决;协商不成的,应按照合同约定的争议解决方式处理。

(4)《最高人民法院关于审理建设工程施工合同纠纷案件适用法律问题的解释》(法释[2004]14号)第二十条规定:“当事人约定,发包人收到竣工结算文件后,在约定期限内不予答复,视为认可竣工结算文件的,按照约定处理。承包人请求按照竣工结算文件结算工程价款的,应予支持”。根据这一规定,要求发承包双方不仅应在合同中约定竣工结算的核对时间,并应约定发包人在约定时间内对竣工结算不予答复,视为认可承包人递交的竣工结算。对发包人未在竣工结算中履行核对责任的后果进行了规定，即：发包人在收到承包人竣工结算文件后的28d内，不核对竣工结算或未提出核对意见的，应视为承包人提交的竣工结算文件已被发包人认可，竣工结算办理完毕。

(5)承包人在收到发包人提出的核实意见后的28d内，不确认也未提出异议的，应视为发包人提出的核实意见已被承包人认可，竣工结算办理完毕。

(6)发包人委托工程造价咨询人核对竣工结算的，工程造价咨询人应在28d内核对完毕，核对结论与承包人竣工结算文件不一致的，应提交给承包人复核；承包人应在14d内将同意核对结论或不同意见的说明提交工程造价咨询人。工程造价咨询人收到承包人提出的异议后，应再次复核，复核无异议的，应按“(3)”规定办理，复核后仍有异议的，按“(3)”的规定办理。

承包人逾期未提出书面异议的，应视为工程造价咨询人核对的竣工结算文件已经承包人认可。

(7)对发包人或发包人委托的工程造价咨询人指派的专业人员与承包人指派的专业人员经核对后无异议并签名确认的竣工结算文件，除非发承包人能提出具体、详细的不同意见，发承包人都应在竣工结算文件上签名确认，如其中一方拒不签认的，按下列规定办理：

1)若发包人拒不签认的，承包人可不提供竣工验收备案资料，并有权拒绝与发包人或其上级部门委托的工程造价咨询人重新核对竣工结算文件。

2)若承包人拒不签认的，发包人要求办理竣工验收备案的，承包人不得拒绝提供竣工验收资料，否则，由此造成的损失，承包人承担相应责任。

(8)合同工程竣工结算核对完成，发承包双方签字确认后，发包人不得要求承包人与另一个或多个工程造价咨询人重复核对竣工结算。

(9)发包人对工程质量有异议，拒绝办理工程竣工结算的，已竣工验收或已竣工未验收但实际投入使用的工程，其质量争议应按该工程保修合同执行，竣工结算应按合同约定办理；已竣工未验收且未实际投入使用的工程以及停工、停建工程的质量争议，双方应就有争议的部分委托有资质的检测鉴定机构进行检测，并应根据检测结果确定解决方案，或按工程质量监督机构的处理决定执行后办理竣工结算，无争议部分的竣工结算应按合同约定办理。

二、竣工结算支付

1. 结算款支付

(1)承包人应根据办理的竣工结算文件向发包人提交竣工结算款支付申请。申请应包括下列内容：

1)竣工结算合同价款总额。

2)累计已实际支付的合同价款。

3)应预留的质量保证金。

4)实际应支付的竣工结算款金额。

(2)发包人应在收到承包人提交竣工结算款支付申请后7d内予以核实，向承包人签发竣工结算支付证书。

(3)发包人签发竣工结算支付证书后的14d内，应按照竣工结算支付证书列明的金额向承包人支付结算款。

(4)发包人在收到承包人提交的竣工结算款支付申请后7d内不予核实，不向承包人签发竣工结算支付证书的，视为承包人的竣工结算款支付申请已被发包人认可；发包人应在收到承包人提交的竣工结算款支付申请7d后的14d内，按照承包人提交的竣工结算款支付申请列明的金额向承包人支付结算款。

(5)工程竣工结算办理完毕后，发包人应按合同约定向承包人支付工程价款。发包人按合同约定应向承包人支付而未支付的工程款视为拖欠工程款。承包人可催告发包人支付，并有权获得延迟支付的利息。根据《最高人民法院关于审理建设工程施工合同纠纷案件适用法律问题的解释》(法释[2004]14号)第十七条："当事人对欠付工程价款利息计付标准有约定的，按照约定处理；没有约定的，按照中国人民银行发布的同期同类贷款利率信息。发包人应向承包人支付拖欠工程款的利息，并承担违约责任。"和《中华人民共和国合同法》第二百八十六条："发包人未按照合同约定支付价款的，承包人可以催告发包人在合理期限内支付价款。发包人逾期不支付的，除按照建设工程的性质不宜折价、拍卖的以外，承包人可以与发包人协议将该工程折价，也可以申请人民法院将该工程依法拍卖。建设工程的价款就该工程折价或者拍卖的价款优先受偿。"等规定，发包人在竣工结算支付证书签发后或者在收到承包人提交的竣工结算款支付申请7d后的56d内仍未支付的，除法律另有规定外，承包人可与发包人协商将该工程折价，也可直接向人民法院申请将该工程依法拍卖。承包人应就该工程折价或拍卖的价款优先受偿。

所谓优先受偿，最高人民法院在《关于建设工程价款优先受偿权的批复》(法释[2002]16号)中规定如下：

1)人民法院在审理房地产纠纷案件和办理执行案件中，应当依照《中华人民共和国合同法》第二百八十六条的规定，认定建筑工程的承包人的优先受偿权优于抵押权和其他债权。

2)消费者交付购买商品房的全部或者大部分款项后，承包人就该商品房享有的工程价款优先受偿权不得对抗买受人。

3)建筑工程价款包括承包人为建设工程应当支付的工作人员报酬、材料款等实际支出的费用，不包括承包人因发包人违约所造成的损失。

4)建设工程承包人行使优先权的期限为6个月，自建设工程竣工之日或者建设工程合同约定的竣工之日起计算。

2. 质量保证金

(1)发包人应按照合同约定的质量保证金比例从结算款中预留质量保证金。质量保证金用于承包人按照合同约定履行属于自身责任的工程缺陷修复义务的，为发包人有效监督承包人完成缺陷修复提供资金保证。原建设部、财政部印发的《建设工程质量保证金管理暂行办法》(建质[2005]7号)第七条规定："全部或者部分使用政府投资的建设项目，按工程价款结算总额5%左右的比例预留保证金。社会投资项目采用预留保证金方式的，预留保证金的比例可参照执行"。

(2)承包人未按照合同约定履行属于自身责任的工程缺陷修复义务的，发包人有权从质量保证金中扣除用于缺陷修复的各项支出。经查验，工程缺陷属于发包人原因造成的，应由发包人承担查验和缺陷修复的费用。

(3)在合同约定的缺陷责任期终止后，发包人应将剩余的质量保证金返还给承包人。

原建设部、财政部印发的《建设工程质量保证金管理暂行办法》(建质[2005]7号)第九条规定:“缺陷责任期内,承包人认真履行合同约定的责任,到期后,承包人向发包人申请返还保证金。”第十条规定:“发包人在接到承包人返还保证金申请后,应于14d内会同承包人按照合同约定的内容进行核实。如无异议,发包人应当在核实后14d内将保证金返还给承包人,逾期支付的,从逾期之日起,按照同期银行贷款利率计付利息,并承担违约责任。发包人在接到承包人返还保证金申请后14d内不予答复,经催告后14d内仍不予答复,视同认可承包人的返还保证金申请”。

3. 最终结清

(1)缺陷责任期终止后,承包人应按照合同约定向发包人提交最终结清支付申请。发包人对最终结清支付申请有异议的,有权要求承包人进行修正和提供补充资料。承包人修正后,应再次向发包人提交修正后的最终结清支付申请。

(2)发包人应在收到最终结清支付申请后的14d内予以核实,并应向承包人签发最终结清支付证书。

(3)发包人应在签发最终结清支付证书后的14d内,按照最终结清支付证书列明的金额向承包人支付最终结清款。

(4)发包人未在约定的时间内核实,又未提出具体意见的,应视为承包人提交的最终结清支付申请已被发包人认可。

(5)发包人未按期最终结清支付的,承包人可催告发包人支付,并有权获得延迟支付的利息。

(6)最终结清时,承包人被预留的质量保证金不足以抵减发包人工程缺陷修复费用的,承包人应承担不足部分的补偿责任。

(7)承包人对发包人支付的最终结清款有异议的,应按照合同约定的争议解决方式处理。

三、竣工结算审查

1. 工程竣工结算审查依据

(1)工程结算审查委托合同和完整、有效的工程结算文件。

(2)国家有关法律、法规、规章制度和相关的司法解释。

(3)国务院建设行政主管部门以及各省、自治区、直辖市和有关部门发布的工程造价计价标准、计价办法、有关规定及相关解释。

(4)施工发承包合同、专业分包合同及补充合同,有关材料、设备采购合同;招标投标文件,包括招标答疑文件、投标承诺、中标报价书及其组成内容。

(5)工程竣工图或施工图,施工图会审记录,经批准的施工组织设计,以及设计变更、工程洽商和相关会议纪要。

(6)经批准的开、竣工报告或停、复工报告。

(7)“13计价规范”或工程预算定额、费用定额及价格信息、调价规定等。

(8)工程结算审查的其他专项规定。

(9)影响工程造价的其他相关资料。

2. 工程竣工结算审查要求

(1)严禁采取抽样审查、重点审查、分析对比审查和经验审查的方法,避免审查疏漏现象发生。

(2)应审查结算文件和与结算有关资料的完整性和符合性。

(3)按施工发承包合同约定的计价标准或计价方法进行审查。

(4)对合同未作约定或约定不明的,可参照签订合同时当地建设行政主管部门发布的计价标准进行审查。

(5)对工程结算内多计、重列的项目应予以扣减;对少计、漏项的项目应予以调增。

(6)对工程结算与设计图纸或事实不符的内容,应在掌握工程事实和真实情况的基础上进行调整。工程造价咨询单位在工程结算审查时发现的工程结算与设计图纸或与事实不符的内容应约请各方履行完善的确认手续。

(7)对由总承包人分包的工程结算,其内容与总承包合同主要条款不相符的,应按总承包合同约定的原则进行审查。

(8)工程结算审查文件应采用书面形式,有电子文本要求的应采用与书面形式内容一致的电子版本。

(9)结算审查的编制人、校对人和审核人不得由同一人担任。

(10)结算审查受托人与被审查项目的发承包双方有利害关系,可能影响公正的,应予以回避。

3. 工程竣工结算审查程序

工程结算审查应按准备、审查和审定三个工作阶段进行,并实行编制人、校对人和审核人分别署名盖章确认的内部审核制度。

(1)竣工结算审查准备阶段。

1)审查工程结算手续的完备性、资料内容的完整性,对不符合要求的应退回限时补正。

2)审查计价依据及资料与工程结算的相关性、有效性。

3)熟悉招标投标文件、工程发承包合同、主要材料设备采购合同及相关文件。

4)熟悉竣工图纸或施工图纸、施工组织设计、工程状况,以及设计变更、工程洽商和工程索赔情况等。

(2)竣工结算审查阶段。

1)审查结算项目范围、内容与合同约定的项目范围、内容的一致性。

2)审查工程量计算准确性、工程量计算规则与计价规范或定额保持一致性。

3)审查结算单价时应严格执行合同约定或现行的计价原则、方法。对于清单或定额缺项以及采用新材料、新工艺的,应根据施工过程中的合理消耗和市场价格审核结算单价。

4)审查变更身份证凭据的真实性、合法性、有效性,核准变更工程费用。

5)审查索赔是否依据合同约定的索赔处理原则、程序和计算方法以及索赔费用的真实性、合法性、准确性。

6)审查取费标准时,应严格执行合同约定的费用定额标准及有关规定,并审查取费依据的时效性、相符性。

7)编制与结算相对应的结算审查对比表。

(3)竣工结算审定阶段。

1)工程结算审查初稿编制完成后,应召开由结算编制人、结算审查委托人及结算审查受托人共同参加的会议,听取意见,并进行合理的调整。

2)由结算审查受托人单位的部门负责人对结算审查的初步成果文件进行检查、校对。

3)由结算审查受托人单位的主管负责人审核批准。

4)发承包双方代表人和审查人应分别在“结算审定签署表”上签认并加盖公章。

5)对结算审查结论有分歧的,应在出具结算审查报告前,至少组织两次协调会;凡不能共同签认的,审查受托人可适时结束审查工作,并做出必要说明。

6)在合同约定的期限内,向委托人提交经结算审查编制人、校对人、审核人和受托人单位盖章确认的正式的结算审查报告。

4. 工程竣工结算审查方法

工程竣工结算审查的方法一般有全面审查法、重点审查法、分解对比审查法、运用“统筹计算原理”结算审查法。工程结算的审查应依据施工发承包合同约定的结算方法进行,根据施工发承包合同类型,采用不同的审查方法。

(1)采用总价合同的,应在合同价的基础上对设计变更、工程洽商以及工程索赔等合同约定可以调整的内容进行审查。

(2)采用单价合同的,应审查施工图以内的各个分部分项工程量,依据合同约定的方式审查分部分项工程价格,并对设计变更、工程洽商、工程索赔等调整内容进行审查。

(3)采用成本加酬金合同的,应依据合同约定的方法审查各个分部分项工程以及设计变更、工程洽商等内容的工程成本,并审查酬金及有关税费的取定。

(4)除非已有约定,对已被列入审查范围的内容,结算应采用全面审查的方法。

(5)对法院、仲裁或承发包双方合意共同委托的未确定计价方法的工程结算审查或鉴定,结算审查受托人可根据事实和国家法律、法规和建设行政主管部门的有关规定,独立选择鉴定或审查适用的计价方法。

第四节　竣工决算

一、竣工决算概念

建设项目竣工决算是由建设单位编制的反映建设项目实际造价和投资效果的文件,是竣工验收报告的重要组成部分。建设项目竣工决算应包括从项目筹划到竣工投产全过程的全部实际费用,即建筑工程费、安装工程费、设备工器具购置费和工程建设其他费用以及预备费等。

根据国家有关《基本建设项目竣工决算编制办法》的规定,竣工决算分大、中型建设项目和小型建设项目进行编制。

为了严格执行基本建设项目的竣工验收制度,正确核定新增固定资产价值,考核分析投资效果，所有新建、改建和扩建项目竣工后，都要按照国家主管部门对基本建设项目竣工验收的有关规定和要求编制竣工决算。竣工决算是办理竣工工程交付使用验收的依据，是竣工验收报告的组成部分，它综合反映了基本建设计划的执行情况，工程的建设成本，新增的生产能力以及定额和技术经济指标的完成情况。

二、竣工决算编制

1. 竣工决算编制的主要依据

(1)经批准的可行性研究报告和投资估算书。

(2)经批准的初步设计或扩大初步设计及其概算或修正概算书。

(3)经批准的施工图设计及其施工图预算书。

(4)设计交底或图纸会审会议纪要。

(5)招标控制价、承包合同、工程结算资料。

(6)施工记录或施工签证单及其他施工发生的费用记录，如索赔报告与记录等停(交)工报告。

(7)竣工图及各种竣工验收资料。

(8)历年基建资料、财务决算及批复文件。

(9)设备、材料调价文件和调价记录。

(10)有关财务核算制度、办法和其他有关资料、文件等。

2. 竣工决算编制的内容

(1)竣工决算报告说明书。

(2)竣工决算报表。

(3)工程竣工图。

(4)工程造价对比分析。

3. 竣工决算报告说明书的内容

竣工决算报告说明书中全面反映了竣工工程建设成果的经验，是全面考核分析工程投资与造价的局面总结，其主要内容包括：

(1)对工程总的评价。从工程的进度、质量、安全和造价四个方面进行的分析说明。

1)进度，主要说明开工和竣工日期，对照合同工期是提前还是延期。

2)质量，根据验收委员会或质量监督部门的验收情况评定等级、合格率和优良品率。

3)安全，根据劳动部门和施工部门的记录，对有无设备及人身事故进行说明。

4)造价，应对照概算，说明节约还是超支，用金额和百分率进行分析说明。

(2)对各项财务和技术经济指标的分析。

1)概算执行情况分析。

2)新增生产能力的效益分析。说明交会使用财产占总投资额的比例、新增加固定资产的造价占投资总数的比例，分析有机构成和成果。

3)基本建设投资包干情况的分析。说明投资包干数、实际使用数和节约额、投资包干结余的构成和包干结余的分配情况。

4)财务分析。列出历年资金来源和资金占用情况。

(3)工程建设的经验教训及有待解决的问题。

4. 竣工决算的造价分析

在分析时,可将决算报表中所提供的实际数据和相关资料与批准的概算、预算指标进行对比,以确定竣工项目总造价是节约还是超支。

(1)主要实物工程量。对比分析中应分析项目的建设规模、结构、标准是否遵循设计文件的规定,其间的变更部分是否符合规定,对造价的影响如何,对于实物工程量出入比较大的情况,必须查明原因。

(2)主要材料消耗量。在建筑安装工程投资中,材料费用所占的比重很大,因此,考核材料费用也是考核工程造价的重点。考核主要材料消耗量,要按照竣工决算报表中所列明的三大材料实际超概算的消耗量,查明超耗的原因。

(3)考核建设单位管理费、建筑及安装工程间接费的取费标准。根据竣工决算报表中所列的建设单位管理费,与概(预)算所列的控制额比较,确定其节约或超支数额,并进一步查明原因。

BENZHANG SIKAOZHONGDIAN

本章思考重点

1. 我国现行工程价款结算方式有哪几种?
2. 工程竣工结算有何作用?
3. 工程竣工结算编制的依据有哪些?
4. 工程竣工结算编制会用哪些表格,编制时应符合哪些规定?
5. 发包人在收到承包人提交的竣工结算文件后应如何处理?
6. 对已签名确认的竣工结算文件,发承包人其中一方拒不签认的,如何处理?
7. 如何进行结算款支付?
8. 合同约定的质量保证金应如何处理?
9. 工程竣工结算审查应符合哪些要求?
10. 工程结算审查应依照怎样的程序进行?
11. 竣工决算编制的主要依据有哪些?
12. 如何编制竣工决算?

第八章　工程造价争议处理、鉴定与资料管理

第一节　合同价款争议解决

由于建设工程具有施工周期长、不确定因素多等特点，在施工合同履行过程中出现争议是在所难免的，解决合同履行过程中争议的主要方法包括协商、调解、仲裁和诉讼四种。当发承包双方发生争议后，可以先进行协商和解从而达到消除争议的目的，也可以请第三方进行调解；若争议继续存在，发承包双方可以继续通过仲裁或诉讼的途径解决，当然，也可以直接进入仲裁或诉讼程序解决争议。不论采用何种方式解决发承包双方的争议，只有及时并有效地解决施工过程中的合同价款争议，才是工程建设顺利进行的必要保证。

一、监理或造价工程师暂定

从我国现行施工合同示范文本、监理合同示范文本、造价咨询合同示范文本的内容可以看出，合同中一般均会对总监理工程师或造价工程师在合同履行过程中发承包双方的争议如何处理有所约定。为使合同争议在施工过程中就能够由总监理工程师或造价工程师予以解决，对总监理工程师或造价工程师的合同价款争议处理流程及职责权限进行了如下约定：

(1)若发包人和承包人之间就工程质量、进度、价款支付与扣除、工期延期、索赔、价款调整等发生任何法律上、经济上或技术上的争议，首先应根据已签约合同的规定，提交合同约定职责范围内的总监理工程师或造价工程师解决，并应抄送另一方。总监理工程师或造价工程师在收到此提交件后14d内应将暂定结果通知发包人和承包人。发承包双方对暂定结果认可的，应以书面形式予以确认，暂定结果成为最终决定。

(2)发承包双方在收到总监理工程师或造价工程师的暂定结果通知之后的14d内未对暂定结果予以确认也未提出不同意见的，应视为发承包双方已认可该暂定结果。

(3)发承包双方或一方不同意暂定结果的，应以书面形式向总监理工程师或造价工程师提出，说明自己认为正确的结果，同时抄送另一方，此时该暂定结果成为争议。在暂定结果对发承包双方当事人履约不产生实质影响的前提下，发承包双方应实施该结果，直到按照发承包双方认可的争议解决办法被改变为止。

二、管理机构的解释和认定

(1)工程造价管理机构是工程造价计价依据、办法以及相关政策的制定和管理机构。发包人、承包人或工程造价咨询人在工程计价中，对计价依据、办法以及相关政策规定发

生的争议进行解释是工程造价管理机构的职责。合同价款争议发生后，发承包双方可就工程计价依据的争议以书面形式提请工程造价管理机构对争议以书面文件进行解释或认定。

(2)工程造价管理机构应在收到申请的10个工作日内就发承包双方提请的争议问题制定办事指南，明确规定解释流程、时间，认真做好此项工作。

(3)发承包双方或一方在收到工程造价管理机构书面解释或认定后仍可按照合同约定的争议解决方式提请仲裁或诉讼。除工程造价管理机构的上级管理部门做出了不同的解释或认定，或在仲裁裁决或法院判决中不予采信的外，工程造价管理机构做出的书面解释或认定应为最终结果，并应对发承包双方均有约束力。

三、协商和解、调解

1. 协商

协商是双方在自愿互谅的基础上，按照法律、法规的规定，通过摆事实讲道理就争议事项达成一致意见的一种纠纷解决方式。

(1)合同价款争议发生后，发承包双方任何时候都可以进行协商。协商达成一致的，双方应签订书面和解协议，并明确和解协议对发承包双方均有约束力。

(2)如果协商不能达成一致，发包人或承包人都可以按合同约定的其他方式解决争议。

2. 调解

按照《中华人民共和国合同法》的规定，当事人可以通过调解解决合同争议，但在工程建设领域，目前的调解主要出现在仲裁或诉讼中，即所谓司法调解；有的通过建设行政主管部门或工程造价管理机构处理，双方认可，即所谓行政调解。司法调解耗时较长，且增加了诉讼成本；行政调解受行政管理人员专业水平、处理能力等的影响，其效果也受到限制。因此，"13计价规范"提出了由发承包双方约定相关工程专家作为合同工程争议调解人的思路，类似于国外的争议评审或争端裁决，可定义为专业调解，这在我国合同法的框架内，为有法可依，使争议尽可能在合同履行过程中得到解决，确保工程建设顺利进行。

(1)发承包双方应在合同中约定或在合同签订后共同约定争议调解人，负责双方在合同履行过程中发生争议的调解。

(2)合同履行期间，发承包双方可协议调换或终止任何调解人，但发包人或承包人都不能单独采取行动。除非双方另有协议，在最终结清支付证书生效后，调解人的任期应即终止。

(3)如果发承包双方发生了争议，任何一方可将该争议以书面形式提交调解人，并将副本抄送另一方，委托调解人调解。

(4)发承包双方应按照调解人提出的要求，给调解人提供所需要的资料、现场进入权及相应设施。调解人不应被视为是在进行仲裁人的工作。

(5)调解人应在收到调解委托后28d内或由调解人建议并经发承包双方认可的其他期限内提出调解书，发承包双方接受调解书的，经双方签字后作为合同的补充文件，对发承包双方均具有约束力，双方都应立即遵照执行。

(6)当发承包双方中任一方对调解人的调解书有异议时，应在收到调解书后28d内向另一方发出异议通知，并应说明争议的事项和理由。除非并直到调解书在协商和解或仲裁裁决、诉讼判决中做出修改,或合同已经解除,承包人应继续按照合同实施工程。

(7)当调解人已就争议事项向发承包双方提交了调解书,而任一方在收到调解书后 28d 内均未发出表示异议的通知时,调解书对发承包双方应均具有约束力。

四、仲裁、诉讼

《中华人民共和国合同法》第一百二十八条规定:"当事人可以通过和解或者调解解决合同争议。当事人不愿和解、调解或者和解、调解不成的,可以根据仲裁协议向仲裁机构申请仲裁……当事人没有订立仲裁协议或者仲裁协议无效的,可以向人民法院起诉"。

(1)发承包双方的协商和解或调解均未达成一致意见,其中的一方就此争议事项根据合同约定的仲裁协议申请仲裁,应同时通知另一方。进行协议仲裁时,应遵守《中华人民共和国仲裁法》的有关规定,如第四条:"当事人采用仲裁方式解决纠纷,应当双方自愿,达成仲裁协议。没有仲裁协议,一方申请仲裁的,仲裁委员会不予受理";第五条:"当事人达成仲裁协议,一方向人民法院起诉的,人民法院不予受理,但仲裁协议无效的除外";第六条:"仲裁委员会应当由当事人协议选定。仲裁不实行级别管辖和地域管辖"。

(2)仲裁可在竣工之前或之后进行,但发包人、承包人、调解人各自的义务不得因在工程实施期间进行仲裁而有所改变。当仲裁是在仲裁机构要求停止施工的情况下进行时,承包人应对合同工程采取保护措施,由此增加的费用应由败诉方承担。

(3)在前述"一"至"三"中规定的期限之内,暂定或和解协议或调解书已经有约束力的情况下,当发承包中一方未能遵守暂定或和解协议或调解书时,另一方可在不损害他可能具有的任何其他权利的情况下,将未能遵守暂定或不执行和解协议或调解书达成的事项提交仲裁。

(4)发包人、承包人在履行合同时发生争议,双方不愿和解、调解或者和解、调解不成,又没有达成仲裁协议的,可依法向人民法院提起诉讼。

第二节　工程造价鉴定

发承包双方在履行施工合同过程中,由于不同的利益诉求,有一些施工合同纠纷需要采用仲裁、诉讼的方式解决,工程造价鉴定在一些施工合同纠纷案件处理中就成了裁决、判决的主要依据。由于施工合同纠纷进入司法程序解决,其工程造价鉴定除应符合工程计价的相关标准和规定外,还应遵守仲裁或诉讼的规定。

一、一般规定

(1)在工程合同价款纠纷案件处理中,需要工程造价司法鉴定的,应根据《工程造价咨询企业管理办法》(建设部令第 149 号)第二十条的规定,委托具有相应资质的工程造价咨询人进行。

《建设部关于对工程造价司法鉴定有关问题的复函》(建办标函[2005]155 号)第一条

规定："从事工程造价司法鉴定，必须取得工程造价咨询资质，并在其资质许可范围内从事工程造价咨询活动。工程造价成果文件，应当由造价工程师签字，加盖执业专用章和单位公章后有效。"

(2)工程造价咨询人接受委托时提供工程造价司法鉴定服务，不仅应符合建设工程造价方面的规定，还应按仲裁、诉讼程序和要求进行，并应符合国家关于司法鉴定的规定。

(3)按照《注册造价工程师管理办法》(建设部令第150号)的规定，工程计价活动应由造价工程师担任。《建设部关于对工程造价司法鉴定有关问题的复函》(建办标函[2005]155号)第二条规定："从事工程造价司法鉴定的人员，必须具备注册造价工程师执业资格，并只得在其注册的机构从事工程造价司法鉴定工作，否则不具有在该机构的工程造价成果文件上签字的权力"。鉴于进入司法程序的工程造价鉴定的难度一般较大，因此，工程造价咨询人进行工程造价司法鉴定时，应指派专业对口、经验丰富的注册造价工程师承担鉴定工作。

(4)工程造价咨询人应在收到工程造价司法鉴定资料后10d内，根据自身专业能力和证据资料判断能否胜任该项委托，如不能，应辞去该项委托。工程造价咨询人不得在鉴定期满后以上述理由不做出鉴定结论，影响案件处理。

(5)为保证工程造价司法鉴定的公正进行，接受工程造价司法鉴定委托的工程造价咨询人或造价工程师如是鉴定项目一方当事人的近亲属或代理人、咨询人以及其他关系可能影响鉴定公正的，应当自行回避；未自行回避，鉴定项目委托人以该理由要求其回避的，必须回避。

(6)《最高人民法院关于民事诉讼证据的若干规定》(法释[2001]33号)第五十九条规定："鉴定人应当出庭接受当事人质询"。因此，工程造价咨询人应当依法出庭接受鉴定项目当事人对工程造价司法鉴定意见书的质询。如确因特殊原因无法出庭的，经审理该鉴定项目的仲裁机关或人民法院准许，可以书面形式答复当事人的质询。

二、取证

(1)工程造价的确定与当时的法律法规、标准定额以及各种要素价格具有密切关系，为做好一些基础资料不完备的工程鉴定，工程造价咨询人进行工程造价鉴定工作时，应自行收集以下(但不限于)鉴定资料：

1)适用于鉴定项目的法律、法规、规章、规范性文件以及规范、标准、定额。

2)鉴定项目同时期同类型工程的技术经济指标及其各类要素价格等。

(2)真实、完整、合法的鉴定依据是做好鉴定项目工程造价司法工作鉴定的前提。工程造价咨询人收集鉴定项目的鉴定依据时，应向鉴定项目委托人提出具体书面要求，其内容包括：

1)与鉴定项目相关的合同、协议及其附件。

2)相应的施工图纸等技术经济文件。

3)施工过程中的施工组织、质量、工期和造价等工程资料。

4)存在争议的事实及各方当事人的理由。

5)其他有关资料。

(3)根据最高人民法院规定“证据应当在法庭上出示，由当事人质证。未经质证的证据，不能作为认定案件事实的依据(法释[2001] 33号)”，工程造价咨询人在鉴定过程中要求鉴定项目当事人对缺陷资料进行补充的，应征得鉴定项目委托人同意，或者协调鉴定项目各方当事人共同签认。

(4)根据鉴定工作需要现场勘验的，工程造价咨询人应提请鉴定项目委托人组织各方当事人对被鉴定项目所涉及的实物标的进行现场勘验。

(5)勘验现场应制作勘验记录、笔录或勘验图表，记录勘验的时间、地点、勘验人、在场人、勘验经过、结果，由勘验人、在场人签名或者盖章确认。绘制的现场图应注明绘制的时间、测绘人姓名、身份等内容。必要时应采取拍照或摄像取证，留下影像资料。

(6)鉴定项目当事人未对现场勘验图表或勘验笔录等签字确认的，工程造价咨询人应提请鉴定项目委托人决定处理意见，并在鉴定意见书中做出表述。

三、鉴定

(1)《最高人民法院关于审理建设工程施工合同纠纷案件适用法律问题的解释》(法释[2004]14号)第十六条第一款规定：“当事人对建设工程的计价标准或者计价方法有约定的，按照约定结算工程价款”。因此，如鉴定项目委托人明确告之合同有效，工程造价咨询人就必须依据合同约定进行鉴定，不得随意改变发承包双方合法的合意，不能以专业技术方面的惯例来否定合同的约定。

(2)工程造价咨询人在鉴定项目合同无效或合同条款约定不明确的情况下应根据法律法规、相关国家标准和“13计价规范”的规定，选择相应专业工程的计价依据和方法进行鉴定。

1)若鉴定项目委托书明确鉴定项目合同无效，工程造价咨询人应根据法律法规规定进行鉴定。

①《最高人民法院关于审理建设工程施工合同纠纷案件适用法律问题的解释》(法释[2004]14号)第二条规定：“建设工程施工合同无效，但建设工程经竣工验收合格，承包人请求参照合同约定支付工程价款的，应予支持”。此时工程造价鉴定应参照合同约定鉴定。

②《最高人民法院关于审理建设工程施工合同纠纷案件适用法律问题的解释》(法释[2004]14号)第三条规定：“建设工程合同无效，且建设工程经竣工验收不合格的……(一)修复后的建设工程经竣工验收合格，发包人请求承包人承担修复费用的，应予支持”，此时，工程造价鉴定中应不包括修复费用，如是发包人修复，委托人要求鉴定修复费用，修复费用应单列；“(二)修复后的建设工程经竣工验收不合格，承包人请求支付工程价款的，不予支持”。

③《最高人民法院关于审理建设工程施工合同纠纷案件适用法律问题的解释》(法释[2004]14号)第三条第四款规定：“因建设工程不合格造成的损失，发包人有过错的，也应承担相应的民事责任”。此时，工程造价鉴定也应根据过错大小做出鉴定意见。

2)若合同中约定不明确的，工程造价咨询人应提醒合同双方当事人尽可能协商一致，予以明确，如不能协商一致，按照相关国家标准和“13计价规范”的规定，选择相应专业工程的计价依据和方法进行鉴定。

(3)为保证工程造价鉴定的质量,尽可能将当事人之间的分歧缩小直至化解,为司法调解、裁决或判决提供科学合理的依据,工程造价咨询人出具正式鉴定意见书之前,可报请鉴定项目委托人向鉴定项目各方当事人发出鉴定意见书征求意见稿,并指明应书面答复的期限及其不答复的相应法律责任。

(4)工程造价咨询人收到鉴定项目各方当事人对鉴定意见书征求意见稿的书面复函后,应对不同意见认真复核,修改完善后再出具正式鉴定意见书。

(5)工程造价咨询人出具的工程造价鉴定书应包括下列内容:

1)鉴定项目委托人名称、委托鉴定的内容。

2)委托鉴定的证据材料。

3)鉴定的依据及使用的专业技术手段。

4)对鉴定过程的说明。

5)明确的鉴定结论。

6)其他需说明的事宜。

7)工程造价咨询人盖章及注册造价工程师签名盖执业专用章。

(6)进入仲裁或诉讼的施工合同纠纷案件,一般都有明确的结案时限,为避免影响案件的处理,工程造价咨询人应在委托鉴定项目的鉴定期限内完成鉴定工作,如确实因特殊原因不能在原定期限内完成鉴定工作时,应按照相应法规提前向鉴定项目委托人申请延长鉴定期限,并应在此期限内完成鉴定工作。

经鉴定项目委托人同意等待鉴定项目当事人提交、补充证据的,质证所用的时间不应计入鉴定期限。

(7)对于已经出具的正式鉴定意见书中有部分缺陷的鉴定结论,工程造价咨询人应通过补充鉴定做出补充结论。

四、工程造价鉴定使用表格与填写方法

工程造价鉴定应符合下列规定:

(1)工程造价鉴定使用表格包括:封-5、扉-5、表-01、表-05～表-20、表-21或表-22,相关表格可参见本书前述内容。

(2)扉页应按规定内容填写、签字、盖章,应有承担鉴定和负责审核的注册造价工程师签字、盖执业专用章。

(3)说明应按下列规定填写:

1)鉴定项目委托人名称、委托鉴定的内容。

2)委托鉴定的证据材料。

3)鉴定的依据及使用的专业技术手段。

4)对鉴定过程的说明。

5)明确的鉴定结论。

6)其他需说明的事宜。

____________________工程

编号：×××[2×××]××号

工程造价鉴定意见书

造价咨询人：________________

（单位盖章）

年　月　日

______________________工程

工程造价鉴定意见书

鉴定结论：

造价咨询人：______________________

（盖单位章及资质专用章）

法定代表人：______________________

（签字或盖章）

造价工程师：______________________

（签字盖专用章）

年　　月　　日

扉-5

投标人应按招标文件的要求，附工程量清单综合单价分析表。

第三节　工程计价资料与档案

一、工程计价资料

为有效减少甚至杜绝工程合同价款争议，发承包双方应认真履行合同义务，认真处理双方往来的信函，并共同管理好合同工程履约过程中双方之间的往来文件。

(1)发承包双方应当在合同中约定各自在合同工程中现场管理人员的职责范围，双方现场管理人员在职责范围内签字确认的书面文件是工程计价的有效凭证，但如有其他有效证据或经实证证明其是虚假的除外。

1)发承包双方现场管理人员的职责范围。首先是要明确发承包双方的现场管理人员，包括受其委托的第三方人员，如发包人委托的监理人、工程造价咨询人，仍然属于发包人现场管理人员的范畴；其次是明确管理人员的职责范围，也就是业务分工，并应明确在合同中约定，施工过程中如发生人员变动，应及时以书面形式通知对方，涉及合同中约定的主要人员变动需经对方同意的，应事先征求对方的意见，同意后才能更换。

2)现场管理人员签署的书面文件的效力。首先，双方现场管理人员在合同约定的职责范围签署的书面文件必定是工程计价的有效凭证；其次，双方现场管理人员签署的书面文件如有错误的应予纠正，这方面的错误主要有两方面的原因，一是无意识失误，属工作中偶发性错误，只要双方认真核对就可有效减少此类错误；二是有意致错，如双方现场管理人员以利益交换，有意犯错，如工程计量有意多计等。对于现场管理人员签署的书面文件，如有其他有效证据或经实证证明其是虚假的，则应更正。

(2)发承包双方不论在何种场合对与工程计价有关的事项给予批准、证明、同意、指令、商定、确定、确认、通知和请求，或表示同意、否定、提出要求和意见等，均应采用书面形式，口头指令不得作为计价凭证。

(3)任何书面文件送达时，应由对方签收，通过邮寄应采用挂号、特快专递传送，或以发承包双方商定的电子传输方式发送、交付、传送或传输至指定接收人的地址。如接收人通知了另外地址时，随后通信信息应按新地址发送。

(4)发承包双方分别向对方发出的任何书面文件，均应将其抄送现场管理人员，如是复印件应加盖合同工程管理机构印章，证明与原件相同。双方现场管理人员向对方所发任何书面文件，也应将其复印件发送给发承包双方，复印件应加盖合同工程管理机构印章，证明与原件相同。

(5)发承包双方均应当及时签收另一方送达其指定接收地点的来往信函，拒不签收的，送达信函的一方可以采用特快专递或者公证方式送达，所造成的费用增加(包括被迫采用特殊送达方式所发生的费用)和延误的工期由拒绝签收一方承担。

(6)书面文件和通知不得扣压，一方能够提供证据证明，另一方拒绝签收或已送达的，应视为对方已签收并应承担相应责任。

二、工程计价档案

(1)发承包双方以及工程造价咨询人对具有保存价值的各种载体的计价文件,均应收集齐全,整理立卷后归档。

(2)发承包双方和工程造价咨询人应建立完善的工程计价档案管理制度,并应符合国家和有关部门发布的档案管理相关规定。

(3)工程造价咨询人归档的计价文件,保存期不宜少于五年。

(4)归档的工程计价成果文件应包括纸质原件和电子文件,其他归档文件及依据可为纸质原件、复印件或电子文件。

(5)归档文件应经过分类整理,并应组成符合要求的案卷。

(6)归档可以分阶段进行,也可以在项目竣工结算完成后进行。

(7)向接受单位移交档案时,应编制移交清单,双方应签字、盖章后方可交接。

BENZHANG SIKAOZHONGDIAN

本章思考重点

1. 如何通过调解解决合同争议?
2. 当事人不愿和解、调解或者和解、调解不成的,合同争议应如何解决?
3. 工程造价鉴定的回避原则是什么?
4. 工程造价咨询人向鉴定项目委托人提出具体书面要求时,应包括哪些内容?
5. 如何鉴定项目合同的有效性?
6. 工程造价鉴定时会使用哪些表格,如何填写?
7. 工程计价资料包括哪些?
8. 工程计价档案的保存、管理有何要求?

第九章　通风空调工程工程量清单计价编制实例

第一节　工程量清单编制实例

招标工程量清单封面

某办公楼通风空调安装　工程

招标工程量清单

招　标　人：×××

（单位盖章）

造价咨询人：×××

（单位盖章）

××××年××月××日

招标工程量清单扉页

某办公楼通风空调安装　**工程**

招标工程量清单

招　标　人：×××　　（单位盖章）

造价咨询人：×××　　（单位资质专用章）

法定代表人
或其授权人：×××　　（签字或盖章）

法定代表人
或其授权人：×××　　（签字或盖章）

编　制　人：×××　　（造价人员签字盖专用章）

复　核　人：×××　　（造价工程师签字盖专用章）

编制时间：××××年××月××日　　复核时间：××××年××月××日

扉-1

总说明

工程名称：某办公楼通风空调安装工程　　　第　页共　页

1. 工程概况：如建设地址、建设规模、工程特征、交通状况、环保要求等；
2. 工程招标和专业工程发包范围；
3. 工程量清单编制依据；
4. 工程质量、材料、施工等的特殊要求；
5. 其他需要说明的问题。

表-01

分部分项工程和单价措施项目清单与计价表

工程名称：某办公楼通风空调安装工程　　　　标段：　　　　第　页共　页

序号	项目编码	项目名称	项目特征描述	计量单位	工程量	金额/元		
						综合单价	合价	其中
								暂估价
1	030701002001	除尘设备	GLG 九管除尘器	台	1			
2	030701002002	除尘设备	CLT/A 旋风式双筒除尘器	台	1			
3	030701006001	密闭门	钢密闭门，型号 T704-71，外形尺寸 1200mm×2000mm	台	4			
4	030701003001	空调器	恒温恒湿机，质量 350kg，型号 YSL-DHS-225，外形尺寸 1200mm×1100mm×1900mm，橡胶隔振垫（δ20），落地安装	台（组）	1			
5	030702001001	碳钢通风管道	矩形镀锌薄钢板通风管道，尺寸 200mm×200mm，板材厚度 δ1.2，法兰咬口连接	m^2	77.000			
6	030702001002	碳钢通风管道	矩形镀锌薄钢板通风管道，尺寸 400mm×600mm，板材厚度 δ1.0，法兰咬口连接	m^2	54.000			
7	030702001003	碳钢通风管道	矩形镀锌薄钢板通风管道，尺寸 1200mm×800mm，板材厚度 δ1.0，法兰咬口连接	m^2	20.000			
8	030702001004	碳钢通风管道	矩形镀锌薄钢板通风管道，尺寸 1500mm×1200mm，板材厚度 δ1.2，法兰咬口连接	m^2	37.000			
9	030703003001	铝碟阀	保温手柄铝碟阀，规格 320mm×200mm	个	1			
10	030703003002	铝碟阀	保温手柄铝碟阀，规格 320mm×320mm	个	1			
11	030703003003	铝碟阀	保温手柄铝碟阀，规格 400mm×400mm	个	1			
12	030703007001	百叶风口	三层百叶风口制作安装 3 号	个	12			
13	030703007002	百叶风口	连动百叶风口制作安装 3 号	个	14			
14	030703007003	旋转风口	旋转风口制作安装 1 号	个	3			
15	030703007004	喷风口	旋转风口制作安装	个	7			
16	030703007005	回风口	回风口制作安装，400mm×120mm	个	14			
17	030703020001	消声器	片式消声器制作安装	个	258			
18	030704001001	通风工程检测、调试	通风系统	系统	1			
19	031301017001	脚手架搭拆	综合脚手架，风管的安装	m^2	357.39			
			本页小计					
			合计					

注：为计取规费等使用，可在表中增设其中："定额人工费"。

表-08

总价措施项目清单与计价表

工程名称：某办公楼通风空调安装工程　　标段：　　第　页共　页

序号	项目编码	项目名称	计算基础	费率/(%)	金额/元	调整费率/(%)	调整后金额/元	备注
1	031302001001	安全文明施工费	人工费					
2	031302002001	夜间施工增加费						
3	031302004001	二次搬运费						
4	031302005001	冬雨季施工增加费						
5	031302006001	已完工程及设备保护费						
合　计								

编制人(造价人员)：×××　　复核人(造价工程师)：×××

注：1. “计算基础”中安全文明施工费可为“定额基价”、“定额人工费”或“定额人工费＋定额机械费”，其他项目可为“定额人工费”或“定额人工费＋定额机械费”

2. 按施工方案计算的措施费，若无“计算基础”和“费率”的数值，也可只填“金额”数值，但应在备注栏说明施工方案出处或计算方法。

表-11

其他项目清单与计价汇总表

工程名称：某办公楼通风空调安装工程　　标段：　　第　页共　页

序号	项目名称	金额/元	结算金额/元	备注
1	暂列金额	3000		明细详见表-12-1
2	暂估价			
2.1	材料(工程设备)暂估价/结算价	—		明细详见表-12-2
2.2	专业工程暂估价/结算价			明细详见表-12-3
3	计日工			明细详见表-12-4
4	总承包服务费			明细详见表-12-5
5	索赔与现场签证	—		明细详见表-12-6
合　计				

注：材料(工程设备)暂估单价计入清单项目综合单价，此处不汇总。

表-12

暂列金额明细表

工程名称：某办公楼通风空调安装工程　　　　　　　　标段：　　　　　　　　　　　　　第　页共　页

序号	项目名称	计量单位	暂定金额/元	备注
1	政策性调整和材料价格风险	项	2500.00	
2	其他	项	500.00	
3				
4				
5				
6				
7				
8				
9				
10				
11				
合计			3000.00	—

注：此表由招标人填写，如不能详列，也可只列暂定金额总额，投标人应将上述暂列金额计入投标总价中。

表-12-1

材料（工程设备）暂估单价及调整表

工程名称：某办公楼通风空调安装工程　　　　　　　　标段：　　　　　　　　　　　　　第　页共　页

序号	材料（工程设备）名称、规格、型号	计量单位	数量		暂估/元		确认/元		差额/元		备注
			暂估	确认	单价	合价	单价	合价	单价	合价	
1	恒温恒湿机，质量 350kg，型号 YSL-DHS-225，外形尺寸 1200mm×1100mm×1900mm	台（组）	1		3850.00	3850.00					用于空调器项目
	（其他略）										
合计					14850.00						

注：此表由招标人填写“暂估单价”，并在备注栏说明暂估单价的材料、工程设备拟用在哪些清单项目上，投标人应将上述材料、工程设备暂估单价计入工程量清单综合单价报价中。

表-12-2

计日工表

工程名称：某办公楼通风空调安装工程　　标段：　　第　页共　页

编号	项目名称	单位	暂定数量	实际数量	综合单价/元	合价/元	
						暂定	实际
一	人工						
1	通风工	工时	50				
2	其他工种	工时	96				
人工小计							
二	材料						
1	氧气	m^3	25.000				
2	乙炔气	kg	158.00				
材料小计							
三	施工机械						
1	汽车起重机 8t	台班	35				
2	载重汽车 8t	台班	40				
施工机械小计							
四、企业管理费和利润							
总计							

注：此表项目名称、暂定数量由招标人填写，编制招标控制价时，单价由招标人按有关规定确定；投标时，单价由投标人自主报价，按暂定数量计算合价计入投标总价中；结算时，按发承包双方确定的实际数量计算合价。

表-12-4

规费、税金项目计价表

工程名称：某办公楼通风空调安装工程　　标段：　　第　页共　页

序号	项目名称	计算基础	计算基数	计算费率/(%)	金额/元
1	规费	定额人工费			
1.1	社会保险费	定额人工费			
(1)	养老保险费	定额人工费			
(2)	失业保险费	定额人工费			
(3)	医疗保险费	定额人工费			
(4)	工伤保险费	定额人工费			
(5)	生育保险费	定额人工费			
1.2	住房公积金	定额人工费			
1.3	工程排污费	按工程所在地环境保护部门收取标准，按实计入			
2	税金	分部分项工程费＋措施项目费＋其他项目费＋规费－按规定不计税的工程设备金额			
合计					

编制人（造价人员）：×××　　复核人（造价工程师）：×××

表-13

第二节　工程量清单招标控制价编制实例

招标控制价封面

某办公楼通风空调安装 工程

招标控制价

招　标　人：×××

（单位盖章）

造价咨询人：×××

（单位盖章）

××××年××月××日

招标控制价扉页

某办公楼通风空调安装　工程

招标控制价

招标控制价(小写)：230275.38

(大写)：贰拾叁万零贰佰柒拾伍元叁角捌分

招　标　人：×××
(单位盖章)

造价咨询人：×××
(单位资质专用章)

法定代表人
或其授权人：×××
(签字或盖章)

法定代表人
或其授权人：×××
(签字或盖章)

编　制　人：×××
(造价人员签字盖专用章)

复　核　人：×××
(造价工程师签字盖专用章)

编制时间：××××年××月××日　复核时间：××××年××月××日

总说明

工程名称：某办公楼通风空调安装工程　　　　第　页共　页

1. 采用的计价依据；
2. 采用的施工组织设计；
3. 采用的材料价格来源；
4. 综合单价中风险因素、风险范围(幅度)；
5. 其他等。

表-01

建设项目招标控制价汇总表

工程名称：某办公楼通风空调安装工程　　　　第　页共　页

序号	单项工程名称	金额/元	其中：/元		
			暂估价	安全文明施工费	规费
1	某办公楼通风空调安装工程	230275.38	14850.00	10320.05	11764.85
合　计		230275.38	14850.00	10320.05	11764.85

注：本表适用于建设项目招标控制价的汇总。

表-02

单项工程招标控制价汇总表

工程名称:某办公楼通风空调安装工程　　　　第　页共　页

序号	单位工程名称	金额/元	其中:/元		
			暂估价	安全文明施工费	规费
1	某办公楼通风空调安装工程	230275.38	14850.00	10320.05	11764.85
合计		230275.38	14850.00	10320.05	11764.85

注:本表适用于单项工程招标控制价或投标报价的汇总。暂估价包括分部分项工程中的暂估价和专业工程暂估价。

表-03

单位工程招标控制价汇总表

工程名称:某办公楼通风空调安装工程　　　　标段:　　　　第　页共　页

序号	汇总内容	金额/元	其中:暂估价/元
1	分部分项工程	164571.68	14850.00
1.1	附录G通风空调工程	164571.68	14850.00
1.2			—
1.3			—
1.4			—
1.5			—
			—
			—
			—
			—
2	措施项目	28227.00	—
2.1	其中:安全文明施工费	10320.05	—
3	其他项目	18118.40	—
3.1	其中:暂列金额	3000.00	—
3.2	其中:专业工程暂估价		—
3.3	其中:计日工	15118.40	—
3.4	其中:总承包服务费		—
4	规费	11764.85	—
5	税金	7593.45	—
招标控制价合计=1+2+3+4+5		230275.38	14850.00

注:本表适用于单位工程招标控制价的汇总,如无单位工程划分,单项工程也使用本表汇总。

表-04

分部分项工程和单价措施项目清单与计价表

工程名称：某办公楼通风空调安装工程　　标段：　　第　页共　页

序号	项目编码	项目名称	项目特征描述	计量单位	工程量	金额/元		
						综合单价	合价	其中 暂估价
1	030701002001	除尘设备	GLG 九管除尘器	台	1	6868.91	6868.91	4000.00
2	030701002002	除尘设备	CLT/A 旋风式双筒除尘器	台	1	5310.03	5310.03	3000.00
3	030701006001	密闭门	钢密闭门，型号 T704-71，外形尺寸 1200mm×2000mm	台	4	725.29	2901.16	
4	030701003001	空调器	恒温恒湿机，质量 350kg，型号 YSL-DHS-225，外形尺寸 1200mm×1100mm×1900mm，橡胶隔振垫(δ20)，落地安装	台(组)	1	8892.00	8892.00	3850.00
5	030702001001	碳钢通风管道	矩形镀锌薄钢板通风管道，尺寸 200mm×200mm，板材厚度 δ1.2，法兰咬口连接	m^2	77.000	130.56	10053.12	
6	030702001002	碳钢通风管道	矩形镀锌薄钢板通风管道，尺寸 400mm×600mm，板材厚度 δ1.0，法兰咬口连接	m^2	54.000	115.53	6238.62	
7	030702001003	碳钢通风管道	矩形镀锌薄钢板通风管道，尺寸 1200mm×800mm，板材厚度 δ1.0，法兰咬口连接	m^2	20.000	168.14	3362.80	
8	030702001004	碳钢通风管道	矩形镀锌薄钢板通风管道，尺寸 1500mm×1200mm，板材厚度 δ1.2，法兰咬口连接	m^2	37.000	132.80	4913.60	
9	030703003001	铝碟阀	保温手柄铝碟阀，规格 320mm×200mm	个	1	60.88	60.88	
10	030703003002	铝碟阀	保温手柄铝碟阀，规格 320mm×320mm	个	1	71.03	71.03	
11	030703003003	铝碟阀	保温手柄铝碟阀，规格 400mm×400mm	个	1	101.48	101.48	
12	030703007001	百叶风口	三层百叶风口制作安装 3 号	个	12	136.96	1643.52	1000.00
13	030703007002	百叶风口	连动百叶风口制作安装 3 号	个	14	85.91	1202.74	
14	030703007003	旋转风口	旋转风口制作安装 1 号	个	3	215.70	647.10	
15	030703007004	喷风口	旋转风口制作安装	个	7	992.96	6950.72	
16	030703007005	回风口	回风口制作安装，400mm×120mm	个	14	400.00	5600.00	3000.00
17	030703020001	消声器	片式消声器制作安装	个	258	365.63	94332.54	
18	030704001001	通风工程检测、调试	通风系统	系统	1	5421.43	5421.43	
19	031301017001	脚手架搭拆	综合脚手架，风管的安装	m^2	357.39	20.79	7430.14	
			本页小计				172001.82	14850.00
			合计				172001.82	14850.00

注：为计取规费等使用，可在表中增设其中：“定额人工费”。

表-08

综合单价分析表

工程名称：某办公楼通风空调安装工程　　　　标段：　　　　第　页共　页

项目编码	030702001001	项目名称	碳钢通风管道	计量单位	m^2	工程量	77.000				
清单综合单价组成明细											
定额编号	定额项目名称	定额单位	数量	单价				总价			
				人工费	材料费	机械费	管理费和利润	人工费	材料费	机械费	管理费和利润
9-5	矩形镀锌板风管制作安装周长800mm内	$10m^2$	0.1	211.77	196.98	32.9	351.79	21.18	19.70	3.29	35.18
	镀锌板 δ=100mm	m^2	1.138		45.00				51.21		
人工单价		小计						21.18	70.91	3.29	35.18
50元/工日		未计价材料费									
清单项目综合单价								130.56			

材料费明细	主要材料名称、规格、型号	单位	数量	单价/元	合价/元	暂估单价/元	暂估合价/元
	镀锌板 δ=10mm	m^2	(1.138)	45	(51.21)		
	角钢∟60	kg	4.04	3.15	12.73		
	扁钢− 59	kg	0.215	3.17	0.68		
	圆钢 ϕ5.5～ϕ9	kg	0.135	2.86	0.39		
	电焊条结 422ϕ3.2	kg	0.224	5.41	1.21		
	精制六角带帽螺栓 M6×75	10套	1.690	1.4	2.37		
	铁铆钉	kg	0.043	4.27	0.18		
	橡胶板 δ1～3	kg	0.184	7.49	1.38		
	膨胀螺栓 M12	套	0.200	2.08	0.42		
	乙炔气	kg	0.018	13.33	0.24		
	氧气	m^3	0.050	2.06	0.10		
	其他材料费			—		—	
	材料费小计			—	70.91	—	

注：1. 如不使用省级或行业建设主管部分发布的计价依据，可不填定额编号、名称等。

2. 招标文件提供了暂估单价的材料，按暂估的单价填入表内"暂估单价"栏及"暂估合价"栏。

表-09

总价措施项目清单与计价表

工程名称：某办公楼通风空调安装工程　　标段：　　第　页共　页

序号	项目编码	项目名称	计算基础	费率/(%)	金额/元	调整费率/(%)	调整后金额/元	备注
1	031302001001	安全文明施工费	定额人工费	25	10320.05			
2	031302002001	夜间施工增加费	定额人工费	3	1238.41			
3	031302004001	二次搬运费	定额人工费	2	825.60			
4	031302005001	冬雨季施工增加费	定额人工费	1	412.80			
5	031302006001	已完工程及设备保护费			8000			
		合计			20796.86			

编制人(造价人员)：×××　　复核人(造价工程师)：×××

注：1. “计算基础”中安全文明施工费可为“定额基价”、“定额人工费”或“定额人工费＋定额机械费”，其他项目可为“定额人工费”或“定额人工费＋定额机械费”

2. 按施工方案计算的措施费，若无“计算基础”和“费率”的数值，也可只填“金额”数值，但应在备注栏说明施工方案出处或计算方法。

表-11

其他项目清单与计价汇总表

工程名称：某办公楼通风空调安装工程　　标段：　　第　页共　页

序号	项目名称	金额/元	结算金额/元	备注
1	暂列金额	3000.00		明细详见表-12-1
2	暂估价			
2.1	材料(工程设备)暂估价/结算价	—		明细详见表-12-2
2.2	专业工程暂估价/结算价			明细详见表-12-3
3	计日工	15118.40		明细详见表-12-4
4	总承包服务费			明细详见表-12-5
5	索赔与现场签证	—		明细详见表-12-6
	合计	18118.40		

注：材料(工程设备)暂估单价计入清单项目综合单价，此处不汇总。

表-12

暂列金额明细表

工程名称:某办公楼通风空调安装工程　　标段:　　第 页共 页

序号	项目名称	计量单位	暂定金额/元	备注
1	政策性调整和材料价格风险	项	2500.00	
2	其他	项	500.00	
3				
4				
5				
6				
7				
8				
9				
10				
11				
合计			3000.00	—

注:此表由招标人填写,如不能详列,也可只列暂定金额总额,投标人应将上述暂列金额计入投标总价中。

表-12-1

材料(工程设备)暂估单价及调整表

工程名称:某办公楼通风空调安装工程　　标段:　　第 页共 页

序号	材料(工程设备)名称、规格、型号	计量单位	数量		暂估/元		确认/元		差额±/元		备注
			暂估	确认	单价	合价	单价	合价	单价	合价	
1	恒温恒湿机,质量 350kg,型号 YSL-DHS-225,外形尺寸 1200mm×1100mm×1900mm	台(组)	1		3850.00	3850.00					用于空调器项目
	(其他略)										
合计					14850.00						

注:此表由招标人填写“暂估单价”,并在备注栏说明暂估单价的材料、工程设备拟用在哪些清单项目上,投标人应将上述材料、工程设备暂估单价计入工程量清单综合单价报价中。

表-12-2

计日工表

工程名称：某办公楼通风空调安装工程　　　　标段：　　　　第　页共　页

编号	项目名称	单位	暂定数量	实际数量	综合单价/元	合价/元	
						暂定	实际
一	人工						
1	通风工	工时	52		35.00	1820.00	
2	其他工种	工时	96		35.00	3360.00	
3							
4							
人工小计						5180.00	
二	材料						
1	氧气	m^3	25.000		2.18	54.50	
2	乙炔气	kg	158.00		14.25	2251.50	
3							
4							
5							
材料小计						2306.00	
三	施工机械						
1	汽车起重机 8t	台班	35		100.00	3500.00	
2	载重汽车 8t	台班	40		80.00	3200.00	
3							
4							
施工机械小计						6700.00	
四、企业管理费和利润（按人工费的 18%计算）						932.4	
总计						15118.40	

注：此表项目名称、暂定数量由招标人填写，编制招标控制价时，单价由招标人按有关规定确定；投标时，单价由投标人自主报价，按暂定数量计算合价计入投标总价中；结算时，按发承包双方确定的实际数量计算合价。

表-12-4

规费、税金项目计价表

工程名称：某办公楼通风空调安装工程　　　　标段：　　　　第　页共　页

序号	项目名称	计算基础	计算基数	计算费率/(%)	金额/元
1	规费	定额人工费			11764.85
1.1	社会保险费	定额人工费	(1)＋…＋(5)		9288.04
(1)	养老保险费	定额人工费		14	5779.23
(2)	失业保险费	定额人工费		2	825.60
(3)	医疗保险费	定额人工费		6	2476.81
(4)	工伤保险费	定额人工费		0.25	103.20
(5)	生育保险费	定额人工费		0.25	103.20
1.2	住房公积金	定额人工费		6	2476.81
1.3	工程排污费	按工程所在地环境保护部门收取标准，按实计入			
2	税金	分部分项工程费＋措施项目费＋其他项目费＋规费－按规定不计税的工程设备金额		3.41	7593.45
合计					19358.30

编制人（造价人员）：×××　　　　复核人（造价工程师）：×××

表-13

第三节　工程量清单投标报价编制实例

投标总价封面

某办公楼通风空调安装　**工程**

投 标 总 价

投　标　人：×××

（单位盖章）

××××年××月××日

投标总价扉页

投 标 总 价

招 标 人：×××

工程名称：某办公楼通风空调安装

投标总价(小写)：213479.99

(大写)：贰拾壹万叁仟肆佰柒拾玖元玖角玖分

投 标 人：×××

(单位盖章)

法定代表人
或其授权人：×××

(签字或盖章)

编 制 人：×××

(造价人员签字盖专用章)

时 间：××××年××月××日

总说明

工程名称：某办公楼通风空调安装工程　　第　页共　页

1. 编制依据

1.1　建设方提供的工程施工图、《某办公楼通风空调安装工程投标邀请书》、《投标须知》、《某办公楼通风空调安装工程招标答疑》等一系列招标文件。

1.2　××市建设工程造价管理站××××年第×期发布的材料价格，并参照市场价格。

2. 采用的施工组织设计。

3. 报价需要说明的问题：

3.1　该工程因无特殊要求，故采用一般施工方法。

3.2　因考虑到市场材料价格近期波动不大，故主要材料价格在××市建设工程造价管理站××××年第×期发布的材料价格基础上下浮3%。

3.3　综合公司经济现状及竞争力，公司所报费率如下：(略)

3.4　税金按3.413%计取。

4. 措施项目的依据。

5. 其他有关内容的说明等。

表-01

建设项目投标报价汇总表

工程名称：某办公楼通风空调安装工程　　第　页共　页

序号	单项工程名称	金额/元	其中：/元		
			暂估价	安全文明施工费	规费
1	某办公楼通风空调安装工程	213479.99	14850.00	9188.90	10475.33
合计		207693.74	14850.00	9188.90	10475.33

表-02

单项工程投标报价汇总表

工程名称:某办公楼通风空调安装工程　　　　第　页共　页

序号	单位工程名称	金额/元	其中:/元		
			暂估价	安全文明施工费	规费
1	某办公楼通风空调安装工程	213479.99	14850.00	9188.90	10475.33
合计		207693.74	14850.00	9188.90	10475.33

表-03

单位工程投标报价汇总表

工程名称:某办公楼通风空调安装工程　　　标段:　　　　第　页共　页

序号	汇总内容	金额/元	其中:暂估价/元
1	分部分项工程	153148.23	14850.00
1.1	附录G通风空调工程	153148.23	14850.00
1.2			—
1.3			—
1.4			—
1.5			—
			—
			—
			—
			—
2	措施项目	23962.17	—
2.1	其中:安全文明施工费	9188.90	—
3	其他项目	18854.64	—
3.1	其中:暂列金额	3000.00	—
3.2	其中:专业工程暂估价		—
3.3	其中:计日工	15854.64	—
3.4	其中:总承包服务费	0.00	—
4	规费	10475.33	—
5	税金	7039.62	—
招标控制价合计=1+2+3+4+5		213479.99	14850.00

注:本表适用于单位工程招标控制价的汇总,如无单位工程划分,单项工程也使用本表汇总。

表-01

分部分项工程和单价措施项目清单与计价表

工程名称：某办公楼通风空调安装工程　　　　标段：　　　　第　页共　页

序号	项目编码	项目名称	项目特征描述	计量单位	工程量	金额/元		
						综合单价	合价	其中 暂估价
1	030701002001	除尘设备	GLG 九管除尘器	台	1	6500.00	6500.00	4000.00
2	030701002002	除尘设备	CLT/A 旋风式双筒除尘器	台	1	5000.03	5000.03	3000.00
3	030701006001	密闭门	钢密闭门，型号 T704-71，外形尺寸 1200mm×2000mm	台	4	710.00	2840.00	
4	030701003001	空调器	恒温恒湿机，质量 350kg，型号 YSL-DHS-225，外形尺寸 1200mm×1100mm×1900mm，橡胶隔振垫(δ20)，落地安装	台(组)	1	8580.00	8580.00	3850.00
5	030702001001	碳钢通风管道	矩形镀锌薄钢板通风管道，尺寸 200mm×200mm，板材厚度 δ1.2，法兰咬口连接	m^2	77.000	120.00	9240.00	
6	030702001002	碳钢通风管道	矩形镀锌薄钢板通风管道，尺寸 400mm×600mm，板材厚度 δ1.0，法兰咬口连接	m^2	54.000	103.02	5563.08	
7	030702001003	碳钢通风管道	矩形镀锌薄钢板通风管道，尺寸 1200mm×800mm，板材厚度 δ1.0，法兰咬口连接	m^2	20.000	152.31	3046.20	
8	030702001004	碳钢通风管道	矩形镀锌薄钢板通风管道，尺寸 1500mm×1200mm，板材厚度 δ1.2，法兰咬口连接	m^2	37.000	130.22	4818.14	
9	030703003001	铝碟阀	保温手柄铝碟阀，规格 320mm×200mm	个	1	70.21	70.21	
10	030703003002	铝碟阀	保温手柄铝碟阀，规格 320mm×320mm	个	1	78.34	78.34	
11	030703003003	铝碟阀	保温手柄铝碟阀，规格 400mm×400mm	个	1	100.48	100.48	
12	030703007001	百叶风口	三层百叶风口制作安装 3 号	个	12	133.21	1598.52	1000.00
13	030703007002	百叶风口	连动百叶风口制作安装 3 号	个	14	83.98	1175.72	
14	030703007003	旋转风口	旋转风口制作安装 1 号	个	3	210.42	631.26	
15	030703007004	喷风口	旋转风口制作安装	个	7	980.23	6861.61	
16	030703007005	回风口	回风口制作安装，400mm×120mm	个	14	382.72	5358.08	3000.00
17	030703020001	消声器	片式消声器制作安装	个	258	336.00	86688.00	
18	030704001001	通风工程检测、调试	通风系统	系统	1	4998.56	4998.56	
19	031301017001	脚手架搭拆	综合脚手架，风管的安装	m^2	357.39	21.36	7633.85	
			本页小计				160782.08	14850.00
			合计				160782.08	14850.00

表-08

综合单价分析表

工程名称：某办公楼通风空调安装工程　　标段：　　第　页共　页

项目编码	030701006001	项目名称	密闭门	计量单位	个	工程量	4

清单综合单价组成明细											
定额编号	定额项目名称	定额单位	数量	单价				总价			
				人工费	材料费	机械费	管理费和利润	人工费	材料费	机械费	管理费和利润
9-201	钢密闭门制作安装	个	1	165.00	213.83	61.23	269.94	165.00	213.83	61.23	269.94
人工单价		小计						165.00	213.83	61.23	269.94
50元/工日		未计价材料费									
清单项目综合单价								710.00			

材料费明细	主要材料名称、规格、型号	单位	数量	单价/元	合价/元	暂估单价/元	暂估合价/元
	普通钢板 $0^{\#}\sim 3^{\#}$ δ1～δ1.5	kg	7.880	4.20	33.10		
	普通钢板 $0^{\#}\sim 3^{\#}$ δ2～δ2.5	kg	1.690	3.80	6.42		
	普通钢板 $0^{\#}\sim 3^{\#}$ δ21～δ30	kg	6.700	3.00	20.10		
	普通钢板 $0^{\#}\sim 3^{\#}$ δ>δ31	kg	3.100	3.04	9.42		
	电焊条结 422ϕ3.2	kg	1.440	5.36	7.72		
	角钢∟60	kg	32.500	3.00	97.50		
	扁钢－59	kg	3.200	3.17	10.14		
	铁铆钉	kg	0.100	4.27	0.43		
	蝶形带帽螺栓 M12×18	10套	0.400	5.8	2.32		
	精制六角带帽螺栓 M10×75	10套	5.400	1.400	7.56		
	精制六角带帽螺栓 M10×75	10套	0.400	9.7	3.88		
	圆钢 ϕ25～ϕ32	kg	0.580	2.79	1.62		
	焊接钢管 DN15	kg	0.250	3.71	0.93		
	平板玻璃 δ3	m^2	0.080	16.89	1.35		
	橡胶板（定型条）	kg	1.210	9.370	11.34		
	其他材料费			—		—	
	材料费小计			—	213.83	—	

注：1. 如不使用省级或行业建设主管部分发布的计价依据，可不填定额编号、名称等。

2. 招标文件提供了暂估单价的材料，按暂估的单价填入表内“暂估单价”栏及“暂估合价”栏。

表-09

总价措施项目清单与计价表

工程名称：某办公楼通风空调安装工程　　标段：　　第　页共　页

序号	项目编码	项目名称	计算基础	费率/(%)	金额/元	调整费率/(%)	调整后金额/元	备注
1	031302001001	安全文明施工费	定额人工费	25	9188.90			
2	031302002001	夜间施工增加费	定额人工费	1.5	551.33			
3	031302004001	二次搬运费	定额人工费	1	367.56			
4	031302005001	冬雨季施工增加费	定额人工费	0.6	220.53			
5	031302006001	已完工程及设备保护费			6000			
合计					16328.32			

编制人(造价人员)：×××　　复核人(造价工程师)：×××

注：1. “计算基础”中安全文明施工费可为“定额基价”、“定额人工费”或“定额人工费＋定额机械费”，其他项目可为“定额人工费”或“定额人工费＋定额机械费”

2. 按施工方案计算的措施费，若无“计算基础”和“费率”的数值，也可只填“金额”数值，但应在备注栏说明施工方案出处或计算方法。

表-11

其他项目清单与计价汇总表

工程名称：某办公楼通风空调安装工程标段：　　第　页共　页

序号	项目名称	金额/元	结算金额/元	备注
1	暂列金额	3000.00		明细详见表-12-1
2	暂估价			
2.1	材料(工程设备)暂估价/结算价	—		明细详见表-12-2
2.2	专业工程暂估价/结算价			明细详见表-12-3
3	计日工	15854.64		明细详见表-12-4
4	总承包服务费			明细详见表-12-5
5	索赔与现场签证	—		明细详见表-12-6
合计		18854.64		—

注：材料(工程设备)暂估单价计入清单项目综合单价，此处不汇总。

表-12

暂列金额明细表

工程名称：某办公楼通风空调安装工程　　标段：　　第　页共　页

序号	项目名称	计量单位	暂定金额/元	备注
1	政策性调整和材料价格风险	项	2500.00	
2	其他	项	500.00	
3				
4				
5				
6				
7				
8				
9				
10				
11				
合计			3000.00	—

注：此表由招标人填写，如不能详列，也可只列暂定金额总额，投标人应将上述暂列金额计入投标总价中。

表-12-1

材料(工程设备)暂估单价及调整表

工程名称：某办公楼通风空调安装工程　　标段：　　第　页共　页

序号	材料(工程设备)名称、规格、型号	计量单位	数量		暂估/元		确认/元		差额±/元		备注
			暂估	确认	单价	合价	单价	合价	单价	合价	
1	恒温恒湿机，质量 350kg，型号 YSL-DHS-225，外形尺寸 1200mm×1100mm×1900mm	台(组)	1		3850.00	3850.00					用于空调器项目
	（其他略）										
合计					14850.00						

注：此表由招标人填写“暂估单价”，并在备注栏说明暂估单价的材料、工程设备拟用在哪些清单项目上，投标人应将上述材料、工程设备暂估单价计入工程量清单综合单价报价中。

表-12-2

计日工表

工程名称：某办公楼通风空调安装工程　　标段：　　第　页共　页

编号	项目名称	单位	暂定数量	实际数量	综合单价/元	合价/元	
						暂定	实际
一	人工						
1	通风工	工时	52		38.00	1976.00	
2	其他工种	工时	96		36.00	3456.00	
3							
4							
人工小计						5432.00	
二	材料						
1	氧气	m^3	25.000		2.30	57.50	
2	乙炔气	kg	158.00		15.11	2387.38	
3							
4							
5							
材料小计						2444.88	
三	施工机械						
1	汽车起重机 8t	台班	35		120	4200.00	
2	载重汽车 8t	台班	40		70	2800.00	
3							
4							
施工机械小计						7000.00	
四、企业管理费和利润　(按人工费的18%计算)						977.76	
总计						15854.64	

注：此表项目名称、暂定数量由招标人填写，编制招标控制价时，单价由招标人按有关规定确定；投标时，单价由投标人自主报价，按暂定数量计算合价计入投标总价中；结算时，按发承包双方确定的实际数量计算合价。

表-12-4

规费、税金项目计价表

工程名称：某办公楼通风空调安装工程　　标段：　　第　页共　页

序号	项目名称	计算基础	计算基数	计算费率/(%)	金额/元
1	规费	定额人工费			10475.33
1.1	社会保险费	定额人工费	(1)+…+(5)		8270.00
(1)	养老保险费	定额人工费		14	5145.78
(2)	失业保险费	定额人工费		2	735.11
(3)	医疗保险费	定额人工费		6	2205.33
(4)	工伤保险费	定额人工费		0.25	91.89
(5)	生育保险费	定额人工费		0.25	91.89

续表

序号	项目名称	计算基础	计算基数	计算费率/(%)	金额/元
1.2	住房公积金	定额人工费		6	2205.33
1.3	工程排污费	按工程所在地环境保护部门收取标准，按实计入			
2	税金	分部分项工程费＋措施项目费＋其他项目费＋规费－按规定不计税的工程设备金额		3.41	1253.37
合计					11728.70

编制人(造价人员)：×××　　　　复核人(造价工程师)：×××

表-13

总价项目进度款支付分解表

工程名称：某办公楼通风空调安装工程　　　标段：　　　单位：元

序号	项目名称	总价金额	首次支付	二次支付	三次支付	四次支付	五次支付	
1	安全文明施工费	9188.90	3200	3200	2788.90			
2	夜间施工增加费	551.33	110	110	110	110	111.33	
3	二次搬运费	367.56	120	120	127.56			
	（略）							
	社会保险费	8270.00	1654	1654	1654	1654	1654	
	住房公积金	2205.33	400	400	400	500	505.33	
	合计							

编制人(造价人员)：×××　　　　复核人(造价工程师)：×××

注：1. 本表应由承包人在投标报价时根据发包人在招标文件明确的进度款支付周期与报价填写，签订合同时，发承包双方可就支付分解协商调整后作为合同附件。

2. 单价合同使用本表，“支付”栏时间应与单价项目进度款支付周期相同。

3. 总价合同使用本表，“支付”栏时间应与约定的工程计量周期相同。

表-16

附录一

工程造价咨询企业管理办法

中华人民共和国建设部令（第149号）

《工程造价咨询企业管理办法》已于2006年2月22日经建设部第85次常务会议讨论通过，现予发布，自2006年7月1日起施行。

第一章　总　　则

第一条　为了加强对工程造价咨询企业的管理，提高工程造价咨询工作质量，维护建设市场秩序和社会公共利益，根据《中华人民共和国行政许可法》、《国务院对确需保留的行政审批项目设定行政许可的决定》，制定本办法。

第二条　在中华人民共和国境内从事工程造价咨询活动，实施对工程造价咨询企业的监督管理，应当遵守本办法。

第三条　本办法所称工程造价咨询企业，是指接受委托，对建设项目投资、工程造价的确定与控制提供专业咨询服务的企业。

第四条　工程造价咨询企业应当依法取得工程造价咨询企业资质，并在其资质等级许可的范围内从事工程造价咨询活动。

第五条　工程造价咨询企业从事工程造价咨询活动，应当遵循独立、客观、公正、诚实信用的原则，不得损害社会公共利益和他人的合法权益。

任何单位和个人不得非法干预依法进行的工程造价咨询活动。

第六条　国务院建设主管部门负责全国工程造价咨询企业的统一监督管理工作。

省、自治区、直辖市人民政府建设主管部门负责本行政区域内工程造价咨询企业的监督管理工作。

有关专业部门负责对本专业工程造价咨询企业实施监督管理。

第七条　工程造价咨询行业组织应当加强行业自律管理。

鼓励工程造价咨询企业加入工程造价咨询行业组织。

第二章　资质等级与标准

第八条　工程造价咨询企业资质等级分为甲级、乙级。

第九条　甲级工程造价咨询企业资质标准如下：

（一）已取得乙级工程造价咨询企业资质证书满3年；

（二）企业出资人中，注册造价工程师人数不低于出资人总人数的60%，且其出资额不低于企业注册资本总额的60%；

(三)技术负责人已取得造价工程师注册证书,并具有工程或工程经济类高级专业技术职称,且从事工程造价专业工作 15 年以上;

(四)专职从事工程造价专业工作的人员(以下简称专职专业人员)不少于 20 人,其中,具有工程或者工程经济类中级以上专业技术职称的人员不少于 16 人;取得造价工程师注册证书的人员不少于 10 人,其他人员具有从事工程造价专业工作的经历;

(五)企业与专职专业人员签订劳动合同,且专职专业人员符合国家规定的职业年龄(出资人除外);

(六)专职专业人员人事档案关系由国家认可的人事代理机构代为管理;

(七)企业注册资本不少于人民币 100 万元;

(八)企业近 3 年工程造价咨询营业收入累计不低于人民币 500 万元;

(九)具有固定的办公场所,人均办公建筑面积不少于 10 平方米;

(十)技术档案管理制度、质量控制制度、财务管理制度齐全;

(十一)企业为本单位专职专业人员办理的社会基本养老保险手续齐全;

(十二)在申请核定资质等级之日前 3 年内无本办法第二十七条禁止的行为。

第十条 乙级工程造价咨询企业资质标准如下:

(一)企业出资人中,注册造价工程师人数不低于出资人总人数的 60%,且其出资额不低于注册资本总额的 60%;

(二)技术负责人已取得造价工程师注册证书,并具有工程或工程经济类高级专业技术职称,且从事工程造价专业工作 10 年以上;

(三)专职专业人员不少于 12 人,其中,具有工程或者工程经济类中级以上专业技术职称的人员不少于 8 人;取得造价工程师注册证书的人员不少于 6 人,其他人员具有从事工程造价专业工作的经历;

(四)企业与专职专业人员签订劳动合同,且专职专业人员符合国家规定的职业年龄(出资人除外);

(五)专职专业人员人事档案关系由国家认可的人事代理机构代为管理;

(六)企业注册资本不少于人民币 50 万元;

(七)具有固定的办公场所,人均办公建筑面积不少于 10 平方米;

(八)技术档案管理制度、质量控制制度、财务管理制度齐全;

(九)企业为本单位专职专业人员办理的社会基本养老保险手续齐全;

(十)暂定期内工程造价咨询营业收入累计不低于人民币 50 万元;

(十一)申请核定资质等级之日前无本办法第二十七条禁止的行为。

第三章 资质许可

第十一条 申请甲级工程造价咨询企业资质的,应当向申请人工商注册所在地省、自治区、直辖市人民政府建设主管部门或者国务院有关专业部门提出申请。

省、自治区、直辖市人民政府建设主管部门、国务院有关专业部门应当自受理申请材料之日起 20 日内审查完毕,并将初审意见和全部申请材料报国务院建设主管部门;国务院建设主管部门应当自受理之日起 20 日内做出决定。

第十二条 申请乙级工程造价咨询企业资质的,由省、自治区、直辖市人民政府建设主管部门审查决定。其中，申请有关专业乙级工程造价咨询企业资质的，由省、自治区、直辖市人民政府建设主管部门商同级有关专业部门审查决定。

乙级工程造价咨询企业资质许可的实施程序由省、自治区、直辖市人民政府建设主管部门依法确定。

省、自治区、直辖市人民政府建设主管部门应当自做出决定之日起30日内，将准予资质许可的决定报国务院建设主管部门备案。

第十三条 申请工程造价咨询企业资质，应当提交下列材料并同时在网上申报：

（一）《工程造价咨询企业资质等级申请书》；

（二）专职专业人员（含技术负责人）的造价工程师注册证书、造价员资格证书、专业技术职称证书和身份证；

（三）专职专业人员（含技术负责人）的人事代理合同和企业为其交纳的本年度社会基本养老保险费用的凭证；

（四）企业章程、股东出资协议并附工商部门出具的股东出资情况证明；

（五）企业缴纳营业收入的营业税发票或税务部门出具的缴纳工程造价咨询营业收入的营业税完税证明；企业营业收入含其他业务收入的，还需出具工程造价咨询营业收入的财务审计报告；

（六）工程造价咨询企业资质证书；

（七）企业营业执照；

（八）固定办公场所的租赁合同或产权证明；

（九）有关企业技术档案管理、质量控制、财务管理等制度的文件；

（十）法律、法规规定的其他材料。

新申请工程造价咨询企业资质的，不需要提交前款第（五）项、第（六）项所列材料。

第十四条 新申请工程造价咨询企业资质的，其资质等级按照本办法第十条第（一）项至第（九）项所列资质标准核定为乙级，设暂定期一年。

暂定期届满需继续从事工程造价咨询活动的，应当在暂定期届满30日前，向资质许可机关申请换发资质证书。符合乙级资质条件的，由资质许可机关换发资质证书。

第十五条 准予资质许可的，资质许可机关应当向申请人颁发工程造价咨询企业资质证书。

工程造价咨询企业资质证书由国务院建设主管部门统一印制，分正本和副本。正本和副本具有同等法律效力。

工程造价咨询企业遗失资质证书的，应当在公众媒体上声明作废后，向资质许可机关申请补办。

第十六条 工程造价咨询企业资质有效期为3年。

资质有效期届满，需要继续从事工程造价咨询活动的，应当在资质有效期届满30日前向资质许可机关提出资质延续申请。资质许可机关应当根据申请做出是否准予延续的决定。准予延续的，资质有效期延续3年。

第十七条 工程造价咨询企业的名称、住所、组织形式、法定代表人、技术负责人、注册资本等事项发生变更的，应当自变更确立之日起30日内，到资质许可机关办理资质证书变更手续。

第十八条　工程造价咨询企业合并的，合并后存续或者新设立的工程造价咨询企业可以承继合并前各方中较高的资质等级，但应当符合相应的资质等级条件。

工程造价咨询企业分立的，只能由分立后的一方承继原工程造价咨询企业资质，但应当符合原工程造价咨询企业资质等级条件。

第四章　工程造价咨询管理

第十九条　工程造价咨询企业依法从事工程造价咨询活动，不受行政区域限制。

甲级工程造价咨询企业可以从事各类建设项目的工程造价咨询业务。

乙级工程造价咨询企业可以从事工程造价5000万元人民币以下的各类建设项目的工程造价咨询业务。

第二十条　工程造价咨询业务范围包括：

(一)建设项目建议书及可行性研究投资估算、项目经济评价报告的编制和审核；

(二)建设项目概预算的编制与审核，并配合设计方案比选、优化设计、限额设计等工作进行工程造价分析与控制；

(三)建设项目合同价款的确定(包括招标工程工程量清单和标底、投标报价的编制和审核)；合同价款的签订与调整(包括工程变更、工程洽商和索赔费用的计算)及工程款支付，工程结算及竣工结(决)算报告的编制与审核等；

(四)工程造价经济纠纷的鉴定和仲裁的咨询；

(五)提供工程造价信息服务等。

工程造价咨询企业可以对建设项目的组织实施进行全过程或者若干阶段的管理和服务。

第二十一条　工程造价咨询企业在承接各类建设项目的工程造价咨询业务时，应当与委托人订立书面工程造价咨询合同。

工程造价咨询企业与委托人可以参照《建设工程造价咨询合同》(示范文本)订立合同。

第二十二条　工程造价咨询企业从事工程造价咨询业务，应当按照有关规定的要求出具工程造价成果文件。

工程造价成果文件应当由工程造价咨询企业加盖有企业名称、资质等级及证书编号的执业印章，并由执行咨询业务的注册造价工程师签字、加盖执业印章。

第二十三条　工程造价咨询企业设立分支机构的，应当自领取分支机构营业执照之日起30日内，持下列材料到分支机构工商注册所在地省、自治区、直辖市人民政府建设主管部门备案：

(一)分支机构营业执照复印件；

(二)工程造价咨询企业资质证书复印件；

(三)拟在分支机构执业的不少于3名注册造价工程师的注册证书复印件；

(四)分支机构固定办公场所的租赁合同或产权证明。

省、自治区、直辖市人民政府建设主管部门应当在接受备案之日起20日内，报国务院建设主管部门备案。

第二十四条　分支机构从事工程造价咨询业务，应当由设立该分支机构的工程造价咨询企业负责承接工程造价咨询业务、订立工程造价咨询合同、出具工程造价成果文件。

分支机构不得以自己名义承接工程造价咨询业务、订立工程造价咨询合同、出具工程造价成果文件。

第二十五条 工程造价咨询企业跨省、自治区、直辖市承接工程造价咨询业务的，应当自承接业务之日起30日内到建设工程所在地省、自治区、直辖市人民政府建设主管部门备案。

第二十六条 工程造价咨询收费应当按照有关规定，由当事人在建设工程造价咨询合同中约定。

第二十七条 工程造价咨询企业不得有下列行为：

（一）涂改、倒卖、出租、出借资质证书，或者以其他形式非法转让资质证书；

（二）超越资质等级业务范围承接工程造价咨询业务；

（三）同时接受招标人和投标人或两个以上投标人对同一工程项目的工程造价咨询业务；

（四）以给予回扣、恶意压低收费等方式进行不正当竞争；

（五）转包承接的工程造价咨询业务；

（六）法律、法规禁止的其他行为。

第二十八条 除法律、法规另有规定外，未经委托人书面同意，工程造价咨询企业不得对外提供工程造价咨询服务过程中获知的当事人的商业秘密和业务资料。

第二十九条 县级以上地方人民政府建设主管部门、有关专业部门应当依照有关法律、法规和本办法的规定，对工程造价咨询企业从事工程造价咨询业务的活动实施监督检查。

第三十条 监督检查机关履行监督检查职责时，有权采取下列措施：

（一）要求被检查单位提供工程造价咨询企业资质证书、造价工程师注册证书，有关工程造价咨询业务的文档，有关技术档案管理制度、质量控制制度、财务管理制度的文件；

（二）进入被检查单位进行检查，查阅工程造价咨询成果文件以及工程造价咨询合同等相关资料；

（三）纠正违反有关法律、法规和本办法及执业规程规定的行为。

监督检查机关应当将监督检查的处理结果向社会公布。

第三十一条 监督检查机关进行监督检查时，应当有两名以上监督检查人员参加，并出示执法证件，不得妨碍被检查单位的正常经营活动，不得索取或者收受财物、谋取其他利益。

有关单位和个人对依法进行的监督检查应当协助与配合，不得拒绝或者阻挠。

第三十二条 有下列情形之一的，资质许可机关或者其上级机关，根据利害关系人的请求或者依据职权，可以撤销工程造价咨询企业资质：

（一）资质许可机关工作人员滥用职权、玩忽职守做出准予工程造价咨询企业资质许可的；

（二）超越法定职权做出准予工程造价咨询企业资质许可的；

（三）违反法定程序做出准予工程造价咨询企业资质许可的；

（四）对不具备行政许可条件的申请人做出准予工程造价咨询企业资质许可的；

（五）依法可以撤销工程造价咨询企业资质的其他情形。

工程造价咨询企业以欺骗、贿赂等不正当手段取得工程造价咨询企业资质的，应当予以撤销。

第三十三条 工程造价咨询企业取得工程造价咨询企业资质后，不再符合相应资质条件的，资质许可机关根据利害关系人的请求或者依据职权，可以责令其限期改正；逾期不改的，可以撤回其资质。

第三十四条 有下列情形之一的，资质许可机关应当依法注销工程造价咨询企业资质：

（一）工程造价咨询企业资质有效期满，未申请延续的；

（二）工程造价咨询企业资质被撤销、撤回的；

（三）工程造价咨询企业依法终止的；

（四）法律、法规规定的应当注销工程造价咨询企业资质的其他情形。

第三十五条 工程造价咨询企业应当按照有关规定，向资质许可机关提供真实、准确、完整的工程造价咨询企业信用档案信息。

工程造价咨询企业信用档案应当包括工程造价咨询企业的基本情况、业绩、良好行为、不良行为等内容。违法行为、被投诉举报处理、行政处罚等情况应当作为工程造价咨询企业的不良记录记入其信用档案。

任何单位和个人有权查阅信用档案。

第五章 法律责任

第三十六条 申请人隐瞒有关情况或者提供虚假材料申请工程造价咨询企业资质的，不予受理或者不予资质许可，并给予警告，申请人在 1 年内不得再次申请工程造价咨询企业资质。

第三十七条 以欺骗、贿赂等不正当手段取得工程造价咨询企业资质的，由县级以上地方人民政府建设主管部门或者有关专业部门给予警告，并处以 1 万元以上 3 万元以下的罚款，申请人 3 年内不得再次申请工程造价咨询企业资质。

第三十八条 未取得工程造价咨询企业资质从事工程造价咨询活动或者超越资质等级承接工程造价咨询业务的，出具的工程造价成果文件无效，由县级以上地方人民政府建设主管部门或者有关专业部门给予警告，责令限期改正，并处以 1 万元以上 3 万元以下的罚款。

第三十九条 违反本办法第十七条规定，工程造价咨询企业不及时办理资质证书变更手续的，由资质许可机关责令限期办理；逾期不办理的，可处以 1 万元以下的罚款。

第四十条 有下列行为之一的，由县级以上地方人民政府建设主管部门或者有关专业部门给予警告，责令限期改正；逾期未改正的，可处以 5000 元以上 2 万元以下的罚款：

（一）违反本办法第二十三条规定，新设立分支机构不备案的；

（二）违反本办法第二十五条规定，跨省、自治区、直辖市承接业务不备案的。

第四十一条 工程造价咨询企业有本办法第二十七条行为之一的，由县级以上地方人民政府建设主管部门或者有关专业部门给予警告，责令限期改正，并处以 1 万元以上 3 万元以下的罚款。

第四十二条 资质许可机关有下列情形之一的，由其上级行政主管部门或者监察机关责令改正，对直接负责的主管人员和其他直接责任人员依法给予处分；构成犯罪的，依法追究刑事责任：

（一）对不符合法定条件的申请人准予工程造价咨询企业资质许可或者超越职权做出准予工程造价咨询企业资质许可决定的；

（二）对符合法定条件的申请人不予工程造价咨询企业资质许可或者不在法定期限内做出准予工程造价咨询企业资质许可决定的；

（三）利用职务上的便利，收受他人财物或者其他利益的；

（四）不履行监督管理职责，或者发现违法行为不予查处的。

第六章　附　　则

第四十三条　本办法自2006年7月1日起施行。2000年1月25日建设部发布的《工程造价咨询单位管理办法》(建设部令第74号)同时废止。

本办法施行前建设部发布的规章与本办法的规定不一致的,以本办法为准。

第四十四条　本办法第九条第(二)项、第(六)项和第十条第(一)项、第(五)项的规定,暂不适用于本办法施行前已取得工程造价咨询资质且尚未进行改制的单位。

附录二

注册造价工程师管理办法

中华人民共和国建设部令　　第150号

《注册造价工程师管理办法》已于2006年12月11日经建设部第112次常务会议讨论通过,现予发布,自2007年3月1日起施行。

第一章　总　　则

第一条　为了加强对注册造价工程师的管理,规范注册造价工程师执业行为,维护社会公共利益,制定本办法。

第二条　中华人民共和国境内注册造价工程师的注册、执业、继续教育和监督管理,适用本办法。

第三条　本办法所称注册造价工程师,是指通过全国造价工程师执业资格统一考试或者资格认定、资格互认,取得中华人民共和国造价工程师执业资格(以下简称执业资格),并按照本办法注册,取得中华人民共和国造价工程师注册执业证书(以下简称注册证书)和执业印章,从事工程造价活动的专业人员。

未取得注册证书和执业印章的人员,不得以注册造价工程师的名义从事工程造价活动。

第四条　国务院建设主管部门对全国注册造价工程师的注册、执业活动实施统一监督管理;国务院铁路、交通、水利、信息产业等有关部门按照国务院规定的职责分工,对有关专业注册造价工程师的注册、执业活动实施监督管理。

省、自治区、直辖市人民政府建设主管部门对本行政区域内注册造价工程师的注册、执业活动实施监督管理。

第五条　工程造价行业组织应当加强造价工程师自律管理。

鼓励注册造价工程师加入工程造价行业组织。

第二章　注　　册

第六条　注册造价工程师实行注册执业管理制度。

取得执业资格的人员，经过注册方能以注册造价工程师的名义执业。

第七条 注册造价工程师的注册条件为：

（一）取得执业资格；

（二）受聘于一个工程造价咨询企业或者工程建设领域的建设、勘察设计、施工、招标代理、工程监理、工程造价管理等单位；

（三）无本办法第十二条不予注册的情形。

第八条 取得执业资格的人员申请注册的，应当向聘用单位工商注册所在地的省、自治区、直辖市人民政府建设主管部门（以下简称省级注册初审机关）或者国务院有关部门（以下简称部门注册初审机关）提出注册申请。

对申请初始注册的，注册初审机关应当自受理申请之日起 20 日内审查完毕，并将申请材料和初审意见报国务院建设主管部门（以下简称注册机关）。注册机关应当自受理之日起 20 日内做出决定。

对申请变更注册、延续注册的，注册初审机关应当自受理申请之日起 5 日内审查完毕，并将申请材料和初审意见报注册机关。注册机关应当自受理之日起 10 日内做出决定。

注册造价工程师的初始、变更、延续注册，逐步实行网上申报、受理和审批。

第九条 取得资格证书的人员，可自资格证书签发之日起 1 年内申请初始注册。逾期未申请者，须符合继续教育的要求后方可申请初始注册。初始注册的有效期为 4 年。

申请初始注册的，应当提交下列材料：

（一）初始注册申请表；

（二）执业资格证件和身份证件复印件；

（三）与聘用单位签订的劳动合同复印件；

（四）工程造价岗位工作证明；

（五）取得资格证书的人员，自资格证书签发之日起 1 年后申请初始注册的，应当提供继续教育合格证明；

（六）受聘于具有工程造价咨询资质的中介机构的，应当提供聘用单位为其交纳的社会基本养老保险凭证、人事代理合同复印件，或者劳动、人事部门颁发的离退休证复印件；

（七）外国人、台港澳人员应当提供外国人就业许可证书、台港澳人员就业证书复印件。

第十条 注册造价工程师注册有效期满需继续执业的，应当在注册有效期满 30 日前，按照本办法第八条规定的程序申请延续注册。延续注册的有效期为 4 年。

申请延续注册的，应当提交下列材料：

（一）延续注册申请表；

（二）注册证书；

（三）与聘用单位签订的劳动合同复印件；

（四）前一个注册期内的工作业绩证明；

（五）继续教育合格证明。

第十一条 在注册有效期内，注册造价工程师变更执业单位的，应当与原聘用单位解除劳动合同，并按照本办法第八条规定的程序办理变更注册手续。变更注册后延续原注册有效期。

申请变更注册的，应当提交下列材料：

（一）变更注册申请表；

（二）注册证书；

（三）与新聘用单位签订的劳动合同复印件；

（四）与原聘用单位解除劳动合同的证明文件；

（五）受聘于具有工程造价咨询资质的中介机构的，应当提供聘用单位为其交纳的社会基本养老保险凭证、人事代理合同复印件，或者劳动、人事部门颁发的离退休证复印件；

（六）外国人、台港澳人员应当提供外国人就业许可证书、台港澳人员就业证书复印件。

第十二条 有下列情形之一的，不予注册：

（一）不具有完全民事行为能力的；

（二）申请在两个或者两个以上单位注册的；

（三）未达到造价工程师继续教育合格标准的；

（四）前一个注册期内工作业绩达不到规定标准或未办理暂停执业手续而脱离工程造价业务岗位的；

（五）受刑事处罚，刑事处罚尚未执行完毕的；

（六）因工程造价业务活动受刑事处罚，自刑事处罚执行完毕之日起至申请注册之日止不满5年的；

（七）因前项规定以外原因受刑事处罚，自处罚决定之日起至申请注册之日止不满3年的；

（八）被吊销注册证书，自被处罚决定之日起至申请注册之日止不满3年的；

（九）以欺骗、贿赂等不正当手段获准注册被撤销，自被撤销注册之日起至申请注册之日止不满3年的；

（十）法律、法规规定不予注册的其他情形。

第十三条 被注销注册或者不予注册者，在具备注册条件后重新申请注册的，按照本办法第八条第一款、第二款规定的程序办理。

第十四条 准予注册的，由注册机关核发注册证书和执业印章。

注册证书和执业印章是注册造价工程师的执业凭证，应当由注册造价工程师本人保管、使用。

造价工程师注册证书由注册机关统一印制。

注册造价工程师遗失注册证书、执业印章，应当在公众媒体上声明作废后，按照本办法第八条第一款、第三款规定的程序申请补发。

第三章 执 业

第十五条 注册造价工程师执业范围包括：

（一）建设项目建议书、可行性研究投资估算的编制和审核，项目经济评价，工程概、预、结算、竣工结（决）算的编制和审核；

（二）工程量清单、标底（或者控制价）、投标报价的编制和审核，工程合同价款的签订及变更、调整、工程款支付与工程索赔费用的计算；

（三）建设项目管理过程中设计方案的优化、限额设计等工程造价分析与控制，工程保险理赔的核查；

(四)工程经济纠纷的鉴定。

第十六条 注册造价工程师享有下列权利:

(一)使用注册造价工程师名称;

(二)依法独立执行工程造价业务;

(三)在本人执业活动中形成的工程造价成果文件上签字并加盖执业印章;

(四)发起设立工程造价咨询企业;

(五)保管和使用本人的注册证书和执业印章;

(六)参加继续教育。

第十七条 注册造价工程师应当履行下列义务:

(一)遵守法律、法规、有关管理规定,恪守职业道德;

(二)保证执业活动成果的质量;

(三)接受继续教育,提高执业水平;

(四)执行工程造价计价标准和计价方法;

(五)与当事人有利害关系的,应当主动回避;

(六)保守在执业中知悉的国家秘密和他人的商业、技术秘密。

第十八条 注册造价工程师应当在本人承担的工程造价成果文件上签字并盖章。

第十九条 修改经注册造价工程师签字盖章的工程造价成果文件,应当由签字盖章的注册造价工程师本人进行;注册造价工程师本人因特殊情况不能进行修改的,应当由其他注册造价工程师修改,并签字盖章;修改工程造价成果文件的注册造价工程师对修改部分承担相应的法律责任。

第二十条 注册造价工程师不得有下列行为:

(一)不履行注册造价工程师义务;

(二)在执业过程中,索贿、受贿或者谋取合同约定费用外的其他利益;

(三)在执业过程中实施商业贿赂;

(四)签署有虚假记载、误导性陈述的工程造价成果文件;

(五)以个人名义承接工程造价业务;

(六)允许他人以自己名义从事工程造价业务;

(七)同时在两个或者两个以上单位执业;

(八)涂改、倒卖、出租、出借或者以其他形式非法转让注册证书或者执业印章;

(九)法律、法规、规章禁止的其他行为。

第二十一条 在注册有效期内,注册造价工程师因特殊原因需要暂停执业的,应当到注册初审机关办理暂停执业手续,并交回注册证书和执业印章。

第二十二条 注册造价工程师在每一注册期内应当达到注册机关规定的继续教育要求。

注册造价工程师继续教育分为必修课和选修课,每一注册有效期各为60学时。经继续教育达到合格标准的,颁发继续教育合格证明。

注册造价工程师继续教育,由中国建设工程造价管理协会负责组织。

第四章 监督管理

第二十三条 县级以上人民政府建设主管部门和其他有关部门应当依照有关法律、法规和本办法的规定，对注册造价工程师的注册、执业和继续教育实施监督检查。

第二十四条 注册机关应当将造价工程师注册信息告知注册初审机关。

省级注册初审机关应当将造价工程师注册信息告知本行政区域内市、县人民政府建设主管部门。

第二十五条 县级以上人民政府建设主管部门和其他有关部门依法履行监督检查职责时，有权采取下列措施：

(一)要求被检查人员提供注册证书；

(二)要求被检查人员所在聘用单位提供有关人员签署的工程造价成果文件及相关业务文档；

(三)就有关问题询问签署工程造价成果文件的人员；

(四)纠正违反有关法律、法规和本办法及工程造价计价标准和计价办法的行为。

第二十六条 注册造价工程师违法从事工程造价活动的，违法行为发生地县级以上地方人民政府建设主管部门或者其他有关部门应当依法查处，并将违法事实、处理结果告知注册机关；依法应当撤销注册的，违法行为发生地县级以上地方人民政府建设主管部门或者其他有关部门应当将违法事实、处理建议及有关材料告知注册机关。

第二十七条 注册造价工程师有下列情形之一的，其注册证书失效：

(一)已与聘用单位解除劳动合同且未被其他单位聘用的；

(二)注册有效期满且未延续注册的；

(三)死亡或者不具有完全民事行为能力的；

(四)其他导致注册失效的情形。

第二十八条 有下列情形之一的，注册机关或者其上级行政机关依据职权或者根据利害关系人的请求，可以撤销注册造价工程师的注册：

(一)行政机关工作人员滥用职权、玩忽职守做出准予注册许可的；

(二)超越法定职权做出准予注册许可的；

(三)违反法定程序做出准予注册许可的；

(四)对不具备注册条件的申请人做出准予注册许可的；

(五)依法可以撤销注册的其他情形。

申请人以欺骗、贿赂等不正当手段获准注册的，应当予以撤销。

第二十九条 有下列情形之一的，由注册机关办理注销注册手续，收回注册证书和执业印章或者公告其注册证书和执业印章作废：

(一)有本办法第二十七条所列情形发生的；

(二)依法被撤销注册的；

(三)依法被吊销注册证书的；

(四)受到刑事处罚的；

(五)法律、法规规定应当注销注册的其他情形。

注册造价工程师有前款所列情形之一的，注册造价工程师本人和聘用单位应当及时向注册机关提出注销注册申请；有关单位和个人有权向注册机关举报；县级以上地方人民政府建设主管部门或者其他有关部门应当及时告知注册机关。

第三十条 注册造价工程师及其聘用单位应当按照有关规定，向注册机关提供真实、准确、完整的注册造价工程师信用档案信息。

注册造价工程师信用档案应当包括造价工程师的基本情况、业绩、良好行为、不良行为等内容。违法违规行为、被投诉举报处理、行政处罚等情况应当作为造价工程师的不良行为记入其信用档案。

注册造价工程师信用档案信息按有关规定向社会公示。

第五章　法律责任

第三十一条　隐瞒有关情况或者提供虚假材料申请造价工程师注册的，不予受理或者不予注册，并给予警告，申请人在1年内不得再次申请造价工程师注册。

第三十二条　聘用单位为申请人提供虚假注册材料的，由县级以上地方人民政府建设主管部门或者其他有关部门给予警告，并可处以1万元以上3万元以下的罚款。

第三十三条　以欺骗、贿赂等不正当手段取得造价工程师注册的，由注册机关撤销其注册，3年内不得再次申请注册，并由县级以上地方人民政府建设主管部门处以罚款。其中，没有违法所得的，处以1万元以下罚款；有违法所得的，处以违法所得3倍以下且不超过3万元的罚款。

第三十四条　违反本办法规定，未经注册而以注册造价工程师的名义从事工程造价活动的，所签署的工程造价成果文件无效，由县级以上地方人民政府建设主管部门或者其他有关部门给予警告，责令停止违法活动，并可处以1万元以上3万元以下的罚款。

第三十五条　违反本办法规定，未办理变更注册而继续执业的，由县级以上人民政府建设主管部门或者其他有关部门责令限期改正；逾期不改的，可处以5000元以下的罚款。

第三十六条　注册造价工程师有本办法第二十条规定行为之一的，由县级以上地方人民政府建设主管部门或者其他有关部门给予警告，责令改正，没有违法所得的，处以1万元以下罚款，有违法所得的，处以违法所得3倍以下且不超过3万元的罚款。

第三十七条　违反本办法规定，注册造价工程师或者其聘用单位未按照要求提供造价工程师信用档案信息的，由县级以上地方人民政府建设主管部门或者其他有关部门责令限期改正；逾期未改正的，可处以1000元以上1万元以下的罚款。

第三十八条　县级以上人民政府建设主管部门和其他有关部门工作人员，在注册造价工程师管理工作中，有下列情形之一的，依法给予处分；构成犯罪的，依法追究刑事责任：

（一）对不符合注册条件的申请人准予注册许可或者超越法定职权做出注册许可决定的；

（二）对符合注册条件的申请人不予注册许可或者不在法定期限内做出注册许可决定的；

（三）对符合法定条件的申请不予受理或者未在法定期限内初审完毕的；

（四）利用职务之便，收取他人财物或者其他好处的；

（五）不依法履行监督管理职责，或者发现违法行为不予查处的。

第六章　附　　则

第三十九条　造价工程师执业资格考试工作按照国务院人事主管部门的有关规定执行。

第四十条　本办法自2007年3月1日起施行。2000年1月21日发布的《造价工程师注册管理办法》（建设部令第75号）同时废止。

参 考 文 献

[1] 中华人民共和国国家标准. GB 50500—2013 建设工程工程量清单计价规范[S]. 北京:中国计划出版社,2013.

[2] 规范编制组. 2013 建设工程计价计量规范辅导[M]. 北京:中国计划出版社,2013.

[3] 中华人民共和国国家标准. GB 50856—2013 通用安装工程工程量计算规范[S]. 北京:中国计划出版社,2013.

[4] 中华人民共和国建设部. 全国统一安装工程预算定额[S]. 北京:中国计划出版社,2000.

[5] 陶学明. 工程造价计价与管理[M]. 北京:中国建筑工业出版社,2004.

[6] 全国造价工程师执业资格考试培训教材编审委员会. 工程造价计价与控制[M]. 北京:中国计划出版社,2003.

[7] 张月明,赵乐宁,王明芒,等. 工程量清单计价与示例[M]. 北京:中国建筑工业出版社,2004.

我们提供

图书出版、图书广告宣传、企业/个人定向出版、设计业务、企业内刊等外包、代选代购图书、团体用书、会议、培训，其他深度合作等优质高效服务。

编辑部 010-68343948

图书广告 010-68361706

出版咨询 010-68343948

图书销售 010-68001605

设计业务 010-88376510转1008

邮箱：jccbs-zbs@163.com　　网址：www.jccbs.com.cn

发展出版传媒　服务经济建设

传播科技进步　满足社会需求